计算机技术开发与应用丛书

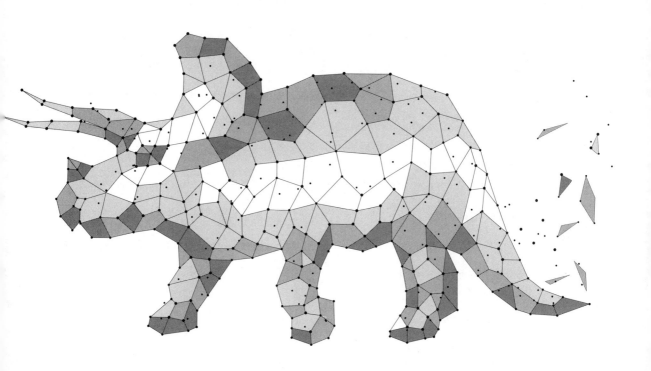

深入浅出DAX

Excel Power Pivot和Power BI高效数据分析

黄福星 ◎ 编著

清华大学出版社

北京

内 容 简 介

本书系统地阐释 Power Pivot for Excel 及 Power BI 中 DAX 语言的应用。本书基于笔者多年的 DAX 学习与使用经验采用一种全新的方式进行布局与讲解，全书依据读者易于理解的方式，由浅入深地进行循序渐进式的讲解。本书要探索的重点是，如何利用最简捷的方法，让读者在一至两个月内轻松、系统、全面地掌握 DAX 语言。

全书共分为 5 篇：第一篇为入门篇（第 1 章和第 2 章），第二篇为基础篇（第 3～5 章），第三篇为强化篇（第 6 章和第 7 章），第四篇为进阶篇（第 8～10 章），第五篇为案例篇（第 11 章）。书中主要内容包括 DAX 基础、表的基础应用、查询表、计算列、迭代函数、度量值、时间智能、Power BI 简介、筛选调节、DAX 高阶用法、综合案例。

本书是为非计算机专业及非统计学专业想快速掌握 DAX 数据分析及商业智能的读者而准备的，也适用于财务、人事行政、电商客服、质量统计等与数据分析密切相关的从业人员，还可作为高等院校、IT 培训机构及其他编程爱好者的参考用书。

图书在版编目（CIP）数据

深入浅出 DAX：Excel Power Pivot 和 Power BI 高效数据分析/黄福星编著.—北京：清华大学出版社，2023.4

（计算机技术开发与应用丛书）

ISBN 978-7-302-61498-2

Ⅰ．①深…　Ⅱ．①黄…　Ⅲ．①可视化软件　Ⅳ．①TP317.3

中国版本图书馆 CIP 数据核字（2022）第 137137 号

责任编辑：赵佳霓
封面设计：吴　刚
责任校对：时翠兰
责任印制：曹婉颖

出版发行：清华大学出版社
　　　　网　　　址：http://www.tup.com.cn，http://www.wqbook.com
　　　　地　　　址：北京清华大学学研大厦 A 座　　　邮　　编：100084
　　　　社　总　机：010-83470000　　　　　　　　　邮　　购：010-62786544
　　　　投稿与读者服务：010-62776969，c-service@tup.tsinghua.edu.cn
　　　　质量反馈：010-62772015，zhiliang@tup.tsinghua.edu.cn
　　　　课件下载：http://www.tup.com.cn，010-83470236
印　装　者：三河市人民印务有限公司
经　　　销：全国新华书店
开　　　本：186mm×240mm　　印　张：25　　　　　　字　　数：559 千字
版　　　次：2023 年 5 月第 1 版　　　　　　　　　　印　　次：2023 年 5 月第 1 次印刷
印　　　数：1～2000
定　　　价：99.00 元

产品编号：097806-01

序 一
FOREWORD

DAX 与其他计算机语言的最大区别是它把一门语言与软件视觉操作控件有机地结合了起来,数据模型、表关系、查询、筛选与计算都可以搭配可视化的操作揉合在一条简洁的公式中——数据分析表达式(Data Analysis Expression)。这种创新可谓是把数据分析语言向智能时代迈入的一个里程碑。

我个人学习 DAX 的经历始于财务分析领域,因为经常要做一些周期比较型的运算,如同比、环比及涉及财年不规则的日期,采用传统的 Excel 公式手动求解实在烦琐,DAX 的时间智能可以很轻松地用一两个公式得到答案。幸运的是,我并没有止步于此,而是进一步研究了背后的语法逻辑,随着深入地学习,似乎发现了新大陆,在解锁了数十个常用的公式及核心逻辑后,竟可以灵活地面对众多复杂的场景,如 Vintage 信贷风险预测、客户 RFM、时间点存货计算、动态分组等,在此类多维度、迭代运算的场景利用 DAX 相比其他工具要更便捷、更强大。

然而,也有很多人认为这门语言过于抽象,甚至对于一些精通计算机编程语言的人员,研读一段时间后还是云里雾里,即使清楚了语法逻辑,在实际工作中也不能很好地发挥出来。为什么不同的人学习同一门语言会有如此大的差异?

我认为差异来自两方面,即对数据上下文情境的构建和对业务的理解程度。

什么是上下文情境?销售额变化趋势如何、为什么下降、哪些产品有问题、哪些客户群体有异动、来自什么区域等,将这些业务中经常遇到的分析问题转化成数据语言就是上下文情境。依靠传统的 IT 方法数据分析师要先收集数据,再写代码验证,最后输出结果,这个链路是比较长的,而真实的分析场景就如同一场现场直播,在一场各管理者出席的决策会议上,提出的问题如果没有得到即时的反馈,就意味着业务不具备竞争力。

灵活的 DAX 基于上下文输出计算结果的方式非常适合敏捷地输出答案,前提是使用者非常清楚上下文都有哪些,做好充分的储备与关联,包括准备足够丰富的数据,并把业务问题抽象成强有力的数据模型,这样才能从容地面对各类业务问题。

然后抽丝剥茧,进一步思考产品的市场竞争力如何、业务流程哪里有痛点、面对当前困难应该采取什么样的行动、什么是最优决策等深层次的问题,这就需要充分地去理解业务,甚至要到业务中亲身体验以获取真实的答案。其实无论使用哪种数据分析工具或语言,最终目标都是从数据中提炼有价值的信息,并形成自己的知识与可应用的智慧。

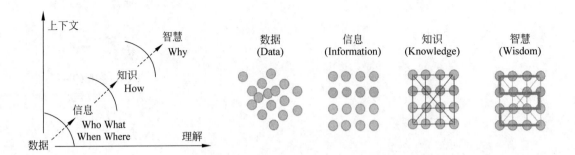

简而言之,DAX 作为一门强大的工具,它的背后是基于业务数据分析的思维,因此学习 DAX 的可贵之处不仅是寻求数据分析场景的敏捷技术解决方案,更重要的是学习如何用数据思考。当你同时具备了数据工具+数据思维能力时,就已经成为了这个时代最稀缺的资源——数据分析师。

马世权

Power BI 大师创始人、《从 Excel 到 Power BI:商业智能数据分析》作者

序 二
FOREWORD

首先作为耕耘 Power BI 很久的一位 Power BI 用户,对于 Power BI 浩如烟海的内容及范围一直保持着敬畏之心,不仅是因为这个技术有着深厚的历史渊源,从 SQL Server 的分析服务的双子星计划,到后来的独立成为 Power BI 的产品线,而我也一般保持着 1～2 年阅读一次 Power BI 官方文档的习惯,但是事实上,我擅长的一直都是基于业务的模型构建与优化,或者说,用尽量简单的办法来处理模型和设计计算。对于 DAX 这个 Power BI 的深度领域,一直属于比较浅显的理解,权威的《DAX 权威指南》也一直没有完整地深入学习——时间是一方面,而难度也是一方面。

但是在偶然的机会中,我了解到了黄福星老师在写《深入浅出 DAX——Excel Power Pivot 和 Power BI 高效数据分析》,便来了兴趣。从目录上看,黄福星老师没有按照教科书一般的节奏去罗列知识点,更多的是以学习者的进度和过程,去展开对 DAX 技术的探讨;从样章的编写过程看,这本书也十分注重同应用内容的结合,操作过程的截图与行文也十分用心。阅读了短短数章,便觉得十分舒服。于是我便在这里向读者推荐这本书,作为你在学习 Power BI 核心知识路上的一本好读物。技术的演进,能够给我们带来收益,学习虽然辛苦,但也是获取收益的一个必要过程。很开心地看到黄福星老师在这个方向的努力,为我们带来了更多的选择,为我们的学习增添了一份优秀的学习资源。

刘钰

Power Platform 中文社区联合创始人、Power BI 老用户

前 言
PREFACE

在 Excel 中，Power Pivot 的功能非常强大。它可以通过数据建模的方式把多张具备关联关系的表格通过一定的规则关联在一起，然后通过 DAX 公式去构建度量值或计算列，实施个性化或复杂业务场景的数据分析，如 ABC 分析、库存分析、关联分析、移动平均、RFM 分析等；而 Power BI 的 BI 功能则远胜于 Excel，它引入了大量的黑科技并做到近乎以月为频率的快速更新，使 Power BI 的功能益发强大。

本书重点介绍 Power Pivot for Excel 及 Power BI 中 DAX 语言的应用。如何理解 Power Pivot、Power BI 及 DAX 三者之间的关系呢？①Power Pivot 是一种数据维度建模技术，可用于处理大型数据集，构建广泛的关系，以及创建复杂（或简单）的计算，这些高性能的操作全部能够在读者所熟悉的 Excel 内完成；②Power BI 是一系列的软件服务、应用和连接，它可将不相关的数据源转换为合乎逻辑、视觉上逼真的交互式见解，并最终实现信息共享，而 Power Pivot 数据建模是 Power BI 组件的灵魂和核心；③DAX 是 Data Analysis eXpressions（数据分析表达式）的简称，它是由微软公司开发的并适用于 Power Pivot for Excel、Power BI 及 SQL Server Analysis Services（SSAS）等产品中的公式语言。DAX 可用来定义计算列和计算度量值，也可以用来生成查询语句。

然而，DAX 其实是一门典型的入门容易精通难的语言。任何具有一定 Excel 函数及透视表应用基础的读者，在刚接触到 DAX 时都会很兴奋并迫不及待地想深入了解并应用，但绝大多数的人很快会遇到各种各样的困惑，很多人甚至因此由入门到放弃。在现代计算机语言中，数据一般有数据结构和数据类型之分。结构决定功能，功能一般通过相关的函数或方法实现。本书基于笔者多年的 DAX 学习与使用经验采用一种全新的方式进行布局与讲解，整书依据"DAX 语言简介→数据建模简介→表格的查询与创建→计算列的创建→行的迭代与聚合→度量值与上下文的讲解→时间智能的讲解→BI 新技术的应用→综合案例的应用"的逻辑顺序及读者易于理解的方式，由浅入深地进行循序渐进式的讲解。本书要探索的重点是，如何利用最简捷的方法，让读者在一至两个月内轻松、系统、全面地掌握 DAX 语言。

秉承"实以致用"的原则，本书采用三组简单的数据模型作为主打案例，把 Power BI 的 DAX 函数的各类常见应用场景有效地串接起来，让读者有精力、有能力去对比、消化与理解那些受上下文影响而造成的困惑。本书在系统性阐述 Excel 数据模型基础知识之上，以管理学中 5W1H 为展开维度，让单调、枯燥、复杂的知识系统化、实用化。

本书适用于对 Excel 函数及传统数据透视表使用娴熟,但一直苦于无法有效入门 DAX 的读者。因为模型数据很简单,在理解数据模型及上下文的过程中,读者甚至可以用手动计算的方式来完成其中的计算,以此加深对相关知识点及背后逻辑的理解与掌握。

本书主要内容

全书共分为 5 篇:第一篇为入门篇(第 1 章和第 2 章),第二篇为基础篇(第 3~5 章),第三篇为强化篇(第 6 章和第 7 章),第四篇为进阶篇(第 8~10 章),第五篇为案例篇(第 11 章)。书中主要内容包括 DAX 基础、表的基础应用、查询表、计算列、迭代函数、度量值、时间智能、Power BI 简介、筛选调节、DAX 高阶用法、综合案例。

本书是为非计算机专业及非统计学专业想快速掌握 DAX 数据分析及商业智能的读者而准备的,也适用于财务、人事行政、电商客服、质量统计等与数据分析密切相关的从业人员,还可作为高等院校、IT 培训机构及其他编程爱好者的参考用书。

本书源代码

扫描下方二维码,可获取本书源代码。

本书源代码

致谢

首先要深深地感谢清华大学出版社赵佳霓编辑,从策划到落地过程中的全面指导,她细致、专业的指导让笔者受益良多。本书是《深入浅出 Power Query M 语言》的姊妹篇,这中间的创作勇气与灵感来源于清华大学出版社赵佳霓编辑在本书及其姊妹篇创作过程中给予的帮助和点评。

还要感谢笔者的妻子。本书是笔者利用业余时间完成的,写作的过程中占据了大量的个人时间及家庭时间,她的理解与支持是笔者最大的动力。

感谢笔者的父母,是你们的谆谆教诲才使笔者一步一个脚印地走到今天。

由于时间仓促,书稿虽然经全面检查,但疏漏之处在所难免,敬请读者批评指正,你们的反馈是笔者进步的动力。

黄福星

2023 年 2 月

目录
CONTENTS

第一篇 入 门 篇

第二篇　基　础　篇

第三篇　强　化　篇

第四篇　进　阶　篇

第五篇　案　例　篇

第一篇

入 门 篇

第 1 章

DAX 基 础

1.1 数据管理

1.1.1 测量尺度

从统计学的角度来讲,数据有离散型数据和连续型数据之分。对于不同类型的数据,可采用的测量尺度是有区别的,常用的四类测量尺度为定类、定序、定距、定比。

离散型数据也称为计数数据,例如好与坏、过与不过、合格与不合格等,此类数据可进行定类、定序尺度测量。连续型数据也称为计量值数据,例如身高、体重、工作时长等,此类数据可进行定距、定比尺度测量。

1. 定类测量尺度

离散型数据可用于定类尺度测量。在数据分析过程中,数据中的类别就是定类测量数据。例如符合中的是、否,客户分类中的新客户、老客户。分类可以是两个或多个,例如季节中的春、夏、秋、冬,年龄段中的儿童、少年、青年、中年、老年,颜色代码中的 1＝红、2＝黄、3＝蓝、4＝绿、5＝黑、6＝白、7＝其他。

这些数据通常适用于计数统计,适用于 COUNT()之类函数,它们可直接来自数据源,也可以通过逻辑判断 IF()或 SWITCH()之类的函数逻辑判断后产生。

2. 定序测量尺度

离散型数据也可用于定序尺度测量。定序测量数据可按指定规则进行排序。例如按优、良、中、差或大、小、多、少共 4 个等级进行排序,按部门或区域进行的业绩排名,其他按各种方式的排序与排名等。定序数据可进行计数统计、排序与排名,可以进行大小、是否相等之类的比较,可以通过 0-1 转换方式转换为定类数据,但不能进行求和、平均之类的聚合操作。

这些数据适用于 RANK()类函数,可以在查询过程中通过 ORDER BY 进行排序,也可以通过 COUNTROWS()等方式进行排名。

3. 定距测量尺度

连续型数据可用于定距尺度测量。定距测量可用于数据间的加减运算,适用于例如日期、时间、温度、湿度之类的数据。定距数据可以进行计数统计、排序与排名,可以进行大小、是否相等之类的比较,可以进行线性关系的转换,可以求差、求和、求平均值之类的操作,可以进行二者差距的计算,但不能进行百分比之类的换算,适用于 SUM()、AVERAGE()、MAX()、MIN()之类的函数。

定距数据可用于数据分析中的离散程度测定,从而反映各观测值间的差异大小及整体的分布情况,例如中位数、平均值、标准差等。

4. 定比测量尺度

连续型数据也可用于定比尺度测量。定比测量可用于数据间的乘除比较,适用于同一事物的两个不同测量结果的比值,例如长度、强度、亮度等。例如 12 米长的物体是 3 米长的物体的 4 倍之类有意义的比较,1 米等于 10 分米之类的单位换算。可以进行二者差距的计算,可以进行二者比值的计算,它属于最高测量尺度的数据。

定比数据可用于 DIVIDE()函数及 ALL()、ALLSELECTED()函数配套作 YOY%、MOM%之类的业务增长率比较,也可以用于数据分析过程中的不同币值之间的换算与统计分析等。

1.1.2　数据质量

有效的数据分析必须基于准确可靠的高质量数据之上,任何低质量的数据所产生的分析结论必将误导数据使用者。数据质量的评判维度主要有以下 6 个方面:完整性、唯一性、准确性、规范性、一致性和及时性。

1. 完整性

缺失值的存在将影响数据的完整性。例如必填项数据的缺失、关键信息的不完整等。

2. 唯一性

数据不是唯一的,存在大量的重复值数据。大量重复值的存在必将导致分析的失败。

3. 准确性

数据的准确性反映的是数据值与真实值之间的误差。误差越大,数据的准确性就越差。因各种原因所产生的各类离群点异常值将严重影响数据分析的准确性。

4. 规范性

数据未按照统一的格式与要求进行录入、命名与存储,从而造成后续无法有效地获取与利用。所需的数据需耗费大量的人力与时间成本才能从存储的数据中获得。

5. 一致性

不同部门间的统计口径不一致,经常会造成数据的不一致,因此造成的后果是用户不知道以哪一份数据为准,从而对数据提供者产生不信任感。

6. 及时性

由于平时疏于数据质量的管理从而形成了各类数据孤岛,导致需要数据时迟迟统计不出来,从而使数据无法及时有效地服务于企业。

1.1.3　数据清洗

Garbage in，Garbage out(垃圾数据进、垃圾数据出)用于分析的数据质量过低时，若不做处理而直接用于分析，则很难得到正确的分析结论。数据的质量对于数据分析来讲是相当重要的前提，对于不规范所产生的脏数据，需及时清洗才能保证数据分析的准确性。

1."脏数据"的定义

"脏数据"是指不符合要求或不能直接进行相关数据分析的数据。例如数据中存在缺失值、重复值、异常值、无效值、不一致的值等。

2."脏数据"产生的原因

以下是"脏数据"产生的主要原因，见表1-1。

表 1-1　"脏数据"的产生原因

问 题 类 型	异常产生的常见原因
缺失值	收集成本过高、输入不当、系统未设检验功能、系统升级所致
重复值	重复导入或录入
异常值	人工输入错误(例如多位或少位)、系统计算错误、系统未设检验功能、数值中存在空格或换行符
无效值	数据类型不一致、未被正确编码或解码的数据、特殊符号值
不一致的值	数据类型错误、来自不同数据源的相同数据的信息冲突；数据来源、统计口径、统计方法所造成的数据不一致

3."脏数据"的处理办法

以下是常见的"脏数据"处理办法，见表1-2。

表 1-2　"脏数据"处理办法

问 题 类 型	对 策	具 体 措 施
缺失值	填充或删除	依据一定的规则(例如填充平均值)进行补全，或通过筛选、删除的方式清除空值。最好的办法是系统自动纠错排除功能
重复值	删除	删除重复值
异常值	删除或替换	先识别出异常值，然后删除或依据一定的规则进行替换(例如数值与文本的转换、日期时间的规整)
无效值	纠错	实施数据纠错与转换，统一数据类型，调整单位格式，修正错误值
不一致的值	纠错或删除	统一口径，对比数据并转换，删除无法转换的数据

1.1.4　分析方法

最常用的3种数据分析方法：描述型数据分析、诊断型数据分析、预测型数据分析。描述型数据分析用于说明发生了什么，诊断型数据分析用于说明为什么会发生，预测型数据分析用于说明可能会发生什么。

1. 描述型数据分析

描述型数据分析用于描述定量数据的整体情况,可用于了解数据的集中性特征(平均值)和波动性特征(标准差值),也可用于查看数据是否有异常情况(最小值或最大值查看)等。

常用的描述型数据分析指标见表 1-3。

表 1-3　常用的描述型数据分析指标

指　　标	函　　数	说　　明
个数	COUNT()	对离散型数据的计数
平均值	AVERAGE()	数据的平均值,反映数据的集中趋势
中位数	MEDIAN()	数据排序后最中间的数值,用以描述数据的整体水平
最大值	MAX()	数据的最大值
最小值	MIN()	数据的最小值
第一四分位数	PERCENTILE. EXC()	Q1,数据由大到小排序后的第 25% 的数字
第三四分位数	PERCENTILE. EXC()	Q3,数据由大到小排序后的第 75% 的数字
方差	VAR. P()、VAR. S()	用于计算每个观察值与总体均值之间的差异
标准差	STDEVX. P()、STDEVX. S()	样本均值的标准差,反映样本数据的离散趋势

2. 诊断型数据分析

描述型数据分析的下一步就是诊断型数据分析。通过对描述型数据的异常值观测,诊断数据的整体质量与趋势,找出数据问题的核心所在。例如,对超出正负三个标准差的数据、对箱线图的异常值(离群点数据)进行诊断型分析。

3. 预测型数据分析

预测型数据分析主要用于事件发生前的数据预测,预测事件可能发生的概率、可能的标量值,或者可能发生的时间点,这些都可以通过预测模型来完成。预测型数据分析用于减少决策过程中的不确定性,增加决策结果的正确性。

1.1.5　分析技巧

1. 数据分析的思路

将 PEST、SWOT、5W1H、PDCA、ABC 分类等管理思路应用到数据分析中是常有的事。借助这些管理思路,可以更加高效地对数据进行分析并快速地形成结论。以 5W1H 在数据分析中的应用为例,5W1H 是 What(什么)、Why(为什么)、Who(谁)、When(何时)、Where(在哪)、How(如何)这 6 个单词的缩写,其应用的思路见表 1-4。

表 1-4　5W1H 分析方法

内　　容	分析思路与说明
What	什么? 现状是什么? 准备做什么? 目的是什么?
Why	为什么? 为什么要做? (可不可以不做? 有没有替代方案?)

续表

内　容	分析思路与说明
Who	谁？对象是谁？由谁来做？谁来监督？
When	何时？什么时间做？什么时机最适宜？
Where	何处？在哪里做？存放在哪？
How	如何实施？如何提高效率？如何控制投入与产出？如何控制时长？

　　例如，在日常的目标管理过程中，经常会用到 Who Do What By When In Where And How(谁，在什么时间之前，必须依据什么要求或用什么方法，在哪完成什么事？例如你、下班前、在办公室、做好、这份报表。常用于待做事项的指定)或 Who Do What By When In Where And Why(常用于待做事项的说明，例如创建新型事务的工作计划说明)，它们是 5W1H 的两种简单而又常见的应用。

2. 数据分析的流程

　　有了好的管理思路，再配上有效的管理流程，做事才会更高效。有接触过工厂产线平衡(Line Balance)的人都知道：在处理生产线的浪费、超负荷、不均衡时，经常会用到 ECRS 方法(取消不必要的工序，如果不能取消，则考虑能否与其他工序合并，通过对工序的调整，减少不必要的动作浪费，实现工序或动作的简化)。

　　在使用 ECRS 分析与改善之前，必须对现状摸底、数据采集及问题识别。在实施 ECRS 改善与成果固化之后，若涉及新设备、新技术的引入或二次改善的需要，则可以用 ESIA 方法做流程的二次优化(消除不必要的不增值活动、简化增值活动的流程、对流程做整合使之更流畅、实现流程的自动化)。ECRS 和 ESIA 都是 IE(Industrial Engineering，工业工程)的流程优化方法。这一整套成熟的解题方法同样适用于数据清洗与分析实现。

　　图 1-1 是基于 I(Identify，识别)加 ECRS 及 ESIA 工作流程所整理出来的一套数据分析方法。以 Excel 或 Power BI 的数据分析为例。

　　(1) 数据清洗的工作在 Power Query 中完成，通过 Power Query 的图形化操作或 M 语言来完成 I+ECRS 的工作。Power Query 的使用可参见本书配套书籍《深入浅出 Power Query M 语言》。

　　(2) 数据分析的工作在 Power Pivot 中完成，通过 Power Pivot 的图形化操作或 DAX 语言来创建查询表、计算列、度量值，完成数据的建模与分析工作。

　　(3) 数据共享的工作在 Power BI 中完成，通过 Power BI 可视化的桌面版或在线版，完成数据分析与自动化的 ESIA 工作。甚至可以进阶到微软的 Power Platform 平台(由 Power BI、Power Apps、Power Automate、Power Agents 四大模块及 Dataverse 等 3 个通用组件组成)，向无代码开发、创建自动工作流、智能聊天代理等应用场景推进。

　　3MU 是指 Muri(超负荷)、Muda(浪费)、Mura(不均衡)。Muri 针对的是项目数据中多余的列、无用的行及其他导致拖累数据分析速度的因素。Muda 是指项目数据的不增值因素，无用的列或多余的行；Mura 指的是项目数据的清洗过度或无效清洗与转换等。属于问题的识别与鉴定(Identify)阶段。

ECRS 是指 Eliminate(取消)、Combine(合并)、Rearrange(调整顺序)、Simplify(简化);
ESIA 是指 Eliminate(消除)、Simply(简化)、Integrate(整合)和 Automate(自动化)。

图 1-1 的流程与使用方法其实也是符合计算机与数据发展趋势的。在 MRP 与 ERP 流行的年代,那时的数据分析与应用以 IE+IT(Information Technology,信息技术)为主,更多地侧重于 ECRS 层面;当踏入"互联网+DT(Data Technology,数据技术)"的时代后,大家所面对的数据呈爆炸式增长,小数据层面仍可采用 ECRS 方法,而面对较大的数据或大数据时,更多地倾向于以 IE+DT 为主,侧重于 ESIA 层面。

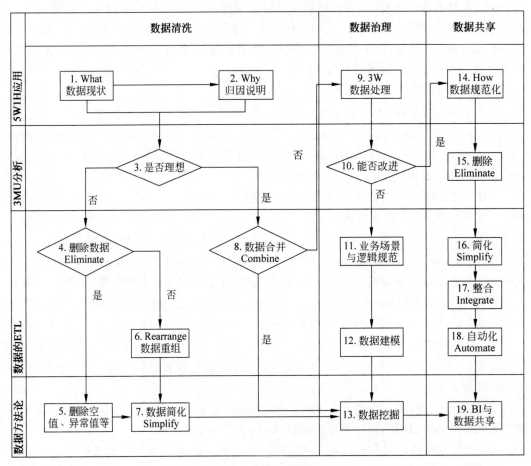

图 1-1　数据分析流程

3. 数据分析的常见陷阱

(1) 未做数据清洗,数据整体质量差。

(2) 不了解业务结构,分析与实际场景脱节。

(3) 生硬套用方法论,数据分析结论不严谨。

1.2　透视表

数据分析的用意在于通过精准、有效的数据结论,减少管理决策中的不确定性,降低决策风险。在数据分析过程中,分类汇总是最常用、最有效的一种方式,这是数据透视表的强项。一个完整的数据透视表由行标签、列标签、筛选器、值区域四部分组成,也可以包含与其互动的切片器等。行标签、列标签用于分类的依据,筛选器、切片器等用于条件的限制,值区域用于呈现指定汇总方式的值,例如求和、计数、平均值、最大值、最小值等。

在数据透视表中,只需通过简单的字段选择与拖动,便可以实现透视表布局的调整来满足不同的用户需求。同时,便于使用者直观地比较数据从而快速形成数据结论。

1.2.1　数据透视表

1. 标签

在透视表中,标签有行标签、列标签两种,字段拖放于行标签或列标签不会影响透视表的结果,受影响的只是视觉呈现效果。将"运单"表中的"产品"字段拖放于行区域,将"数量"字段拖入值区域,如图1-2所示。

图1-2　传统数据透视表

图1-2中,通过将"产品"拖入行区域,实现了数据分析维度的颗粒细分。把"运单"表中的总数量154进行了分类汇总,例如数量最多的产品是"油漆",共计37件。数量排第二位的产品是"钢化膜",共计30件。

若需要在图1-2的基础上新增"包装方式"分析维度,并将其拖放于列区域,则可实现数据的再次细分与分类汇总,返回的值如图1-3所示。

求和项:数量	列标签							
行标签	袋	捆	膜	散装	桶装	箱装	扎	总计
包装绳							25	25
保鲜剂	2							2
蛋糕纸						4		4
钢材		8						8
钢化膜				30				30
老陈醋	9							9
木材	16							16
苹果醋						3		3
异型件			20					20
油漆					37			37
总计	11	24	20	30	37	7	25	154

图1-3　透视表中的分类汇总

从图1-3可发现,现阶段每种产品的包装方式都是单一的。例如,钢化膜采用的是"散装"包装,一共有30件。数量最多的是桶装的油漆,共计37件。

2. 筛选器

如果将图1-2中的"包装方式"字段拖入"筛选区域",然后仅筛选"包装方式"中的"散装、桶装、箱装"进行计算,数据透视表中的操作如图1-4所示。

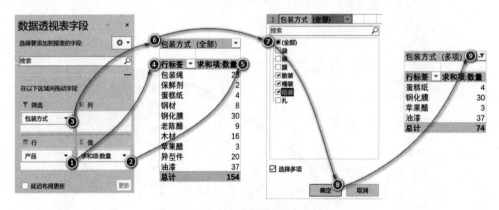

图1-4　透视表中的筛选应用

3. 切片器

选中透视表,对"包装方式"字段新增切片器,如图1-5所示。

图1-5　透视表中的切片器应用

切片器也是筛选方式之一。当未触发切片器时,意味着未做筛选,如图1-6所示。

求和项:数量 列标签	袋	捆	膜	散装	桶装	箱装	扎	总计
行标签	袋	捆	膜	散装	桶装	箱装	扎	总计
包装绳							25	25
保鲜剂	2							2
蛋糕纸						4		4
钢材		8						8
钢化膜			30					30
老陈醋	9							9
木材		16						16
苹果醋						3		3
异型件			20					20
油漆				37				37
总计	11	24	20	30	37	7	25	154

包装方式:袋 捆 膜 散装 桶装 箱装 扎

图1-6 透视表中的切片器应用

当触发切片器时,触发筛选。"包装方式"字段同时存在于透视表的"列标签"及切片器中,其中一个被触发时,另一个也将联动,如图1-7所示。

(a) 利用切片器进行筛选 (b) 利用列标签进行筛选

图1-7 透视表中的筛选与切片

图1-7中的切片器是个多余的存在,但不影响任何计算。在日常的交互探索过程中,一般不建议切片器与行、列标签的字段重叠。

1.2.2 字段设置

1. 汇总方式

右击数据透视表,在弹出的菜单中选择"数据透视表字段"→"值"字段,右击弹出的"值字段设置"对话框,选择"值汇总方式"子项,此子项列出了常见的11种值汇总方式,如图1-8所示。

应用举例,透视表的行区域为"产品"字段,值区域为"数量"字段。前后5次将"数量"字段拖入值区域,汇总方式分别为"求和、计数、平均值、最大值、最小值"。返回的值如图1-9所示。

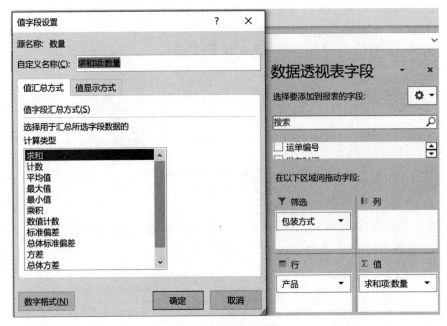

图 1-8 值字段设置

行标签 ▾	求和项:数量	计数项:数量	平均值项:数量	最大值项:数量	最小值项:数量
包装绳	25	5	5	7	3
保鲜剂	2	1	2	2	2
蛋糕纸	4	2	2	2	2
钢材	8	1	8	8	8
钢化膜	30	6	5	9	1
老陈醋	9	1	9	9	9
木材	16	2	8	8	8
苹果醋	3	1	3	3	3
异型件	20	4	5	8	2
油漆	37	7	5.285714286	6	2
总计	154	30	5.133333333	9	1

图 1-9 透视表

图 1-9 中,以"钢化膜"产品为列。求和项为 30,计数项为 6,平均值项为 5,最大值项为 9,最小值项为 1。

2. 显示方式

透视表的值的显示方式可采用图 1-8 的调取方式。在数据透视表右击,在弹出的菜单中选择"值显示方式",如图 1-10 所示。

应用举例,透视表的行区域为"产品"字段,值区域为"数量"字段。前后 3 次将"数量"字段拖入值区域,值汇总依据分别为"求和、计数、平均值"。值显示方式分别为"无计算、列汇总的百分比、父行汇总的百分比",返回的值如图 1-11 所示。

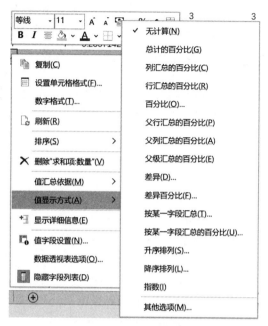

图 1-10 值显示方式

行标签 ▼	求和项:数量	计数项:数量2	平均值项:数量3
包装绳	25	16.67%	97.40%
保鲜剂	2	3.33%	38.96%
蛋糕纸	4	6.67%	38.96%
钢材	8	3.33%	155.84%
钢化膜	30	20.00%	97.40%
老陈醋	9	3.33%	175.32%
木材	16	6.67%	155.84%
苹果醋	3	3.33%	58.44%
异型件	20	13.33%	97.40%
油漆	37	23.33%	102.97%
总计	154	100.00%	100.00%

计算类型: 平均值; **值显示方式**: 父行汇总的百分比

计算类型: 计数; **值显示方式**: 列汇总的百分比

计算类型: 求和; **值显示方式**: 无计算

图 1-11 透视表中的值显示方式

1.3 超级透视表

　　超级透视表是 Power Pivot 的直译。初次接触 Power Pivot 时，读者难免会有这样的疑问：Power Pivot 与普通透视表的区别是什么？为什么有了普通透视表之后还需要 Power Pivot？Power Pivot 的使用流程是什么？使用 Power Pivot 之后，能达成怎样的效果？

　　援引微软官方网站的原话：Power Pivot 是一种数据建模技术，用于创建数据模型，建立关系,以及创建计算。可使用 Power Pivot 处理大型数据集,构建广泛的关系,以及创建复杂(或简单)的计算,这些操作全部在高性能环境中和你所熟悉的 Excel 内执行。

1.3.1 与普通透视表的区别

Power Pivot 的功能非常强大,它可以通过数据建模的方式把多张具备关联关系的表格组合在一起或一对多等关系数据的匹配,然后通过 Power Pivot 的数据分析表达式(DAX),构建自定义度量值或计算列,实施个性化或复杂业务场景的数据分析,例如 ABC 分析、库存分析、关联分析、移动平均等。

1. 数据建模

本书所有示例来源于 3 个简单的数据集。涉及数据建模与分析,本书将采用 DEMO. xlsx 工作簿中的相关数据,涉及单表数据分析的将采用 DOCK. xlsx 工作簿中的 DK 表及 DT 表的相关数据,涉及时间智能及综合案例采用的是 Freight. xlsx 相关数据。在 DEMO. xlsx 工作簿中,有合同运价、订单明细、运单、装货、收货、日期 6 张表。逐一选择这 6 张表,在 Excel 工具栏界面,选择 Power Pivot→"添加到数据模型"。在 Power Pivot for Excel 主界面中,选择"主页"→"关系视图",通过两两表间建立关系,完成数据建模,其中合同表与运单表之间为非活动关系。相关模型的关系视图如图 1-12 所示。

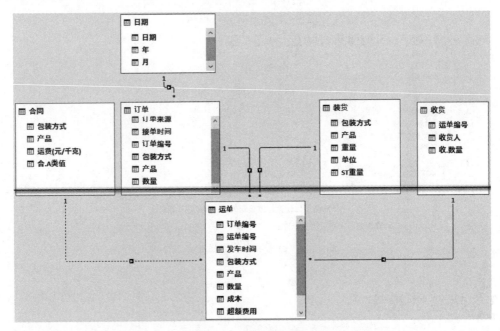

图 1-12 关系图视图

特别说明:出于一些特殊值演示的需要,图 1-12 中日期表中的日期未能全部涵盖订单表及运单表中的日期。为了更好地理解时间智能函数,时间智能(第 7 章)的日期表中的 Date 列涵盖了数据模型中的所有日期。

2．DAX 之计算列

返回 Power Pivot for Excel 中的"运单"表，新建计算列"运.分类"，表达式如下：

```
= IFERROR(IF(FIND("装",[包装方式])>0,"规范"),"其他")
```

返回的值如图 1-13 所示。

	[运.分类]		fx =IFERROR(IF(FIND("装",[包装方式])>0,"规范"),"其他")								
	运单...	包装方式	数量	成本	超额费用	折扣	产品	订单编号	发车时间	运.分类
1	YD001	箱装	2	15		0.82	蛋糕纸	DD001	2020/8/3	规范
2	YD001	散装	3	5	1	0.9	钢化膜	DD002	2020/8/3	规范
3	YD002	箱装	3	15		0.9	苹果醋	DD003	2020/8/4	规范
4	YD002	散装	1	5		0.89	钢化膜	DD004	2020/8/4	规范

图 1-13　计算列

图 1-13 所示的操作及所用到的函数与 Excel 工作表中的操作基本相同，并无太多明显的差异。这就是微软官方网站所讲的"这些操作全部在高性能环境中和你所熟悉的 Excel 内执行"。

在"运单"表中，继续新建计算列"运.数量"，表达式如下：

```
= SUM('运单'[数量])
```

返回的值如图 1-14 所示。

	订单...	运单...	发车...	包装方式	产...	数量	成本	超额费用	折扣	运.分类	运.数量
1	DD001	YD001	2020/6/3	箱装	蛋糕纸	2	15		0.82	规范	154
2	DD002	YD001	2020/6/3	箱装	蛋糕纸	2	15	1	0.9	规范	154
3	DD003	YD002	2020/8/4	箱装	苹果醋	3	15		0.9	规范	154
4	DD004	YD002	2020/8/4	散装	钢化膜	1	5		0.89	规范	154

图 1-14　计算列

从返回的结果来看：计算列"运.数量"中所有的值均相同，这个值好像不是期望的值。

3．DAX 之度量值

在数据底部的度量值区域，新建度量值"M.数量和"，表达式如下：

```
M.数量和 : = SUM('运单'[数量])
```

返回的值如图 1-15 所示。

	[数量]		fx M.数量和:=SUM('运单'[数量])								
	订单...	运单...	发车...	包装方式	产...	数量	成本	超额费用	折扣	运.分类	运.数量
1	DD001	YD001	2020/6/3	箱装	蛋糕纸	2	15		0.82	规范	154
2	DD002	YD001	2020/6/3	箱装	蛋糕纸	2	15	1	0.9	规范	154
3	DD003	YD002	2020/8/4	箱装	苹果醋	3	15		0.9	规范	154
4	DD004	YD002	2020/8/4	散装	钢化膜	1	5		0.89	规范	154
						M.数量和: 154					

图 1-15　度量值

从图 1-15 返回的结果来看，度量值“M. 数量和”返回的值与计算列“运. 数量”中每行的值都相等。

说明：为了便于读者有效地区分本书的计算列与度量值，所有计算列均以“中文. 列名”方式命名，例如计算列“运. 数量”，其中的“运”来自运单表的第 1 个中文，所有度量值均以“M. 度量值名”方式命名，例如度量值“M. 数量和”，M 来自度量 Measure 的首字母。

继续新建度量值“M. 规范量”，表达式如下：

```
M.规范量: = SUMX(FILTER('运单','运单'[运.分类] = "规范"),'运单'[数量])
```

返回的值如图 1-16 所示。

[数量]　fx　M.规范量:=SUMX(FILTER('运单','运单'[运.分类]="规范"),'运单'[数量])

	订单...	运单...	发车...	包装方式	产...	数量	成本	超额费用	折扣	运.分类	运.数量
1	DD001	YD001	2020/6/3	箱装	蛋糕纸	2	15		0.82	规范	154
2	DD002	YD001	2020/6/3	箱装	蛋糕纸	2	15	1	0.9	规范	154
3	DD003	YD002	2020/8/4	箱装	苹果醋	3	15		0.9	规范	154
4	DD004	YD002	2020/8/4	散装	钢化膜	1	5		0.89	规范	154
						M.数量和: 154					
						M.规范量: 74					

图 1-16　度量值

图 1-16 的返回值对传统 Excel 来讲是不可以理解的。

继续新建度量值“M. 规范量 1”，表达式如下：

```
M.规范量 1: = CALCULATE([M.规范量],ALL('运单'[产品]))
```

返回的值如图 1-17 所示。

	订单...	运单...	发车...	包装方式	产...	数量	成本	超额费用	折扣	运.分类	运.数量
1	DD001	YD001	2020/6/3	箱装	蛋糕纸	2	15		0.82	规范	154
2	DD002	YD001	2020/6/3	箱装	蛋糕纸	2	15	1	0.9	规范	154
3	DD003	YD002	2020/8/4	箱装	苹果醋	3	15		0.9	规范	154
4	DD004	YD002	2020/8/4	散装	钢化膜	1	5		0.89	规范	154
						M.数量和: 154					
						M.规范量: 74					
						M.规范量1: 74					

图 1-17　度量值

从图 1-17 返回的结果来看，度量值“M. 规范量 1”返回的值与度量值“M. 规范量”返回的值相等，而且“M. 规范量”和“M. 规范量 1”度量值的表达式中所用到的函数 SUMX()、FILTER()、CALCULATE()、ALL()是传统的 Excel 函数中所没有的。

接下来查看一下“M. 规范量”和“M. 规范量 1”在透视表中返回值的差别。在 Power Pivot for Excel 界面中，选择“主页”→“数据透视表”，在弹出的“创建数据透视表”中选择“新工作表”，单击“确定”按钮。将“运单”表中的“产品”字段拖入透视表的行区域，将数据模型“运单”表中的“数量、运. 数量”拖入值区域，同时勾选“M. 数量和、M. 规范量、M. 规范量 1”这 3 个度量值，将其放入透视表的值区域，返回的值如图 1-18 所示。

行标签 ▼	以下项目的总和:数量	以下项目的总和:运.数量	M.数量和	M.规范量	M.规范量1
包装绳	25	770	25		74
保鲜剂	2	154	2		74
蛋糕纸	4	308	4	4	74
钢材	8	154	8		74
钢化膜	30	924	30	30	74
老陈醋	9	154	9		74
木材	16	308	16		74
苹果醋	3	154	3	3	74
异型件	20	616	20		74
油漆	37	1078	37	37	74
总计	154	4620	154	74	74

图 1-18　透视表

从图 1-18 返回的值来看,透视表中"运.数量、M.规范量1"的返回值已经明显超出了预期效果。如果此时选择将"包装方式"字段替换行标签中的"产品"字段,则返回的值如图 1-19 所示。

行标签 ▼	以下项目的总和:数量	以下项目的总和:运.数量	M.数量和	M.规范量	M.规范量1
袋	11	308	11		
捆	24	462	24		
膜	20	616	20		
散装	30	924	30	30	30
桶装	37	1078	37	37	37
箱装	7	462	7	7	7
扎	25	770	25		
总计	154	4620	154	74	74

图 1-19　透视表

从图 1-19 返回的值来看,透视表中"M.规范量1"的值已经发生了变化,并且"M.规范量"和"M.规范量1"二列返回的值完全一样。图 1-18 和图 1-19 的返回值相对于传统 Excel 透视表来讲是不可以理解的。

在图 1-19 透视表中,"以下项目的总和:数量、以下项目的总和:运.数量"为隐性度量值,"M.数量和、M.规范量、M.规范量1"为显性度量值。传统数据透视表采用的是隐性度量值计算方式,DAX 采用的是显性度量值计算方式。

1.3.2　DAX 数据分析

1. 一端的计算列

在图 1-12 中,"收货"是"运单"的一端。现打算在"收货"(一端)中新建计算列"收.数量",从一端调取多端的数据,表达式如下:

```
收.数量: = SUMX(RELATEDTABLE('运单'),'运单'[数量])
```

返回的值如图 1-20 所示。

如果打算在"收货"中新建计算列"筛选收.数量",仅统计"运单"中"运.分类"列中值为"规范"的数量,表达式如下:

	[收.数量]		fx	=SUMX(RELATEDTABLE('运单'),'运单'[数量])	

	运单编号	收货人	收.数量	添加列
1	YD001	王二	5	
2	YD002	王二	6	
3	YD003	张三	14	
4	YD004	张三	31	

图 1-20   位于数据模型中一端的列

```
收.筛选数量:=
SUMX (
    CALCULATETABLE (
        '运单',
        '运单'[运.分类] = "规范"
    ),
    '运单'[数量]
) -- ch1 - 001
```

返回的值如图 1-21 所示。

	运单编号	收货人	收.数量	收.筛选数量
1	YD001	王二	5	5
2	YD002	王二	6	6
3	YD003	张三	14	5
4	YD004	张三	31	14

图 1-21   位于数据模型中一端的列

从图 1-20 及图 1-21 的返回值来看,一端调取多端的数据是相当便捷高效的。

2. 多端的计算列

在图 1-12 中,"运单"是"收货"的多端,新增"运.收货人"列,表达式如下:

```
运.收货人:= RELATED('收货'[收货人])
```

返回的值如图 1-22 所示。

	运单...	包装方式	数量	成本	超额费用	折扣	产品	订单编号	发车时间	运.收...
1	YD001	箱装	2	15		0.82	蛋糕纸	DD001	2020/8/3	王二
2	YD001	散装	3	5	1	0.9	钢化膜	DD002	2020/8/3	王二
3	YD002	箱装	3	15		0.9	苹果醋	DD003	2020/8/4	王二
4	YD002	散装	1	5		0.89	钢化膜	DD004	2020/8/4	王二

图 1-22   位于数据模型中多端的列

新增"质量 KG"列,从"装货"表中调取数据,计算公式"质量=千克×数量"。由于各种产品的计重方式不一样,存在"克、千克、吨"3 种方式,所以在计算之前需先进行质量换算,表达式如下:

```
运.质量 KG
:= VAR A =
```

```
        RELATED ( '装货'[单位] )
VAR B =
    SWITCH (
        TRUE (),
        A = "克", 0.001,
        A = "千克", 1,
        A = "吨", 1000
    )
RETURN
    B * RELATED ( '装货'[质量] ) * '运单'[数量]        -- ch1-002
```

返回的值如图 1-23 所示。

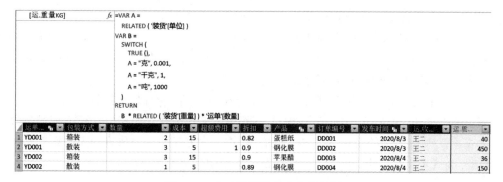

图 1-23　位于数据模型中多端的列

从图 1-22 及图 1-23 的返回值来看,多端调取一端的数据也是相当便捷高效的。

3. DAX 度量值

图 1-20～图 1-23 均采用新增计算列的方式,其操作与传统 Excel 的新增辅助列的原理大体类似,但是,Power Pivot 真正的优势在于直接在数据模型间调用数据生成度量值,然后在透视表中呈现,这种计算方式高效于传统 Excel。

度量值是动态计算公式计算的结果,其中结果根据上下文而变化,表达式如下:

```
M.质量 KG: = SUMX(
'运单',
    VAR A = RELATED ( '装货'[单位] )
    VAR B = SWITCH (
TRUE (),
            A = "克", 0.001, A = "千克", 1, A = "吨", 1000
        )
RETURN
    B * '运单'[数量] * RELATED('装货'[质量]))        -- ch1-003
```

行标签 ▼	M.重量KG
包装绳	25000
保鲜剂	0.5
蛋糕纸	40
钢材	12000
钢化膜	4950
老陈醋	1.35
木材	32000
苹果醋	36
异型件	40000
油漆	370
总计	114397.85

图 1-24 度量值的应用

在 Power Pivot for Excel 界面中（或称 Power Pivot 主界面），选择"主页"→"数据透视表"，在弹出的"创建数据透视表"中选择"新工作表"，单击"确定"按钮。将"运单"表中的"产品"字段拖入透视表的行区域，勾选"M.质量 KG"度量值，返回的结果如图 1-24 所示。

图 1-24 的返回值是传统透视表所无法实现的，但对 Power Pivot 的 DAX 语言来讲，要实现此类个性化应用较为简单。

1.4 DAX 基础

DAX 是 Data Analysis eXpressions（数据分析表达式）的简称，它是一种公式语言，不是编程语言，所以 DAX 表达式亦即 DAX 公式，它适用于 Power Pivot、Power BI 和 SQL Server Analysis Services Tabular（SSAS）表格模型。DAX 可用来定义计算列和度量（也称为计算字段）的自定义计算，也可以用来生成查询语句。

对比 1.3 节的公式可以发现：DAX 公式与 Excel 公式非常类似。要创建一个 DAX 公式，只需要在编辑栏进行类似 Excel 的公式编辑，后跟函数名或表达式及所需的任何值或参数，便可以完成计算列、度量值的新建。与 Excel 的差异在于：DAX 也可完成查询表的新建。

DAX 公式可以很简单，也可以非常复杂。本节将重点探讨 DAX 的几个基本概念：语法、函数、运算符。

1.4.1 DAX 语法

以下是 DAX 公式的语法说明，如图 1-25 所示。

此公式包含以下语法元素。

A：度量值名称"M.数量和"。

B：等号运算符（＝）表示公式的开头，完成计算后将会返回结果。在 Power Pivot 中，等号前的冒号（:）是必不可少的且与等号间不能有空格，但在 Power BI 中该冒号则可省略。

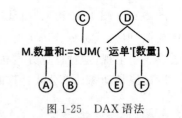

图 1-25 DAX 语法

C：DAX 函数 SUM 会将'运单'[数量]列中的所有数字相加。

D：括号（）内包含一个或多个参数的表达式。

E：引用的表为'运单'，如果表的名称存在特殊字符（例如中文或空隔），则必须用单引号（''）包围起来；如果不存在特殊字符（例如表名为不带空格的字母），单引号则可以省略。

F：'运单'表中的引用列[数量]，它是 SUM 函数的聚合求和对象。

图 1-25 的 F 标识中，[数量]列前面又加上了列所属的'运单'表，这属于完全限定列名称，即表名称加上列名称。为了便于阅读，同一个表中引用的列不需要在公式中包含表名，

但是为了便于理解与维护,度量值中最好采用完全限定列名称的书写方式,哪怕所有的列来源于同一个表。

1.4.2 DAX 函数

函数是通过特定值、调用参数并按特定顺序或结构来执行计算的预定义公式。参数可以是其他函数、另一个公式、表达式、列引用、数字、文本、逻辑值(如 TRUE 或 FALSE)或者常量。

DAX 包括以下函数类别:日期和时间函数、时间智能函数、信息函数、逻辑函数、数学函数、统计函数、文本函数、父/子函数和其他函数。

1. 与 Excel 通用的函数

以下是 DAX 与 Excel 通用的函数,见表 1-5。

表 1-5 与 Excel 通用的函数

类 别	函 数
聚合	SUM()、AVERAGE()、MIN()、MAX()、COUNT() …
逻辑	TRUE()、FALSE()、AND()、OR()、NOT()、IF()、IFERROR()
信息	ISBLANK()、ISERROR()、ISNUMBER()、ISTEXT()、ISLOGICAL()、ISNONTEXT() …
数学和三角	ROUND()、ROUNDUP()、FLOOR()、CEILING() …
文本	LEFT()、RIGHT()、FIND()、SEARCH() …
日期和时间	YEAR()、MONTH()、DAY()、DATE() …

与 Excel 函数类似,DAX 中的所有函数对大小写不敏感。Sum()、SUM()、sUm()、suM()等之类的书写方式不会影响运算的结果。同样,TRUE、FALASE、NOT 等同样对大小写不敏感。

2. DAX 特有函数

以下是 DAX 特有的函数,见表 1-6。

表 1-6 DAX 特有的函数

类 别	函 数
关系	RELATED()、RELATEDTABLE()…
统计	COUNTROWS()、DISTINCTCOUNT()
条件判断	SWITCH()、ISINSCOPE()、ISFILTERED()、ISCROSSFILTERED()、HASONEFILTER()、HASONEVALUE()、SELECTEDVALUE()
查找匹配	LOOKUPVALUE()、CONTAINS()、TREATAS()、IN()、CONTAINSROW()、CONTAINSSTRINGEXACT()
迭代	FILTER()、SUMX()、AVERAGEX()、MINX()、MAXX()、RANKX()
集合	UNION()、INTERSECT()、EXCEPT()、CROSSJOIN()、GENERATE()、GENERATEALL()

续表

类　别	函　数
分组、连接	SUMMARIZE()、SUMMARIZECOLUMNS()、GROUPBY()、ADDMISINGITES()、NATURALINNERJOIN()、NATURALLEFTOUTERJOIN()
投影	ADDCOLUMNS()、SELECTCOLUMNS()、ROW()
调节器	ALL类函数、REMOVEFILTERS()、KEEPFILTERS()、CROSSFILTER()、USERELATIONSHIP()、ALLSELECTED()…
层次结构	PATH()、PATHCONTAINS()、PATHITEM()、PATHITEMREVERSE()、PATHLENGTH()

1.4.3　DAX 运算符

在各类条件表达式中,经常会利用各类比较运算符或逻辑运算符的返回值(TRUE、FALSE)作为下一步复杂运算的识别、筛选条件限制等的操作依据。

1. 比较运算符

比较运算符有 =、<>、>、>=、<、<=,相关说明与举例见表 1-7。

表 1-7　比较运算符

符　号	用　法	应 用 举 例	
=	等于	3=2	//FALSE
		3=3	//TRUE
		"A"="A"	//TRUE
		"A"="a"	//TRUE
<>	不等于	3<>2	//TRUE
		3<>3	//FALSE
		"A"<>"A"	//FALSE
		"A"<>"a"	//FALSE
>	大于	3>3	//FALSE
		"3A">"2A"	//TRUE
>=	大于或等于	3>=3	//TRUE
		"3A">="2A"	//TRUE
<	小于	3<2	//FALSE
		"3A"<"2A"	//FALSE
<=	小于或等于	3<=2	//FALSE
		"3A"<="2A"	//FALSE

"应用举例"列中,//后面的值为返回值。对比表 1-8 可发现,=与<>、>与<返回的值互为取反运算。

2. 逻辑运算符

逻辑运算符有 &&(AND)、||(OR)、IN、NOT,相关说明与举例见表 1-8。

表 1-8 逻辑运算符

符 号	用 法	应 用 举 例	
&& (AND)	与	FALSE && TRUE	//FALSE
		3=2 && 3=3	//FALSE
		"A"="A" && "A"="a"	//TRUE
		TRUE && TRUE	//TRUE
		TRUE && FALSE	//FALSE
		FALSE && FALSE	//FALSE
		BLANK() && BLANK()	//FALSE
		TRUE && BLANK()	//FALSE
‖ (OR)	或	FALSE ‖ FALSE	//FALSE
		FALSE ‖ TRUE	//TRUE
		TRUE ‖ TRUE	//TRUE
		3<>2 ‖ "A"<>"a"	//TRUE
		BLANK() ‖ BLANK()	//FALSE
		FALSE ‖ BLANK()	//FALSE
NOT	非	NOT 2>=3	//TRUE
		NOT "A"="A"	//FALSE
		NOT(1=1 && 2=2)	//FALSE
		NOT(1=2 ‖ 2=3)	//TRUE
		NOT TRUE	//FALSE
		NOT FALSE	//TRUE
		NOT(TRUE && FALSE)	//TRUE
		NOT(TRUE && TRUE)	//FALSE
IN	包含	2 IN {2,3}	//TRUE,IN 为多个 OR 条件
		5 IN {2,3}	//FALSE
		{3,4} IN {3,4,5}	//错误号

3. 四则运算符

四则运算符有 +、-、*、/。相关说明与举例见表 1-9。

表 1-9 四则运算符

符 号	用 法	应 用 举 例	
+	加	2+3	//5
		2+TRUE	//3
		TODAY()+2	//2021/11/30
		2021/11/30+2	//8.12424242424242
		"2021/11/30"+2	//44532
		"2021/11/31"+2	//错误号
		2+"A"	//错误号

续表

符　号	用　法	应　用　举　例	
—	减	TRUE−1 "3A"−"2B"	//0 //错误号
*	乘	TRUE*3 "AAA"*3	//3 //错误号
/	除	1/0 1/"AAA"	//无穷大 //错误号

对比表 1-10 可以发现,文本值是不能参与四则运算的。关于除法运算,在 DAX 中,当分母为常量时,优先使用/(除法)运算符;当分母为 0 或表达式时,优先使用 DIVIDE() 函数。

4. 连接运算符

连接运算符 &,相关说明与举例见表 1-10。

表 1-10　连接运算符

符　号	用　法	应　用　举　例	
&	连接运算	2&3 3&"A" "3A"=(3&"A") "3A"&TRUE	//23 //3A //TRUE //3ATRUE

对比表 1-11 可以发现,连接运算符会将对象的数据类型看作文本,然后进行文本连接。

5. 小括号

小括号主要用于改变运算的优先顺序,函数后面的小括号用于函数参数运算范围的限定。例:(6+9)/3 与 6+9/3 二者返回的值是完全不同的,前一个表达式已通过()运算符改变了计算的优先顺序。

1.5　DAX 表达式

1.5.1　数据基础

在现代计算机语言中,数据一般有数据结构和数据类型之分。结构决定功能,功能一般通过相关的函数或方法实现。函数应用过程中经常会存在嵌套的可能,某一个或多个函数可能为其外围函数的参数。

DAX 公式中,常见的数据结构有数据模型、表、计算列、迭代行、度量值(本书的讲解将按数据模型、表、计算列、迭代行、度量值的顺序来展开)。DAX 公式包括函数、运算符和值,用于对表格数据模型中相关表和列中的数据执行查询或计算操作。

1. 数据结构

1）表

DAX 可以通过数据模型中已有数据来创建新数据，例如创建新的计算表。计算表是一个基于 DAX 公式表达式的计算对象，派生自同一个模型中的所有或部分其他表。通过DAX 查询，可以查询并返回由表表达式定义的新的计算表。DAX 查询的语法如下：

```
[DEFINE { MEASURE < tableName >[< name >] = < expression > }
{ VAR < name > = < expression >}]
EVALUATE < table >
[ORDER BY {< expression > [{ASC ｜ DESC}]}[, …]
[START AT {< value >|< parameter >} [, …]]]
```

（DAX 查询表）语法说明：

（1）< >内为必填参数，[ ]内为可选参数。EVALUATE 为必填参数，DEFINE、VAR、ORDER BY、START AT 为可选参数。

（2）在 Power Pivot 或 DAX Studio 等外部工具中，EVALUATE 为必填参数（无大小写限制）；DEFINE 为可选参数，通常位于 EVALUATE 语句前，用于定义查询期间存在的实体（变量、度量值、表和列）。

（3）< table >可以来源于现有数据源中的表，或通过 DAX 查询表达式新生成的表；< tableName >使用标准 DAX 语法的现有表的名称，它不能是表达式，并且表名必须用单引号（''）包围；< name >为字符串常量，它不能是表达式；VAR 用于变量表达式的标识符名称的定义。

（4）ORDER BY 及 START AT 是可选参数，其中 ORDER BY 有 ASC（升序，默认，可省）和 DESC（降序）两种排序方式，排序的列必须是结果中包含的列；START AT（可选）关键字用于 ORDER BY 子句内，用于定义查询结果开始的值。

应用举例，在数据模型中，查询运单表中的产品列、数量汇总列，以及日期表中的年列，生成一个新的表，表达式如下：

```
DEFINE MEASURE                        //ch1 - 004
    '运单'[M.数量] = SUM ('运单'[数量])
EVALUATE
    SUMMARIZECOLUMNS (
        '运单'[产品],'日期'[年],
        "运.销量和", [M.数量])
ORDER BY
    '运单'[产品], '日期'[年]
```

返回的值如图 1-26 所示。

图 1-26 中，日期表中的日期未涵盖部分，年份信息被标识为空值。

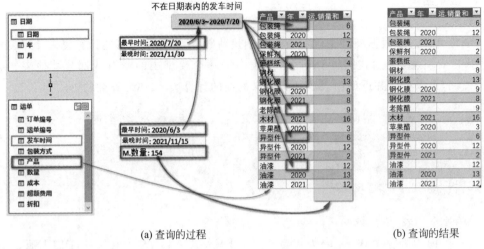

(a) 查询的过程   (b) 查询的结果

图 1-26   DAX 查询

计算表支持与其他表之间的关系。应用举例,数据来源于同一数据模型中的不同表,代码如下:

```
EVALUATE                   //ch1 - 005
FILTER (
    '运单',
    RELATED ( '装货'[单位] ) = "千克"
        && RELATED ( '装货'[质量] ) > 15
)
```

返回的值如图 1-27 所示。

产品 ▼	数量 ▼	订单编号 ▼	运单编号 ▼	发车时间 ▼	包装方式 ▼	成本 ▼	超额费用 ▼	折扣 ▼
蛋糕纸	2	DD001	YD001	2020/8/3	箱装	15		0.82
钢化膜	3	DD002	YD001	2020/8/3	散装	5	1	0.9
钢化膜	1	DD004	YD002	2020/8/4	散装	5		0.89
钢化膜	8	DD012	YD004	2020/10/5	散装	5		0.9
钢化膜	2	DD015	YD005	2021/7/3	散装	5	0.8	
钢化膜	6	DD022	YD006	2021/8/4	散装	5		0.9
钢化膜	4	DD028	YD008	2021/10/5	散装	5	0.6	0.83
钢化膜	9	DD030	YD009	2021/11/15	散装	5	0.2	0.84

图 1-27   查询表

计算表中的列具有数据类型、格式设置,并能归属于数据类别。可以像对任何其他表一样,对计算表进行命名、显示或隐藏。如果计算表从其中提取数据的任何表刷新或更新,则将重新计算计算表。

2)计算列

见 1.3 节,Power Pivot 中计算列的应用原理类似于 Excel 中的辅助列。当计算列包含有效的 DAX 公式时，输入公式并确认后，返回的值将存储于内存的数据模型中。

3）度量值

见 1.3 节，度量值是动态计算公式，其结果会根据上下文更改。

2. 数据类型

在 Power Pivot for Excel 界面，选择"主页"→"数据类型"，查看 DAX 所有的数据类型，如图 1-28 所示。

在 Power Pivot 中，有文本、日期（日期时间）、小数、整数、货币、TRUE/FALSE（布尔值）等几种数据类型。

图 1-28　数据类型

1.5.2　VAR 变量

变量增加了代码的可读性和计算时的性能。一个代码块中可添加多个变量，但 RETURN 只有一个返回值。变量是常量，赋值后的变量不能修改。变量名不能是中文或以数字开头、不能是 DAX 的关键字或保留字（例如函数名）、不能包含@等特殊符号，并且需先定义再使用。应用举例，表达式如下：

```
VAR A = 1
VAR B = 2
VAR C = A + B
RETURN C
```

以上表达式返回的值为 3。

用 VAR 变量方式计算平均单位成本，表达式如下：

```
M.平均单位成本：= VAR A = SUM('运单'[数量])
VAR B = SUMX('运单', '运单'[数量] * '运单'[成本])
VAR C = B/A
RETURN ROUNDUP(C,2)                          -- ch1-006
```

以上度量返回的值为 6.95。

在以上代码中，可以有 A、B、C、D、E、F、G 等更多的变量，这些变量可定义为易于识别的名称，且这些 A、B、C 变量可能是有着很复杂计算逻辑的公式。VAR 变量的使用在后续章节会频繁出现，本节不再举例说明。

1.5.3　空值

在数据分析过程中，空值是不可忽略的存在，因未注意到空值的存在而产生数据计算的错误也是常有的事。在 DAX 中，空值用 BLANK()表示，相关说明与举例见表 1-11。

表 1-11　空值

符　　号	用　　法	应 用 举 例	
BLANK()	空值	BLANK() ＝ 0	//TRUE
		BLANK＝ ""	//TRUE
		NOT BLANK()	//TRUE
		TRUE＆＆BLANK()	//FALSE()
		TRUE ‖ BLANK()	//TRUE
		FALSE＆＆BLANK()	//FALSE
		FALSE ‖ BLANK()	//TRUE
		BLANK()＋BLANK()	//BLANK()
		BLANK()－BLANK()	//BLANK()
		BLANK() ＊ BLANK()	//BLANK()
		BLANK()/BLANK()	//BLANK()
		BLANK()＋1	//1
		BLANK()－1	//－1
		1/BLANK()	//∞
		0/BLANK()	//NaN

通过表 1-12 中 BLANK() 的运算返回值不难发现,DAX 中的 BLANK() 空值等同于数值 0、文本空值""及逻辑值 FALSE,所以在运算过程中不适合作为除数。

1.5.4　错误值

在 DAX 计算过程中,常见的错误有 3 种: 转换错误、算术运算错误和空值或缺失值计算错误。

DAX 中简单的运算错误可参考表 1-9 及表 1-10 中的错误号。如果需要对错误进行捕获及处理,在 DAX 中则可采用 IFERROR()、ISERROR() 函数获取及显示指定的错误信息,这两个函数在 DAX 中的用法与在 Excel 中的用法相同。或者采用 IF() ＋ HASONEVALUE() 方式对错误进行拦截与处理。

DAX 中空值的计数可采用 COUNTBLANK() 函数(计算列中空单元格的数量)及 DISTINCTCOUNTNOBLANK() 函数(计算列中不包含空值的非重复值的个数)。

1.6　DAX 使用中的困惑

在 DAX 初学与使用的过程中,最常见的困惑: 明明语法是正确的,而且在 Power Pivot 编辑区域中所见到的度量返回值是相同的,可是一旦放入透视表中,在外部筛选上下文的影响下,却往往得到不一样的结果。或者如 1.3 节中图 1-14 那样,计算列中返回的值不是期望值。

1.6.1　来自 DAX 的困惑

在数据分析过程中,对数据进行排名是常有的事。对运单表中的数量列进行汇总与排名,创建以下 6 个度量值,表达式如下:

```
M.数量和: = SUM('运单'[数量])
M.排名 1: = RANKX(ALL('运单'[产品]),[M.数量和])
M.排名 2: = VAR A = [M.数量和] RETURN RANKX(ALL('运单'[产品]),A)
M.排名 3: = RANKX(ALL('运单'[产品]),VAR A = [M.数量和] RETURN A)
M.排名 4: = RANKX(ALL('运单'[产品]),SUM('运单'[数量]))
M.排名 5: = VAR A = SUM('运单'[数量]) RETURN RANKX(ALL('运单'[产品]),A)
```

在 Power Pivot 度量值区域,各度量值返回的值如图 1-29 所示。

图 1-29 中,M. 排名 1～M. 排名 5 返回的值均为 1。创建数据透视表,将以上度量值放入透视表,返回的值如图 1-30 所示。

M.数量 和:154
M.排名 1:1
M.排名 2:1
M.排名 3:1
M.排名 4:1
M.排名 5:1

图 1-29　各度量值及返回的值

在图 1-30 中,度量值 M. 排名 1～M. 排名 5 的返回值出现了较大差异,只有 M. 排名 1 和 M. 排名 3 显示的值为期望的结果。本章节暂不阐述透视表中数据差异产生的原因,只为提醒读者,虽然很多的 DAX 的函数及语法与 Excel 的函数及语法差不多,但二者的运行机制却存在较大的差异。

行标签 ↓	M.数量 和	M.排名 1	M.排名 2	M.排名 3	M.排名 4	M.排名 5
油漆	37	1	1	1	1	1
钢化膜	30	2	1	2	1	1
包装绳	25	3	1	3	1	1
异型件	20	4	1	4	1	1
木材	16	5	1	5	1	1
老陈醋	9	6	1	6	1	1
钢材	8	7	1	7	1	1
蛋糕纸	4	8	1	8	1	1
苹果醋	3	9	1	9	1	1
保鲜剂	2	10	1	10	1	1
总计	154	1	1	1	1	1

图 1-30　度量值

如果不想显示图 1-30 中 M. 排名 1 和 M. 排名 3 的总计值,则可创建的表达式如下:

```
M.排名 6: = IF(HASONEVALUE('运单'[产品]),[M.排名 1])
M.排名 7: = IF(HASONEVALUE('运单'[产品]),[M.排名 3])
```

将产品拖入行标签,勾选 M. 数量和、M. 排名 1、M. 排名 3、M. 排名 6 和 M. 排名 7 这 5 个度量值进行总计行的数据比对,返回的值如图 1-31 所示。

行标签 ▼	M.数量 和	M.排名1	M.排名3	M.排名6	M.排名7
包装绳	25	3	3	3	3
保鲜剂	2	10	10	10	10
蛋糕纸	4	8	8	8	8
钢材	8	7	7	7	7
钢化膜	30	2	2	2	2
老陈醋	9	6	6	6	6
木材	16	5	5	5	5
苹果醋	3	9	9	9	9
异型件	20	4	4	4	4
油漆	37	1	1	1	1
总计	154	1	1		

图 1-31　度量值

图 1-31 中的 M. 排名 6 和 M. 排名 7 度量，IF()函数的第 3 个参数有省略，其省略值为 BLANK()。

如果将图 1-30 中的行标签改为包装方式，则返回的值如图 1-32 所示。

行标签 ▼	M.数量 和	M.排名1	M.排名2	M.排名3	M.排名4	M.排名5
袋	11	1	1	1	1	1
捆	24	1	1	1	1	1
膜	20	1	1	1	1	1
散装	30	1	1	1	1	1
桶装	37	1	1	1	1	1
箱装	7	1	1	1	1	1
扎	25	1	1	1	1	1
总计	154	1	1	1	1	1

图 1-32　度量值

在图 1-32 中，度量值 M. 排名 1～M. 排名 5 的返回值均相同，但都不是期望的值。

1.6.2　来自数据模型的困惑

在 Power Pivot 中创建透视表。将订单表中的产品字段拖入行标签，将订单表中的数量拖入值区域，透视表正常。此时若将运单表的数量也拖入值区域，由于订单表和运单表之间是多对多关系，所以 Excel 会立即提示"需要表之间的关系"，透视表返回的不是预望的值。相关对比说明如图 1-33 所示。

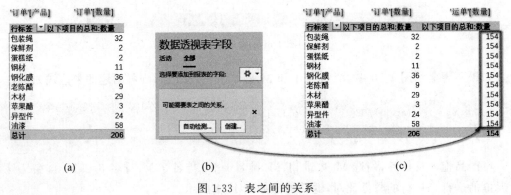

图 1-33　表之间的关系

在 DAX 中,解决多对多的方式有很多种。采用最简单方式,代码举例如下:

```
M.运货量: = CALCULATE(sum('运单'[数量]),'订单')
```

返回图 1-33 的透视表中,勾选度量 M.运货量,返回的值如图 1-34 所示。

行标签	以下项目的总和:数量	以下项目的总和:数量	M.运货量
包装绳	32	154	25
保鲜剂	2	154	2
蛋糕纸	2	154	2
钢材	11	154	8
钢化膜	36	154	32
老陈醋	9	154	9
木材	29	154	16
苹果醋	3	154	3
异型件	24	154	20
油漆	58	154	37
总计	206	154	154

图 1-34　透视表

图 1-34 的透视表中,度量值 M.运货量的返回值正常。

1.6.3　来自 CALCULATE()的困惑

CALCULATE()是 DAX 中最重要、最好用的函数,但同时也是难以掌控的函数。在刚接触 DAX 的过程中,经常得面对 CALCULATE()带来的困惑。

如图 1-12 所示,运单表为事实表,其他的表均为维度表。创建度量,对订单表中的数量进行汇总,表达式如下:

```
M.订单数: = sum('订单'[数量])
```

在 Power Pivot 中创建透视表,将运单表中的包装方式拖入透视表的行标签,将收货表中的收货人拖入透视表的列标签,勾选 M.数量和和 M.订单数这两个度量值,返回的值如图 1-35 所示。

列标签							M.数量和汇总	M.订单数汇总
	李四		王二		张三			
行标签	M.数量和	M.订单数	M.数量和	M.订单数	M.数量和	M.订单数		
袋	9	9			2	2	11	11
捆	16	24			8	16	24	40
膜	8	11			12	13	20	24
散装	19	20	1	1	10	12	30	33
桶装	18	36	2	2	17	20	37	58
箱装			7	8			7	8
扎	10	17			15	15	25	32
总计	80	117	10	11	64	78	154	206

图 1-35　透视表

由于事先已搭建好数据模型,如图 1-35 之类的模型内分类汇总分析变得异常高效便捷。在 DAX 中,因为有 CALCULATE()等函数,更为复杂、个性化的分类汇总也不再是难事,但是,引进了 CALCULATE()之后,语法正确但结果让人犯迷糊也是常有的事。以图 1-35 为例,如果准备统计张三和李四的散装和桶装的订单数量,则表达式如下:

```
M.订单数 2 : =
CALCULATE (
    [M.数量和],
    '收货'[收货人] IN { "张三", "李四" },
    '运单'[包装方式] IN { "箱装", "桶装" }
)                                                    -- ch1 - 007
```

在透视表 1-35 中,移除 M.数量度量值,勾选 M.订单数 2 度量值,返回的值如图 1-36 所示。

行标签 ▼	李四 M.订单数	M.订单数2	王二 M.订单数	M.订单数2	张三 M.订单数	M.订单数2	M.订单数汇总	M.订单数2汇总
袋	9	35		35	2	35	11	35
捆	24	35		35	16	35	40	35
膜	11	35		35	13	35	24	35
散装	20	35	1	35	12	35	33	35
桶装	36	35	2	35	20	35	58	35
箱装		35	8	35		35	8	35
扎	17	35		35	15	35	32	35
总计	117	35	11	35	78	35	206	35

图 1-36　透视表

从图 1-36 的透视表返回的值来看,M.订单数 2 的返回值不是预期的。CALCULATE() 函数的用法说明在后续章节会重点讲解,本节不再赘述。

1.7　本章回顾

从统计学的角度来讲,数据有离散型数据和连续型数据之分。对于不同类型的数据,可采用的测量尺度是有区别的,常用的四类测量尺度为定类、定序、定距、定比。

在 DAX 应用过程中,定类数据主要创建及存储于计算列中,适用在 Power Pivot 的透视表或 Power BI 矩阵的切片器及筛选器中。定序数据经区间分组后,可适用于 DAX 数据模型应用过程中的参数表,作为数据选择与切换的依据。定距数据适用于各类聚合函数,DAX 采用的是列式计算,聚合函数在计算列中会忽略行上下文,所以聚合函数一般写在度量值中。在处理数据的总体占比、分类占比、层次占比、同比、环比时,DAX 具备天然的优势。

随着各行各业对数据分析的重视程度日益提高,以微软 Power BI 为首的各类自助式 BI 越来越受企业与个人的青睐。Power BI 以其易上手、敏捷、功能强大、能适应各类复杂应用场景因此越来越受到市场的追捧,成为众多企业与个人的 BI 首选。

然而,依据本章所展示的那些预期的结果及非预期的返回值,从中不难发现:在公式与语法无误的情况下，在 Excel 函数使用过程中，读者可以做到所见即所得，但是，在 DAX 使用过程中，尽管"这些操作全部在高性能环境中和你所熟悉的 Excel 内执行"，如果仍沿袭 Excel 函数的使用经验与思维，很多情况下无法获取预期的数据结论，所以放弃 Excel 的固有思维，从 0 开始学习并掌握 DAX 的运行规则很有必要。

考虑到 Excel 的易获取性及 Power BI 的流行趋势，本书前 7 章将采用 Excel 2019 进行讲解，后 4 章将采用 Power BI 进行讲解。

第2章

表的基础应用

在数据分析的过程中,经常性会面对"取哪里的、谁的、什么时间的数据? 用什么方法去分析、分析什么? 如何呈现数据、如何改善问题"等应用场景,如图 2-1 所示。

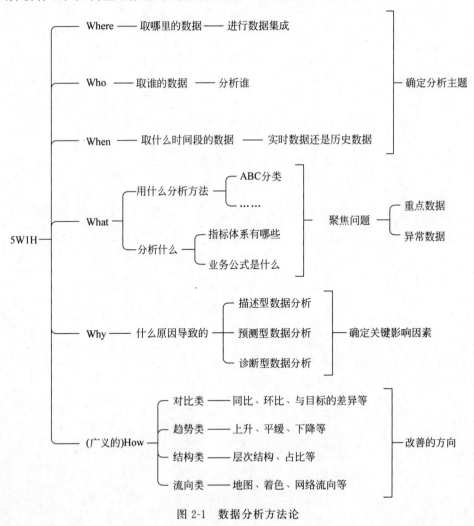

图 2-1　数据分析方法论

从图 2-1 可以看出,适时地采用一些结构性思维能够加快数据分析的进程,快速地形成结论,实现"发现问题、分析问题、解决问题、规避问题"的有效办法。

2.1　数据模型基础

在 Excel 中,所有的 DAX 表达式都是在 Power Pivot 中完成的。Excel 的数据模型可以直接理解为 Power Pivot 数据模型或 Power Pivot 数据库。Excel Power Pivot、Power BI、SQL Server Analysis Services(SSAS)表格模型均采用相同的公式及存储引擎。

2.1.1　COM 加载项

在 Excel 2013 及更高版本的 Excel 中,使用 Power Pivot 之前,首先要启用 Power Pivot 加载项。如果 Excel 功能区没有出现 Power Pivot 选项卡,则可通过"文件"→"选项"→"Excel 选项"→"COM 加载项"将其调用出来。

在"Excel 选项"弹窗中选择"加载项",在"管理"下拉菜单中选择"COM 加载项",单击"转到"按钮,如图 2-2 所示。

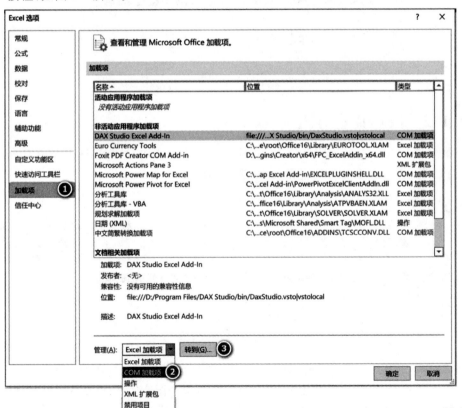

图 2-2　Excel 选项设置

在"COM 加载项"弹窗中,勾选 Microsoft Power Pivot for Excel,单击"确定"按钮,然后在返回的"Excel 选项"弹窗中继续单击"确定"按钮,如图 2-3 所示。

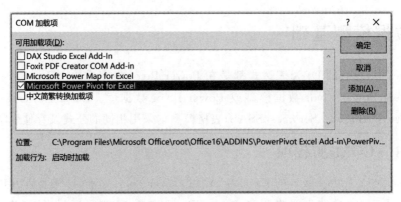

图 2-3　启用 COM 加载项中的 Power Pivot

此时 Power Pivot 选项卡被加载在 Excel 功能区,如图 2-4 所示。

图 2-4　Power Pivot 选项卡及各相关按钮

2.1.2　数据查看方式

利用 Excel 2019,打开 DEMO.xlsx 工作簿。在 Excel 功能区,选择 Power Pivot→"管理"进入 Power Pivot for Excel 主界面,如图 2-5 所示。

图 2-5　Power Pivot 编辑界面

在 Power Pivot 主界面中,窗口默认的打开方式为数据视图,如图 2-6 所示。

如果需要查看 Power Pivot 中的关系视图,则可单击图 2-5 中的"关系图视图"按钮。关系是指数据模型中的数据规则与行为规则,它被表示成一条连接两个实体的线段。在 Power Pivot 中,关系的阅读是从数据模型的一端开始的。查看工作簿中的现有数据模型及表间关系,如图 2-7 所示。

在图 2-7 中,各表框旁的数字 1 代表的是数据模型的一端,＊代表的是数据模型的多端。各线条中的箭头代表的是关系的方向。在早期的 Power Pivot 数据模型中,箭头的方向是由数据表(或称事实表)指向查询表(或称维度表),因为在数据库中,关系图视图的箭头方向指向查询表,但是,考虑到 Power Pivot 中箭头方向与筛选方向的一致性会

图 2-6 Power Pivot 的
默认打开方式

更符合使用者的习惯,而且这样更利于理解模型中的关系与流向,所以现阶段微软已作更改。

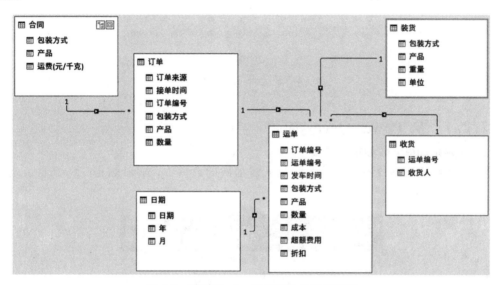

图 2-7 DEMO.xlsx 工作簿中的数据模型

在 Power Pivot 中,绕不开的话题是"上下文"。以下是有关"上下文"及其传递的一些基础知识:

(1) 上下文,也称计值上下文,主要有筛选上下文与行上下文两种。

(2) 有关上下文的传递:①单表中不存在上下文传递;②在数据模型中,筛选上下文是单向、自动传递的,它筛选的是整个数据模型,而不是某个表。模型中的筛选上下文是沿着关系的方向从一端流向多端进行传递的,如图 2-7 所示(特别注意:多端是不可以向一端传递的);③在数据模型中,行上下文是双向的并采用 RELATED()、RELATEDTABLE()函数以手动编程方式进行传递。RELATED()用于多端调用一端的数据,RELATEDTABLE()用于一端调用多端的数据。

(3) 在 Power BI 中,报表级/页面级/视觉级筛选器、各类互动选择、切片器等外部筛选环境,也可称为"查询上下文"。从广义来讲,其仍归属于"筛选上下文"。

注意:如果在 Power BI 中将关系设为双向,筛选上下文则可以从多端传递到一端,但

是,不建议到模型中去设置双向关系,因为这有可能会破坏现有数据模型中的关系从而导致计算错误;如果确实需要用到双向关系,则可通过关系函数CROSSFILTER()去调用。

2.2 数据获取

在Power Pivot中,数据的获取方式主要有从Power Query加载、从外部数据获取及从剪贴板粘贴3种方式,如图2-8所示。

图2-8 获取外部数据

2.2.1 从Power Query加载

1. Power Query数据加载过程

打开DOCK.xlsx工作簿。将光标放入需加载的数据中,选择"数据"→"来自表格/区域",如图2-9所示。

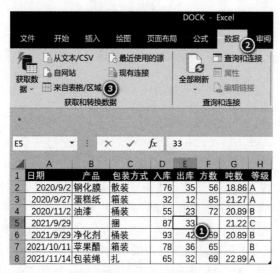

图2-9 获取外部数据

在弹出的"Microsoft Excel安全声明"中,单击"确定"按钮,如图2-10所示。

在Power Query编辑器中,对导入的数据进行加载。选择"文件"→"关闭并上载"→"关闭并上载至",如图2-11所示。

图 2-10　Excel 安全声明

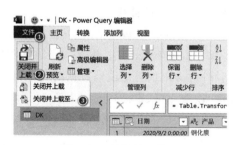

图 2-11　关闭并上载至

在"导入数据"弹窗中,勾选"仅创建连接"和"将此数据添加到数据模型",如图 2-12 所示。

在 Power Pivot for Excel 主界面,查看从 Power Query 中导入的数据,如图 2-13 所示。

在 Excel 的 Power 四件套(Power Query、Power Pivot、Power Map、Power View)及 Power BI 中,数据的获取与清洗的最佳方式是 Power Query。Power Query 侧重于数据的获取、清洗、转换及加载,Power Pivot 侧重于数据查询与数据分析,这是 BI 中两个最重要的工具。在复杂数据建模过程中,主要的数据来源于 Power Query。

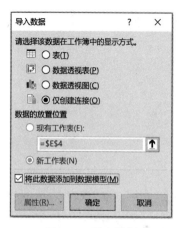

图 2-12　导入数据

	日期	产品	包装方式	入库	出库	方数	吨数	等级	添加列
1	2020/9/2 0:00:00	钢化膜	散装	76	35	56	18.86	A	
2	2020/9/27 0:00:00	蛋糕纸	箱装	32	12	85	21.27	A	
3	2020/11/2 0:00:00	油漆	桶装	55	23	72	20.89	B	
4	2021/9/29 0:00:00		捆	87	33		21.22	C	
5	2021/9/29 0:00:00	净化剂	桶装	93	42	59	20.89	B	
6	2021/10/11 0:00:00	苹果醋	箱装	78	36	65		B	
7	2021/11/14 0:00:00	包装绳	扎	65	32	69	22.89	A	

图 2-13　从 Power Query 中导入的数据

注意:在 Power Pivot 中不可以对 Power Query 导入的数据进行任何更改。在 Power Query 添加到数据模型之前,一定要对 Power Query 的数据类型进行检查并调整到正确的数据类型,以确保后续度量值能正常显示。

2. Power Query 查询选项设置

1)查询和选项设置

Power Query 在数据清洗、转换的过程中,默认选项为"检测未结构化源的列类型和标题"。这会造成 Power Query 在应用的步骤中频繁出现数据类型的转换,也会影响查询的效率且时常会出现自动识别数据类型出错的情形。为提升查询效率且提高数据类型检测的准确性,该功能可以关闭,改由人工手动识别最为稳妥。在 Power Query 编辑中,选择"文件"→"选项和设置"→"查询选项",如图 2-14 所示。

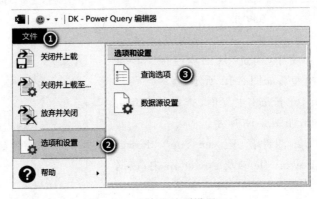

图 2-14 查询和选项设置(1)

在"查询选项"视窗中,选择"数据加载"→"类型检测",取消勾选"检测未结构化源的列类型和标题",如图 2-15 所示。

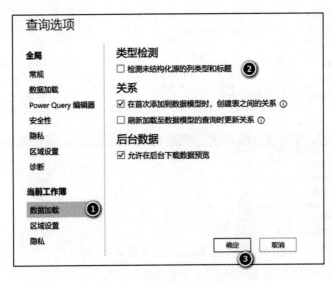

图 2-15 查询和选项设置(2)

2）禁用关系检测

如图 2-15 所示，Power Query 对关系的默认选项是"在首次添加到数据模型时，创建表之间的关系"。在大型的数据模型中，查询的关系检测会增加数据查询加载到数据模型时所需的时间，从而导致效率降低，此项可取消勾选。

3）加载方式设置

Power Query 的默认选项是如图 2-16 所示的"使用标准加载设置"（加载到表）。在日常频繁使用 Power Query 及 Power Pivot 的过程中，该动作存在多余的步骤且数据量大时会造成加载时间的浪费。此时可以采用图 2-14 的步骤进入"查询选项"，选择"数据加载""指定自定义默认加载设置"→"加载到数据模型"，如图 2-16 所示。

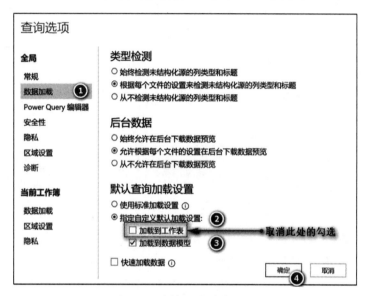

图 2-16　查询和选项设置（3）

2.2.2　获取外部数据

在 Power Pivot 中，可获取的外部数据种类较多（基本上已涵盖日常所能接触到的各类外部数据源）。基于各类外部数据获取的流程与方式相差不大，本章仅以获取 Excel 数据为例进行讲解。

1. 从 Excel 导入数据

在 Power Pivot 主界面，选择"主页"→"从其他源"，在弹出的"表导入向导"视窗中有列出"关系数据库（SQL Server、SQL Azure、Access、Oracle 等）、数据馈送（报表、其他馈送）、文本文件（Excel 文件、文本文件）"等。将右侧的滚动条拉到最下端，选择"Excel 文件"，单击"下一步"按钮，如图 2-17 所示。

在"表导入向导"视窗中，为了方便在后续大量导入的数据源中对该数据的查找，建议每次导入新数据源时及时更改"友好的连接名称"。单击"浏览"按钮，选择所需导入的 Excel

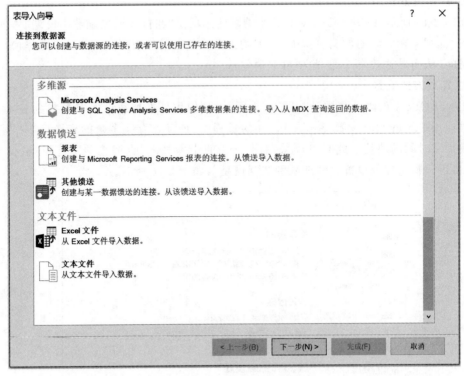

图 2-17　导入 Excel 文件(1)

文件,并勾选"使用第一行作为列标题";单击"测试连接"按钮,在收到"连接测试成功"的弹窗后,单击"下一步"按钮,如图 2-18 所示。

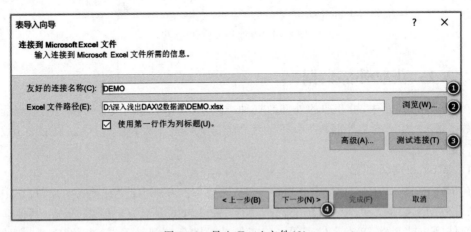

图 2-18　导入 Excel 文件(2)

　　在"表导入向导"中勾选所需导入的表格,填写各勾选表格的"友好名称"后,对各勾选的表格进行"预览并筛选",如图 2-19 所示。

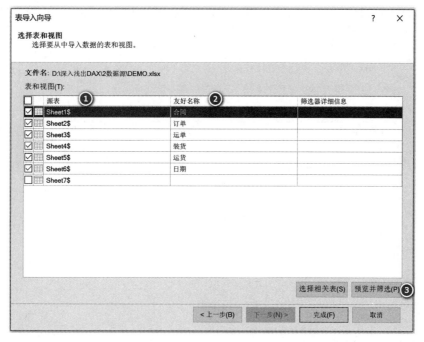

图 2-19 导入 Excel 文件(3)

选择图 2-19 中友好名称为"运单"的表,单击"预览并筛选"按钮,在"表导入向导"视窗中取消勾选"成本、超额运费、折扣"3 列;选择"产品"列,筛选保留产品不为"保鲜剂"的所有行,如图 2-20 所示。

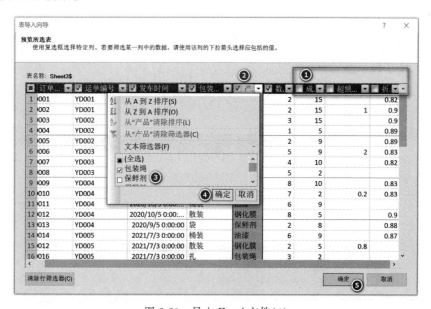

图 2-20 导入 Excel 文件(4)

图 2-20 的视窗返回图 2-19 的"表导入向导"视窗，单击"完成"按钮。在返回的视窗中，单击"关闭"按钮，如图 2-21 所示。

图 2-21　导入 Excel 文件（5）

单击 Power Pivot"主页"→"现有连接"，查看已导入表的数据来源，或对现有连接进行刷新，如图 2-22 所示。

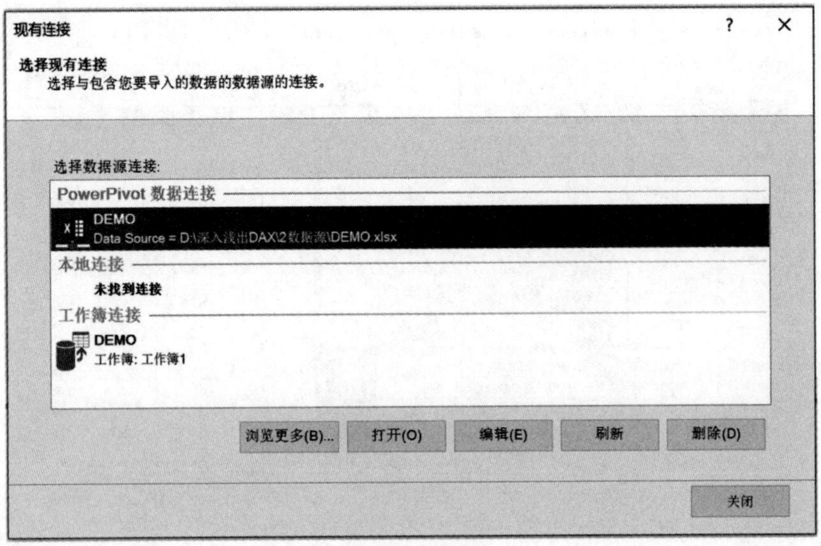

图 2-22　导入 Excel 文件（6）

在运单表的使用过程中,如果打算通过现有连接将成本列导进数据模型,则可通过"主页"→"现有连接",单击图 2-22 中的"打开"按钮,选择"友好名称"为"运单"的表,单击"预览并筛选"按钮,在"表导入向导"视窗中勾选"成本"列,单击图 2-20 中的"确定"按钮。在返回的视窗中单击"完成"按钮,单击"表导入向导"视窗的"关闭"按钮。

或者,单击 Power Pivot"主页"→"关系图视图",查看已导入的 6 个表,如图 2-23 所示。

图 2-23　导入 Excel 文件(7)

2．修改导入的数据

Power Pivot 的"数据视图"界面说明。标识①为功能区,标识②为公式编辑栏,标识③为数据区域,标识④用于新增列,标识⑤为 DAX 度量值编辑与存储区域,标识⑥为模型中所有的数据表,如图 2-24 所示。

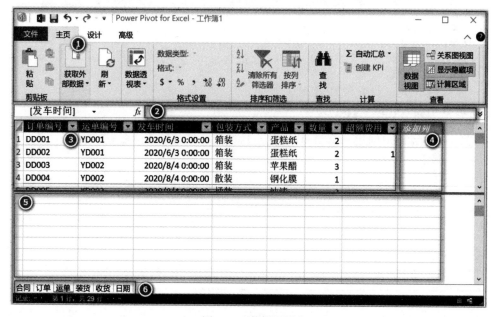

图 2-24　数据视图

如果打算将图 2-24 中"发车时间"列的数据调整为短日期格式,则可通过"主页"→"数据类型"进行格式设置,类似于 Excel 日常使用过程中的"单元格格式设置",如图 2-25 所示。

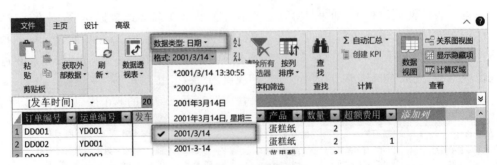

图 2-25　数据格式设置

在 Power Pivot 中的添加列(或称"新建列")类似于 Excel 日常使用过程中的新增加的辅助列,需要在公式编辑栏借助表达式来完成。仍以运单表的发车时间列为例,创建新列"季度",如图 2-26 所示。

图 2-26　新建"季度"列

2.2.3　添加到数据模型

在 Excel 主界面中创建一个简单的、便于后续调整的辅助表,见表 2-1。

表 2-1　区间辅助表

索引	区间	起	止
1	差	1	2
2	中	3	5
3	良	6	8
4	优	9	10

在 Excel 中选择表 2-1 中的任意数据,按下 Ctrl+T 键,勾选"表包含标题",单击"确定"按钮,如图 2-27 所示。

选择表中的任意数据,单击 Excel 功能区"表设计"选项卡,将新创建的表名称更改为"区间辅助表",如图 2-28 所示。

图 2-27　创建区间辅助表(1)

选择"区间辅助表"中的任意数据,单击 Excel 功能区 Power Pivot 选项卡中的"添加到数据模型"按钮,如图 2-29 所示。

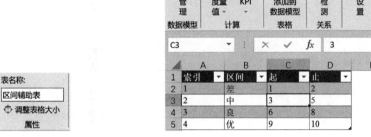

图 2-28　创建区间辅助表(2)　　　　图 2-29　创建区间辅助表(3)

在 Power Pivot 主页面中,选择数据模型中的"区间辅助表"查看表内数据,如图 2-30 所示。

从刚接触 DAX 的一刻开始,不管是用 Excel Power Pivot 还是用 Power BI Desktop,读者都要养成将所有度量值归放于专门存放度量的某一空表中,以便于后续对度量的管理。采用上述方法,现将"度量"表这一空表添加到数据模型,列名为"度量值",如图 2-31 所示。

图 2-30　创建区间辅助表(4)　　　　图 2-31　创建度量表

2.2.4　粘贴到数据模型

在 Power Pivot 主页的剪贴板区组中,粘贴、追加粘贴、替换粘贴、复制这几个按钮都呈

图 2-32　Power Pivot 主页的剪贴板

灰色(未激活状态),如图 2-32 所示。

复制表 2-1 中的数据,此时图 2-32 的粘贴板及粘贴被激活,字体呈黑色。单击主页中的"粘贴"按钮,如图 2-33 所示。

采用复制粘贴方式所创建的表,无法刷新但可追加粘贴或替换粘贴。

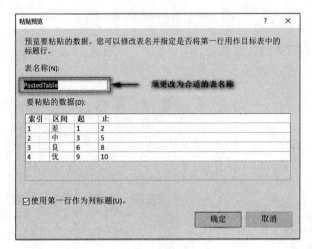

图 2-33　粘贴预览

2.3　数据模型

在数据建模过程中,由事实表和维度表构成的数据模型有两种:星型模型和雪花模型。在数据模型中,维度表处于关系的一端,也称"查询表"或"目标表";事实表位于关系的多端,也称"数据表"或"源表"。

2.3.1　建模基础

数据模型中存在的大量表格可分为事实表(Fact Table)和维度表(Dimension Table)两类。5W1H 管理中的 5W(Where、Who、When、What、Why)一般分布于维度表的属性列中,用于记录 Where(何地、地区、渠道)、Who(客户、供应商、雇员)、When(各类的日期,例如生产、采购、入库、销售、开票、回款日期)、What(产品、服务)、Why(原因说明、质量分类)等信息。1H(本书为广义的 How,为 How ∗,即广义的 How)一般分布于事实表中,每行的记录都是已发生或已度量的事实(How many/How much/How long/How often 等)。

以维度表中的产品列为例,产品列中的属性值可能是颜色、尺寸、款型、类型(线上/线下)等。在数据透视表中,它们常置于行标签、列标签、筛选器、切片器中作为数据分析的对象,而事实表的聚合值,例如销售额、成本额、利润额、利润率等就是对已发生事情的度量。

数据有连续型和离散型之分。离散型数据一般存放于维度表中,连续型数据一般存放于事实表中。为了更好地提升数据模型的运行效率,维度模型应尽量做到列多行少,事实表应尽量做到列少行多,这样可以尽可能地压缩存储空间、提升运行速度。在正常情况下,维度表的存储容量会比事实表小很多。

数据有定类、定序、定距、定比四类测量尺度。对于连续型的定距、定比数据基本上存放于事实表中,而定类、定序数据多存放于维度表中。在事实表中,对连续型数据进行分组、分箱操作或新增计算列对其进行逻辑转换变成离散型数据也是常有的事。

2.3.2　星型模型

星型模型是由一个事实表和一组维度表构成的。维度表一般通过一对多关系与事实数据表相关联。在数据模型中,一端的主键对应的是多端的外键。在维度表中,包含一个主键列和用于进行筛选和分组的描述性列;在事实表中的事实(Fact)一般为连续型数据,而维度表一般为离散型数据或时间等类型的数据。星型模型如图 2-34 所示。

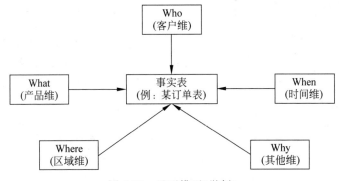

图 2-34　星型模型(举例)

所有的主键都应做到:唯一性、值非空、不被更改、尽可能地简单。

在 Power Pivot 中,可通过"主页"→"关系图视图",在各表之间通过鼠标选中事实表中的外键后拖动放到维度表中的主键,在两表之间创建关系。也可通过"设计"→"创建关系"的方式在二表之间创建关系,如图 2-35 所示。

图 2-35　创建关系(1)

在"创建关系"弹窗中,进行表间关系的设置。在数据模型中,关系只能在单列上创建,多列关系不被引擎支持。单击"确定"按钮,如图 2-36 所示。

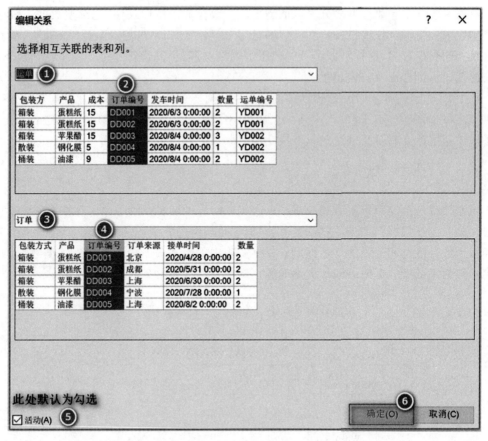

图 2-36 创建关系（2）

若采用拖曳方式创数据模型，则可先选择事实表中的字段，然后拖曳使其与查询表中的字段进行关联，如图 2-37 所示。

图 2-37 中，图表旁的星号（＊）代表的是数据模型的多端，图表旁的数字 1 代表的是数据模型的一端，连线中的箭头代表的是关系的流向（由一端流向多端）。

单击"设计"选项卡中的"管理关系"按钮，查看、编辑或删除图 2-37 中的关系，如图 2-38 所示。

图 2-38 中，两表之间用于创建关系的字段，位于数据模型中关系一端的为主键，位于数据模型中关系多端的为外键。例如合同表中的产品键为主键，运单表中的产品键为外键。

结合图 2-37 及图 2-38，可知该星型模型的主键及模型中的筛选关系如图 2-39 所示。

图 2-39 中的各主键列不允许有空行存在。为更好地理解 Power Pivot 中筛选关系与流向，在数据建模过程中建议将数据模型的布局调整为所有的查询表（维度表）放于数据表（事实表）的上端、事实表摆放于维度表下端并适当地拉大其图表框的尺寸，如图 2-40 所示。该建议最早来自 Rob Collie。

图 2-40 中，筛选关系是从位于一端的表向多端的表自动进行传递的。

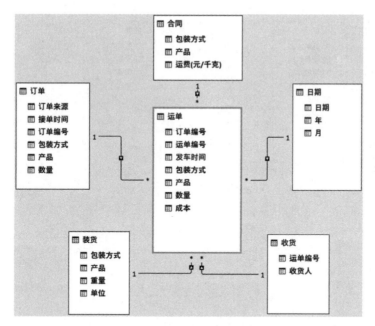

图 2-37 星型模型(应用)

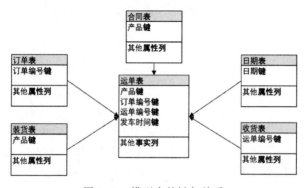

图 2-38 管理关系

图 2-39 模型中的键与关系

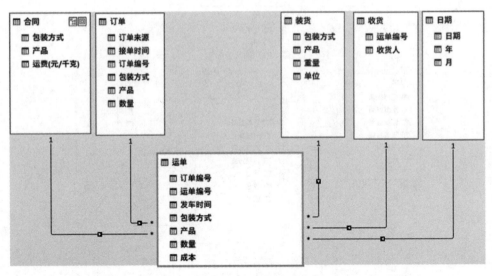

图 2-40　对数据模型所建议的布局方式

2.3.3　雪花模型

当数据模型中有一个或多个维表没有直接连接到事实表上,而是通过其他维表连接到事实表上时,因其连接的方式像雪花的构造,故称雪花模型。

雪花模型是对星型模型的扩展。它对星型模型的维度表进一步层次化,原有的各维表可能被扩展为小的事实表,形成一些局部的"层次"区域,这些被分解的表都连接到主维度表而不是事实表,如图 2-41 所示。

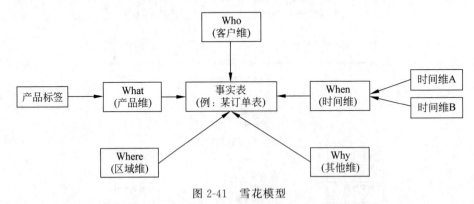

图 2-41　雪花模型

雪花模型的数据相比星型模型的数据更为规范化,但是,由于雪花型要做多个表连接,所以它的性能会低于星型模型。在实际使用的过程中,使用者更关注的是查询时间而非存储空间,所以实际使用中推荐采用的是星型模型而非雪花模型。图 2-41 所采用的是雪花模型。

2.4　度量值管理

在 Power Pivot 或 Power BI 中,可通过计算列或度量值进行数据计算与分析。DAX 中的计算列类似于以往 Excel 中的新建列,而度量值则是 DAX 新增的。从表达式的构造来看,DAX 中的计算列与度量值的表达式无太多显著差别,但实际运行中二者的差异甚大。

计算列是新增的列,它是通过公式表达式对表中列的数据进行处理并得到的新列。度量值则是运用 DAX 表达式对数据模型中的数据经过聚合或其他运算后返回的标量值。

2.4.1　新建度量值

在 Excel Power Pivot 中,可以通过以下两个界面新建度量值:①利用 Power Pivot 主界面的 DAX 度量值编辑与存储区域(可参阅图 2-24)新建 DAX 度量值;②在 Excel 功能区,选择 Power Pivot→"度量值"→"新建度量值",如图 2-42 所示。

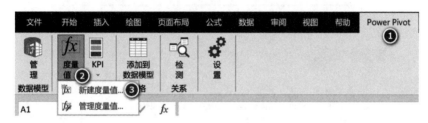

图 2-42　新建度量值(1)

在弹出的"度量值"视窗中,选择度量值存放的表格(为了方便数据模型中度量值的管理,所有度量值最好存放于一个空白的度量表中),对度量命名(为更好地区别于度量值与计算列,本书中所有度量值均以 M. 为前缀)。完成 DAX 公式表达式后,单击"检查公式"按钮(此步骤为可选操作,建议每次表达式完成后马上检查一下),在得到"公式中没有错误"的提示后,开始度量值的格式设置(此步骤为可选操作,为确保后续透视表中数值的美观性,每次新建度量值时均应马上进行格式设置),选择数据对应的格式。单击"确定"按钮,如图 2-43 所示。

在使用新建的度量值的过程中,若发现该度量值没有设置数据格式,则可通过选择 Power Pivot"主页"选项中的"格式设置"区组,对度量值的数字显示方式进行相应的格式设置。度量值的数据格式设置只会影响返回值的显示效果,让数值更易阅读与理解,如图 2-44 所示。

2.4.2　管理度量值

选择 Power Pivot→"度量值"→"管理度量值"进入"管理度量值"窗口,可对度量值进行"新建、编辑、删除"操作,如图 2-45 所示。

选中所需修改的度量值,视窗中"编辑、删除"按钮由灰色转换为黑色。单击"编辑"按钮,如图 2-46 所示。

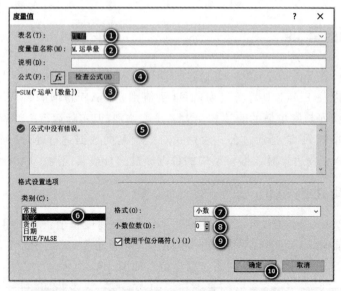

图 2-43　新建度量值(2)

图 2-44　数据的格式设置

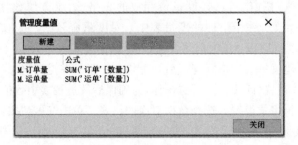

图 2-45　管理度量值(1)

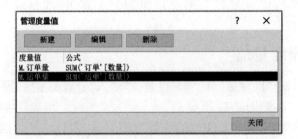

图 2-46　管理度量值(2)

将图 2-43 中的数字格式由小数改为整数后,单击"确定"按钮,如图 2-47 所示。

图 2-47　管理度量值(3)

此时若需利用度量值创建透视表,则可在 Power Pivot 主界面选择"主页"→"数据透视表"→"数据透视表(T)"。在"创建数据透视表"弹窗中选择"新工作表"。或者从 Excel 主界面,选择"插入"→"数据透视表"→"来自数据模型",如图 2-48 所示。

图 2-48　创建透视表

在"来自数据模型的数据透视表"弹窗中选择"新工作表",如图 2-49 所示。

在透视表空白画布中,将运单表中的产品列字段拖入行标签,勾选度量值 M.运单量,返回的值如图 2-50 所示。

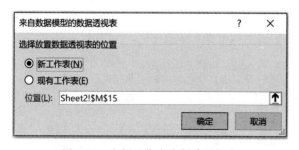

图 2-49　在新工作表中创建透视表

行标签 ▼	M.运单量
包装绳	25
保鲜剂	2
蛋糕纸	4
钢材	8
钢化膜	30
老陈醋	9
木材	16
苹果醋	3
异型件	20
油漆	37
总计	154

图 2-50　创建透视表

2.5 函数抢先看

2.5.1 关系函数

DAX 中有 4 个关系函数，这 4 个关系函数为 RELATED()、RELATEDTABLE()、USERELATIONSHIP()、CROSSFILTER()。RELATED()函数用于从多端访问一端；RELATEDTABLE()用于从一端访问多端，RELATEDTABLE()通常嵌套在迭代函数中一起使用；USERELATIONSHIP()用于两表之间非活动关系列的指定及关系的启用。

注意：在一对一关系中，RELATEDTABLE()函数能用但 RELATED()函数不能用。

1. RELATED()函数

RELATED()函数用于在活动关系的数据模型中从多端获取一端的数据，语法如下：

```
RELATED(<column>)
```

RELATED()函数使用时需要行上下文。它只能在当前行上下文明确的计算列表达式中使用，或者在迭代函数表达式中嵌套使用。

应用举例，在数据模型的运单表中创建计算列“运.装货量”，表达式如下：

```
= RELATED('装货'[质量])&RELATED('装货'[单位])
```

RELATED()函数类似于 Excel 中的 VLOOKUP()函数，但较其强大得多。为了方便理解，隐藏运单表中除产品之外的其他列，截取前 4 行数据，返回的值如图 2-51 所示。

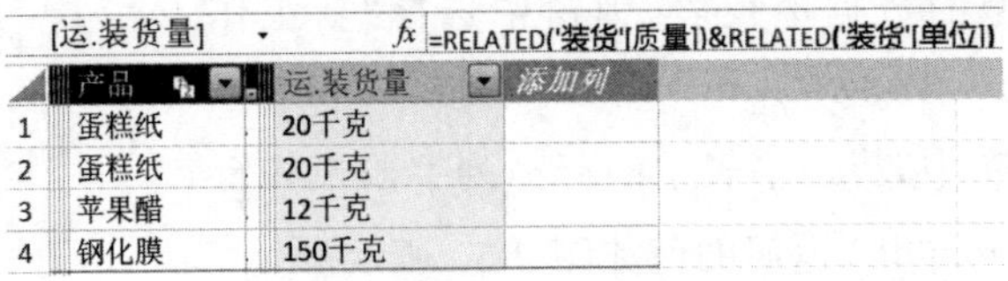
[运.装货量] fx =RELATED('装货'[质量])&RELATED('装货'[单位])

	产品	运.装货量	添加列
1	蛋糕纸	20千克	
2	蛋糕纸	20千克	
3	苹果醋	12千克	
4	钢化膜	150千克	

图 2-51　在运单表中添加新列(1)

鉴于 RELATED()函数在后续章节使用得较为频繁且涉及各类使用场景，此处不再举例说明。

2. RELATEDTABLE()函数

RELATEDTABLE()函数返回的是表，用于在活动关系的数据模型中从一端获取多端的数据，语法如下：

```
RELATEDTABLE(<tableName>)
```

在数据模型的合同表中创建计算列“合.运单量”，表达式如下：

```
合.运单量:= SUMX(RELATEDTABLE('运单'),'运单'[数量])
```

截取前 4 行数据,返回的值如图 2-52 所示。

[合.运单量] fx =SUMX(RELATEDTABLE('运单'),'运单'[数量])

	包装方式	产品	运费(元/千克)	合.运单量	添加列
1	袋	保鲜剂	10	2	
2	袋	老陈醋	12	9	
3	袋	劳保手套	8		
4	捆	木材	8	16	

图 2-52 在合同表中添加新列

3. USERELATIONSHIP()函数

USERELATIONSHIP()函数用于在计算过程中对存在非活动关系的两列之间关系的启用,语法如下:

```
USERELATIONSHIP(<columnName1>,<columnName2>)
```

在数据模型的两表之间只能有一个活动关系。当两表之间存在多个关系时,只能允许存在一个活动关系。如果需用到这些非活动关系,则可通过 USERELATIONSHIP()来启用指定的关系,使用时不区分两个列参数的前后顺序。

在运单表中创建计算列"运.签收时间",表达式如下:

```
运.签收时间:= IF('运单'[数量]>8,'运单'[发车时间]+1,IF('运单'[数量]>5,'运单'[发车时间]+
2,IF('运单'[数量]>3,'运单'[发车时间]+3,'运单'[发车时间]+4)))
```

为了方便理解,隐藏运单表中除产品之外的其他列,截取前 4 行数据,返回的值如图 2-53 所示。

	发车时间	运.签收时间	添加列
1	2020/6/3 0:00:00	2020/6/7 0:00:00	
2	2020/6/3 0:00:00	2020/6/7 0:00:00	
3	2020/8/4 0:00:00	2020/8/8 0:00:00	
4	2020/8/4 0:00:00	2020/8/8 0:00:00	

图 2-53 在运单表中添加新列(1)

将图 2-53 中的发车时间、运.签收时间的数据类型更改为短日期格式。选择"主页"→"格式",选择短日期格式,如图 2-54 所示。

修改后的短日期格式如图 2-55 所示。

单击"主页"→"关系视图"按钮,将日期表日期列与运单表的"运.签收时间"创建关系,如图 2-56 所示。

由于数据模型中日期表的日期列与运单表的发车时间之前已建立活动关系,同一数据模型的两表之间只能有一个活动关系,所以图 2-56 中日期列与"运.签收时间"列之间为非活动

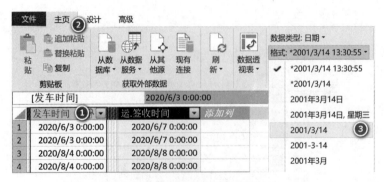

图 2-54　在运单表中添加新列(2)

	发车时间	运.签收时间	添加列
1	2020/6/3	2020/6/7	
2	2020/6/3	2020/6/7	
3	2020/8/4	2020/8/8	
4	2020/8/4	2020/8/8	

图 2-55　修改后的短日期格式

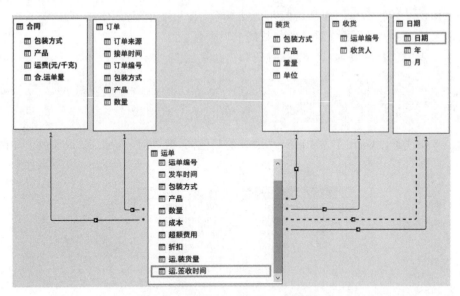

图 2-56　两表之间存在多关系的情形

关系。如果要启动日期列与"运.签收时间"列之间的关系,则需通过 USERELATIONSHIP()
函数来调用。USERELATIONSHIP()函数只能用于将筛选器用作参数的函数中,例如
CALCULATE()、CALCULATETABLE()等。创建度量值 M.运单量签收,表达式如下:

```
M.运单量签收:= CALCULATE([M.运单量],USERELATIONSHIP('日期'[日期],'运单'[运.签收时间]))
```

在以上表达式中,[M.运单量]为现有数据模型中已存的度量值的调用。

数据模型中的关系可能是活动关系,也可能是非活动关系。现打算将日期表的日期列与运单表的发车时间的关系也调整为非活动关系,在 Power Pivot 主界面,可通过两种方式实现。①选择"主页"→"管理关系"按钮,单击日期与发车时间的连接线,右击,单击"标志为非活动关系"按钮,该操作方式较为便捷。②单击"设计"→"管理关系"按钮,在"管理关系"弹窗中,选择对应的关系,单击"编辑"按钮,如图 2-57 所示。

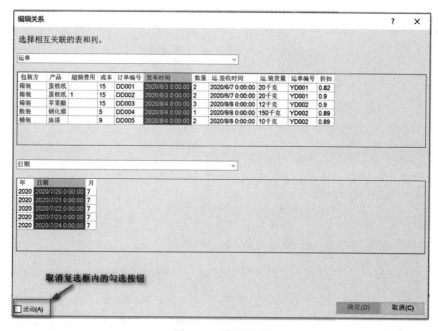

图 2-57 管理关系

在"编辑关系"视窗中,取消"活动"复选框的勾选,关系变为非活动,单击"确定"按钮,如图 2-58 所示。

图 2-58 编辑关系

页面返回"管理关系"窗口，日期表的日期列与运单表的发车时间的"活动"由图 2-58 中的"是"变成了"否"，如图 2-59 所示。

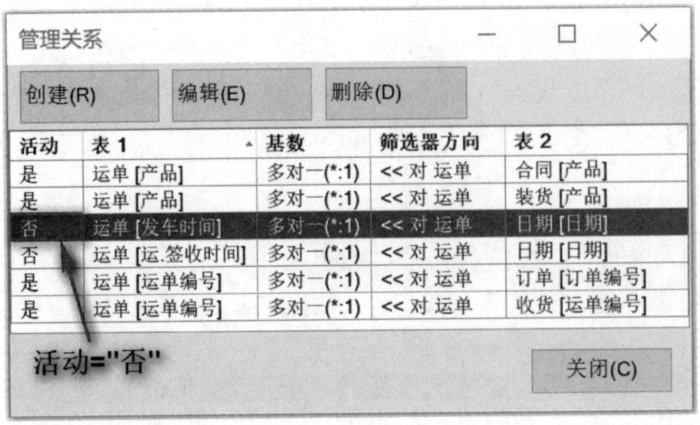

图 2-59　管理关系

此时如果打算在运单表中创建新列以获取日期表中的数据，则无论是 RELATED()函数还是 RELATEDTABLE()函数均不再起作用。在数据模型中，因运单表与日期表原有的关系已被破坏，所以在运单表中已无法智能感知到日期表中的任何信息，如图 2-60 所示。

图 2-60　关系函数的使用

2.5.2　LOOKUPVALUE()

LOOKUPVALUE()是一个类似于 Excel 中 VLOOKUP 的函数，用于返回满足一个或多个搜索条件所指定的所有条件的行的值，语法如下：

```
LOOKUPVALUE(
< result_columnName >,          //结果列
< search_columnName >,          //查找列
< search_value >                //索引值
```

```
[, < search2_columnName >, < search2_value >] …
[, < alternateResult >]]
)
```

当列存在关系时,同样可以用 LOOKUPVALUE()函数,但 RELATED 更有效。当两表未创建关系时,可用 LOOKUPVALUE()。

图 2-58 中,日期表与运单表之间因为无活动关系从而无法使用关系函数,但可以使用 LOOKUPVALUE()函数。在运单表中创建计算列"运.年",表达式如下:

```
运.年: = LOOKUPVALUE('日期'[年],'日期'[日期],'运单'[发车时间])
```

截取前 4 行数据,返回的值如图 2-61 所示。

图 2-61　用 LOOKUPVALUE()函数添加新列(1)

图 2-61 中,返回空值是因为日期表与运单表之间无匹配的数据。

合同表与装货表之间无关联关系。现需从装货表中获取各产品的单位并存放于合同表中。创建合.单位列,表达式如下:

```
合.单位: = LOOKUPVALUE('装货'[单位],'装货'[产品],'合同'[产品])
```

返回的值如图 2-62 所示。

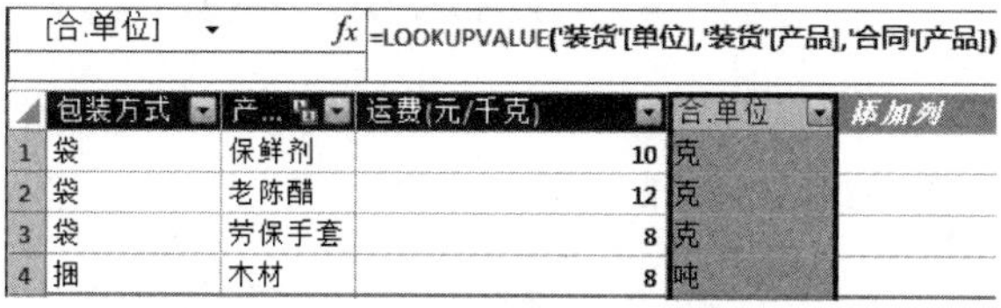

图 2-62　用 LOOKUPVALUE()函数添加新列(2)

对于多条件的列,创建合.质量列,表达式如下:

```
合.质量: = LOOKUPVALUE(
        '装货'[质量],
        '装货'[产品],'合同'[产品],
        '装货'[包装方式],'合同'[包装方式]
    )
```

返回的值如图 2-63 所示。

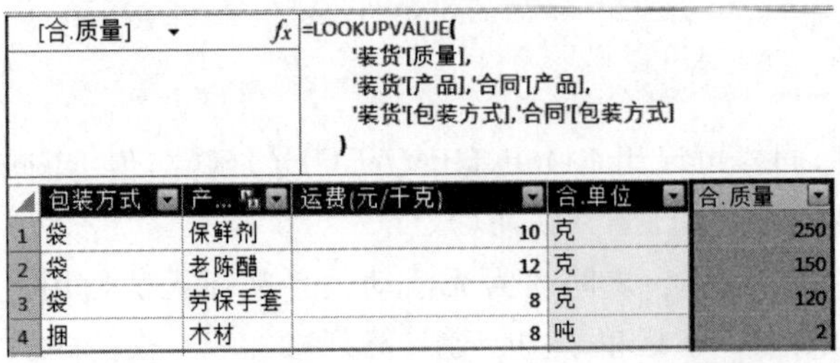

[合.质量] fx =LOOKUPVALUE(
'装货'[质量],
'装货'[产品],'合同'[产品],
'装货'[包装方式],'合同'[包装方式]
)

	包装方式	产...	运费(元/千克)	合.单位	合.质量
1	袋	保鲜剂	10	克	250
2	袋	老陈醋	12	克	150
3	袋	劳保手套	8	克	120
4	捆	木材	8	吨	2

图 2-63　用 LOOKUPVALUE()函数添加新列(3)

2.5.3　DISTINCT()

DISTINCT()函数用于删除表中指定的单列或表的重复项，该函数返回的是表，通常用作迭代函数的参数，语法如下：

```
DISTINCT(<column>)
```

在 DAX 中，与 DISTINCT()较为类似的函数为 VALUES()，都用来返回数据列中的唯一值。二者的主要区别在于：VALUES()视空值为有效行并将其显示出来，但 DISTINCT()会视空行为无效行并将其删除。

创建查询表，表达式如下：

```
EVALUATE DISTINCT('运单'[包装方式])
```

返回的值如图 2-64 所示。

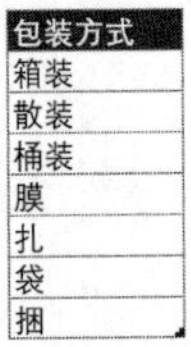

包装方式
箱装
散装
桶装
膜
扎
袋
捆

图 2-64　DISTINCT()函数的使用

2.5.4　DISTINCTCOUNT()

DISTINCTCOUNT()为聚合函数，用于计算列中非重复值的个数，语法如下：

```
DISTINCTCOUNT(<column>)
```

创建度量值 M.包装种类数，表达式如下：

```
M.包装种类数:= DISTINCTCOUNT('运单'[包装方式])
```

不考虑外部筛选上下文，在 Power Pivot 的度量值区域，度量返回的值为 7。

相比 Excel 的传统透视表的强大之处：在 Power Pivot 中可采用隐性度量值的方式实现“非重复计数”。应用举例，将运单表中的包装方式分别拖入行标签和值区域，单击值区域的隐性度量值,右击,选择"值字段设置"。在弹窗中选择计算类型为"非重复计数",单击"数字格式"按钮,调整数据格式后单击"确定"按钮,如图 2-65 所示。

图 2-65 将值字段设置为"非重复计数"

2.5.5 COUNTROWS()

COUNTROWS()函数用于计算指定表或表表达式中的行数,语法如下:

```
COUNTROWS(<table>)
```

COUNTROWS()用于对表的行数进行统计,返回的是标量值。

创建度量值 M. 运单表行数、M. 运单包装种类数,表达式如下:

```
M.运单表行数:= COUNTROWS(RELATEDTABLE('运单'))            //30
```

```
M.运单包装种类数:= COUNTROWS(DISTINCT('运单'[包装方式]))    //7
```

2.5.6 HASONEVALUE()

HASONEVALUE()为信息函数,用于检测指定的列中是否只有一个可见值。如果仅有一个非重复值,则返回值为 TRUE,否则返回值为 FALSE。该函数使用的频率较高,它等价于 COUNTROWS(VALUES(列))=1,常用于 IF()函数的第 1 个参数,语法如下:

```
HASONEVALUE(<columnName>)
```

在 Power BI 中,HASONEVALUE()函数已逐渐被 SELECTEDVALUE()函数所取代,但在 Power Pivot 中,HASONEVALUE()仍是使用频率较高的一个函数。

创建度量值 M. 包装等级,表达式如下:

```
M.包装时间: = CALCULATE (
    DISTINCT ('运单'[包装方式]),
    '运单'[发车时间] = DATE(2020,8,4)
)
```

出现的错误提示如图 2-66 所示。

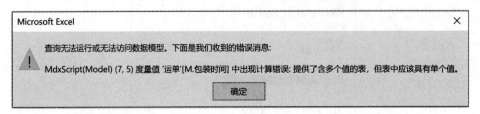

图 2-66　错误提示

通过查看数据源运单表可发现,2020/8/4 发车的运单有 3 票,DISTINCT()无法返回唯一值。为避免以上情形的出现,可利用 IF()＋HASONEVALUE()对嵌套错误进行拦截处理。例如,当某列为唯一值时就返回指定的('运单'[包装方式])列值,否则就返回空值或其他值。基于上述情况,对度量值 M. 包装时间进行修改,修改后的表达式如下:

```
M.包装时间 HV : =
IF (
    HASONEVALUE ('运单'[包装方式]),
    CALCULATE (
        DISTINCT ('运单'[包装方式]),          //日常使用 VALUES()的频率更高
        '运单'[发车时间] = DATE(2020,8,4)
    )
)
```

创建数据透视表,勾选修改后的度量值 M. 包装等级。将等级添加为切片器,选择切片器。返回的值如图 2-67 所示。

(a) 未选择切片器　　　　(b) 已选择切片器

图 2-67　HASONEVALUE()函数的应用

在 DAX 函数中,VALUES()与 DISTINCT()函数的功能大体相似。主要的区别在于 DISTINCT()会清除空行而 VALUES()则会保留空行,在日常使用过程中使用 VALUES()的频率高于 DISTINCT()。

2.5.7 DIVIDE()

DIVIDE()函数可以在被 0 除时返回备用结果或空值,语法如下:

```
DIVIDE(< numerator >, < denominator >[,< alternateresult >])
```

第 1 个参数为分子(被除数),第 2 个参数为分母(除数);第 3 个参数为可选参数,用于指定错误的返回值。在数据分析过程中,总体占比、分类占比、层级占比、同比、环比、各类增长比等都是常用的分析方法。在各类比例计算的过程中,经常会用到 DIVIDE()函数。

应用举例,创建度量值 M. 平均单量、M. 均单量,表达式如下:

```
M.平均单量:= SUM('运单'[数量])/COUNTROWS('运单')          //2
M.均单量:= DIVIDE(SUM('运单'[数量]),COUNTROWS('运单'))     //2
```

分母存在 0 或空值时的应用场景,除法运算符与 DIVIDE()函数的返回值差异比较,表达式如下:

```
M.分母为 0 之一:= SUM('运单'[数量])/0                       //无穷大
M.分母为 0 之二:= DIVIDE(SUM('运单'[数量]),0)               //空值
M.分母为 0 之三:= DIVIDE(SUM('运单'[数量]),0,666)           //666
```

2.6 DAX 查询

在 Excel 中,可采用 DAX 查询 EVALUATE 声明来返回一个表格,类似于 SQL 中的 SELECT 查询语句功能。

2.6.1 DAX 查询表

在 Excel 功能区,选择"数据"→"现有连接",在"现有连接"弹窗中,单击"表格"按钮,选择模型中的任意表格,单击"打开"按钮,如图 2-68 所示。

在"导入数据"弹窗中,单击"确定"按钮,完成所选择数据的导出。在导出的数据中右击,单击"编辑 DAX",如图 2-69 所示。

在"编辑 DAX"弹窗中,在"命令类型"下拉菜单中选择"DAX",编辑相关查询表达式,如图 2-70 所示。

以上查询返回的值见第 1 章图 1-27。

(a) 现有连接(1)　　　　　　　　　(b) 现有连接(2)

图 2-68　DAX 查询(1)

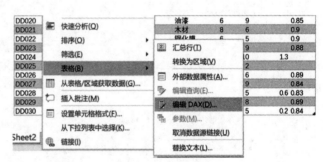

(a) 导入数据　　　　　　　　　　(b) 编辑DAX

图 2-69　DAX 查询(2)

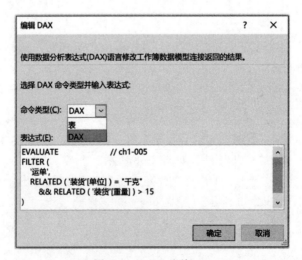

图 2-70　DAX 查询(3)

2.6.2 DAX Studio

DAX Studio 是 SQLBI 推出的一款免费的插件,可通过网址 https://www.sqlbi.com/tools 进行下载。该插件可用于 DAX 查询、代码格式化、性能调试等,可加载至 Excel 的 COM 加载项、Power BI 的外部工具,是 DAX 学习与使用过程中非常好用且必不可少的一个外部工具,本章仅对 DAX Studio 的常用功能进行简要介绍。在 DAX Studio 安装过程中,Excel Addin 为可选择项,建议勾上。

1. DAX Studio 查询编辑

启动或从 Excel 中加载 DAX Studio,连接到 DEMO. xlsx 工作簿,如图 2-71 所示。

(a) 启动DAX Studio,连接到数据模型 (b) 已连接到数据模型的表格

图 2-71 利用 DAX Studio 连接到数据模型

利用 DAX Studio 完成图 2-70 中的查询。将图 2-70 中的表达式复制、粘贴到 DAX Studio 空白画布区,单击左侧的 Run 按钮,在 Result 区域会返回 DAX 查询后的表,如图 2-72 所示。

2. DAX Studio 代码格式化

为了便于后期对表达式的理解与维护,对 DAX 中复杂的表达式进行代码格式化是很有必要的。DAX Studio 提供了代码编辑与格式化功能,本书的所有复杂 DAX 表达式都是利用它来完成格式化的。以本章新建的计算列"运. 签收时间"为例,表达式中采用了 IF() 函数的嵌套,很不好理解。

复制"运. 签收时间"的表达式并粘贴至 DAX Studio 的编辑区,单击 Format Query 按钮(默认为采用 Long Line 格式)。如果想采用短代码格式,则可选择 Short Line 格式,如图 2-73 所示。

单击 Format Query 按钮,格式化后的代码如下:

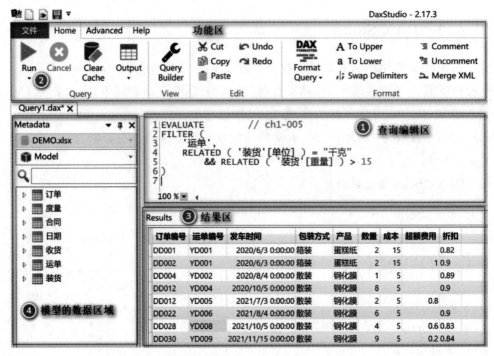

图 2-72　利用 DAX Studio 查询所返回的表

图 2-73　利用 DAX Studio 进行代码格式化(1)

```
运.签收时间: =
IF (
    '运单'[数量] > 8,
    '运单'[发车时间] + 1,
    IF (
        '运单'[数量] > 5,
        '运单'[发车时间] + 2,
        IF ( '运单'[数量] > 3, '运单'[发车时间] + 3, '运单'[发车时间] + 4 )
    )
)
```

DAX Studio 格式化返回的值如图 2-74 所示。

```
1  运.签收时间: =
2  IF (
3      '运单'[数量] > 8,
4      '运单'[发车时间] + 1,
5      IF (
6          '运单'[数量] > 5,
7          '运单'[发车时间] + 2,
8          IF ( '运单'[数量] > 3, '运单'[发车时间] + 3, '运单'[发车时间] + 4 )
9      )
10 )
100 %
```

图 2-74 利用 DAX Studio 进行代码格式化(2)

3. 导出度量值

在实际应用过程中,创建上百的度量值是常有的事。DAX Studio 支持数据模型中所有度量值的导出。在 DAX Studio 编辑区,输入或复制的粘贴表达式如下:

```
select
MEASURE_NAME,
EXPRESSION
from $ SYSTEM.MDSCHEMA_MEASURES
where MEASURE_AGGREGATOR = 0
order by MEASUREGROUP_NAME
```

将以上 SQL 查询代码粘贴至 DAX Studio 的编辑区,单击 Run 按钮。在结果区,从数据模型中获取的 MEASURE_NAME、EXPRESSION 如图 2-75 所示。

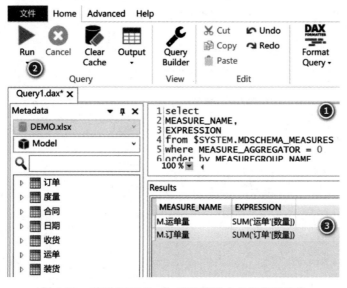

图 2-75 利用 DAX Studio 获取模型中的所有度量值

4．导出查询

在 Excel 中，最大允许的行数约为 104.9 万行（2^{20}），而经 Power Query 或 Power Pivot 获取与转换后的数据经常性地会超过 Excel 的行数限制。如果需要导出这些数据，则可借助 DAX Studio 将其另存为 CSV、TXT 或其他格式。在 DAX Studio 中，图 2-72、图 2-75 的查询均可以有效地导出。以图 2-75 为例，单击 Home→Output→File→Run，如图 2-76 所示。

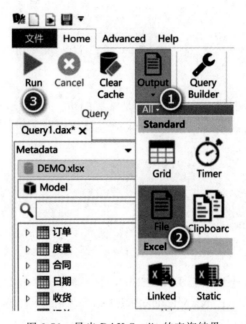

图 2-76　导出 DAX Studio 的查询结果

在"另存为"视窗中，指定文件存放的路径与名称，如图 2-77 所示。

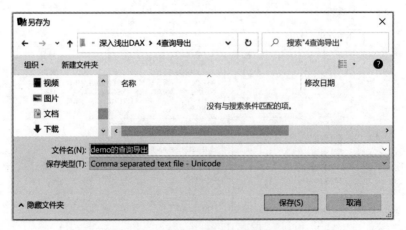

图 2-77　存储 DAX Studio 的查询结果

2.7 本章回顾

本章主要对 Power Pivot 的各类数据的获取方式、数据建模、常用函数及 DAX Studio 进行了简要介绍。内容较为基础,但使用的频率较高。

Power Pivot 采用的是维度建模。在维度模型中存在两种表格:事实表(Fact Table)和维度表(Dimension Table)。在维度建模过程中,可采用星型模型和雪花模型两种模式。在本章图 2-7 的雪花模型中,合同、订单和运单表组成了一系列的关系,其中,订单表为关系链中的汇总表而运单表是明细表,因为同一个订单经常存在分配到多个运单的可能,所以订单表在该雪花模型中同时充当维度表和事实表,而本章图 2-37 的星型模型中,以运单表为事实表,以合同、订单表为查询表。

在日常的维度建模过程中,首先排除的是图 2-7 雪花模型,次佳选择是图 2-37 的星型模型,最佳的选择方式是将订单和运单表进行扁平化,将两张表拼接成一张表,然后加载到星型数据模型中。由于合同表中也存在合同的运费单价,所以将合同、订单和运单表直接扁平化为事实表也是允许的。在 Excel 中,将 3 个表进行扁平化,然后加载到数据模型是可以通过 SQL 语句实现的。在 Excel 功能区,选择"数据"→"现有连接"→"浏览更多",如图 2-78 所示。

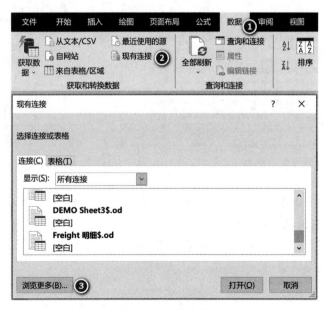

图 2-78 浏览文件

选取数据源 DEMO.xlsx,单击"打开"按钮,如图 2-79 所示。

选择"表格",单击"确定"按钮,如图 2-80 所示。

在"导入数据"弹窗中,勾选"仅创建连接"和"将此数据添加到数据模型",单击"属性"按钮,如图 2-81 所示。

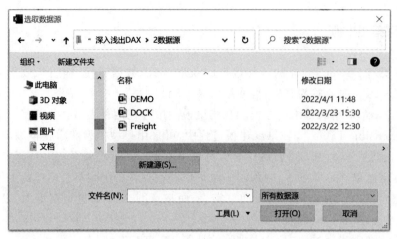

图 2-79　选取数据源

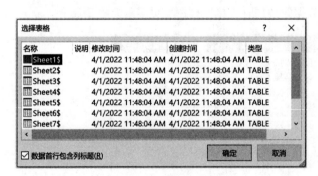

图 2-80　选取表格

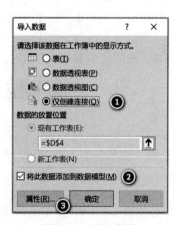

图 2-81　导入数据

在"连接属性"弹窗中,选择"定义"→"命令类型"为 SQL。在"命令文本"中输入 SQL 语句,单击"确定"按钮,如图 2-82 所示。

在返回的如图 2-81 所示的"导入数据"视图中,单击"确定"按钮。经整合加工后的数据直接被加载到了数据模型中。完整的 SQL 语句如下:

```
select
    C.产品,C.包装方式,[运费(元/千克)],O.订单编号,订单来源,O.数量 as 订单数量,
    运单编号,发车时间,T.数量 as 运单数量
from [sheet1 $ ] C, [sheet2 $ ] O, [sheet3 $ ] T
where C.产品 = O.产品 and O.订单编号 = T.订单编号
```

修改后的数据模型如图 2-83 所示。

图 2-82　编辑命令文本

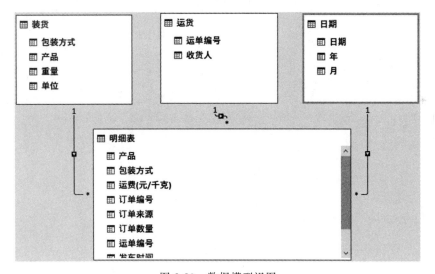

图 2-83　数据模型视图

在实际建模过程中,应尽可能地采用星型模式以提升模型的运行效率、降低代码的复杂性。

第二篇

基 础 篇

第3章

查 询 表

DAX 具有两大主要功能：查询与计算（计算列与度量值）。DAX 利用查询的筛选、分组和汇总功能来减少可能较大的数据量和较复杂的模型，类似于 SQL 查询的功能。Excel Power Pivot 中的查询表是通过 EVALUATE 声明来完成的。在 Power BI 中创建查询表更为简捷，可直接采用"新建表"完成。

3.1 表函数

3.1.1 统计学基础

在概率与数理统计中，有元素、集合、对象、事件等概念。集合由元素组成，组成集合的每个对象被称为组成该集合的元素。集合内的元素可为数值型、文本型或其他类型，每个集合至少包含两个子集：该集合本身和空值。空集用 $\varnothing$ 表示，全集用 U 表示。

集合与事件间的关系分为包含（$A \in B$）、交（$A \cap B$）、并（$A \cup B$）、互斥、对立、差（$A-B$）几种。

互斥事件与对立事件的区别：互斥事件中的 A、B 不可能同时发生，也可以都不发生，互斥集的 $A \cap B = \varnothing$、$A \cup B = A + B$。对立事件中的 A、B 不可能同时发生，但必须有一个发生，对立集的 $A \cap B = \varnothing$、$A \cup B = U$。对立事件肯定为互斥事件，而互斥事件不一定是对立事件。

以下是统计学中的一些基本公式。

1. 集合与元素

$$x \in A \text{ 或 } A \ni x \tag{3-1}$$

式（3-1）中：x（小写）是集合中的一个元素，A（大写）是集合。$x \in A$ 相当于计算机语言中的 x in A；$A \ni x$ 相当于计算机语言中的 A contains x。二者代表的意义是相同的。

$$x \notin A \text{ 或 } A \not\ni x \tag{3-2}$$

式（3-2）中：$x \notin A$ 相当于 x not in A；$A \not\ni x$ 相当于 A not contains x。二者代表的意义是相同的。

2．集合与事件

$$A \cup B \tag{3-3}$$

式(3-3)中：集合具备确定性、互异性、无序性这3个特性。互异性是指同一个集合中的元素是互不相同的，因而 $A \cup B = A + B - A \cap B$。

$$\forall X \in A : X \tag{3-4}$$

式(3-4)中：∀ 是给定集合的整体，X 代表的是子集(subset)，A 代表的是集合(set)，冒号(:)代表的是给定集合。例如"$\forall X \in A : X$ 是偶数"代表的意义为"A 集合、X 子集中的所有偶数"。

3.1.2　ALL()

当涉及单表数据演示时，本书主要用到的数据源(工作簿名称 DOCK. xlsx，表名称 DK)见表 3-1。

表 3-1　表名称(DK)

日期	产品	包装方式	入库	出库	吨数	方数	等级
2020/9/2	钢化膜	散装	76	35	18.86	56	A
2020/9/27	蛋糕纸	箱装	32	12	21.27	85	A
2020/11/2	油漆	桶装	55	23	20.89	72	B
2021/9/29		捆	87	33	21.22		C
2021/9/29	净化剂	桶装	93	42	20.89	59	B
2021/10/11	苹果醋	箱装	78	36		65	B
2021/11/14	包装绳	扎	65	32	22.89	69	A

在 DAX 中，ALL()函数主要有两大功能：引用(返回表)及调节器(移除筛选)，该函数看似简单但功能强大却又不好理解，它是 DAX 中一个相当重要的函数，语法如下：

```
ALL([<table> | <column>[, <column>[, <column>[, … ]]]] )
```

说明：ALL()函数不单独使用，常用作 FILTER()、CALCULATE()等函数的参数。ALL()在 FILTER()函数中用于引用表或列并返回表。在 CALCULATE()函数中用于更改执行过其他计算的结果集，返回表中的所有行或列中的所有值。忽略可能已应用的任何筛选器。

ALL()函数用于返回表的所有值，表达式如下：

```
EVALUATE                        //ch3 - 001,EVALUATE 对大小写不敏感
ALL('DK')                       //复制表,该表达式与'DK'等效.

-- 类似于微软 OLEDB 中的 SQL 语句 SELECT * FROM [DK $ ]
-- 说明:表达式中"-- "        "//"均为 DAX 中的单行注释符,二者功能上无区别
```

返回的值是完整的 DK 表数据。

注意：当数据量过大时，应尽量避免使用 ALL() 引用复制或引用整个表，特别是复制或引用整个的位于数据模型多端的数据明细表，它会使运行效率低下。

All() 函数不仅可以引用表，还可以引用列，它们的用法是一样的，表达式如下：

```
EVALUATE              //ch3 - 002
ALL('DK'[包装方式])      //对列中的值进行去重

-- 类似于微软 OLEDB 中的 SQL 语句 SELECT DISTINCT 包装方式 FROM [DK $ ]
```

返回的值如图 3-1 所示。

注意：ALL() 函数能够使用列时尽量不使用表，ALL('表'[列])方式可返回列的不重复值，在数据量过大时，此操作可极大地提升效率。

ALL() 函数可接受单列或多列作为参数，All() 函数所有引用列参数必须来自同一张表，表达式如下：

```
EVALUATE          //ch3 - 003
ALL('DK'[包装方式],'DK'[产品])

-- 类似于微软 OLEDB 中的 SQL 语句 SELECT DISTINCT 包装方式,产品 FROM [DK $ ]
```

返回的值如图 3-2 所示。

包装方式
散装
箱装
桶装
捆
扎

包装方式	产品
散装	钢化膜
箱装	蛋糕纸
箱装	苹果醋
桶装	油漆
桶装	净化剂
捆	
扎	包装绳

图 3-1　单列引用　　　　图 3-2　多列引用

ALL() 的去重功能应用举例，表达式如下：

```
M.引用:= COUNTROWS(ALL(DK))                         //7

M.去重:= COUNTROWS(ALL(DK[包装方式],DK[等级]))        //6
```

在 DK 表的 7 行数据中，有两行桶装等级为 B 的数据，去重后的行数为 6。

ALL() 函数在 FILTER() 中使用时是表函数，用于表的引用或表列的删除重复项，返回的值会移除外部筛选上下文。应用举例，表达式如下：

```
M.行数 A:= COUNTROWS(ALL('DK'))

M.行数 AF:= COUNTROWS( FILTER(ALL('DK'), 'DK'[包装方式] = "箱装")
```

ALL()用于扩展行数,FILTER()用于缩减行数,返回的值如图 3-3 所示。

行标签 ▼	M.行数A	M.行数AF
捆	7	2
散装	7	2
桶装	7	2
箱装	7	2
扎	7	2
总计	7	2

行标签 ▼	M.行数A	M.行数AF
A	7	2
B	7	2
C	7	2
总计	7	2

(a) 行标签为包装方式　　　　　　　　(b) 行标签为等级

图 3-3　移除筛选

3.1.3　VALUES()

VALUES()函数用于返回在当前筛选器中计算的列的不同值,该函数也是 DAX 中一个相当重要的且易与 ALL()混淆的函数,语法如下:

```
VALUES(< TableNameOrColumnName >)
```

VALUES()函数删除重复项返回唯一值,表达式如下:

```
EVALUATE        //ch3 - 004
VALUES('DK'[包装方式])
```

返回的值如图 3-4 所示。

VALUES()函数只接受单列作为参数,表达式如下:

```
EVALUATE        //ch3 - 005
VALUES('DK'[包装方式],'DK'[产品])
```

以上查询引用了二列作为参数,返回的错误提示如图 3-5 所示。

包装方式
散装
箱装
桶装
捆
扎

图 3-4　单列引用

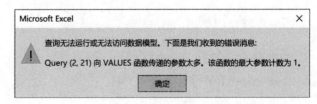

图 3-5　错误提示

创建度量值 M.行数 V 和 M.行数 VF,表达式如下:

```
M.行数 V: = COUNTROWS(VALUES('DK'))
```

```
M.行数 VF: = COUNTROWS( FILTER(VALUES('DK'),'DK'[产品] = "蛋糕纸"))
```

VALUES()与 ALL()返回的值对比如图 3-6 所示。

行标签 ▾	M.行数V	M.行数VF	M.行数A	M.行数AF
(空白)	1		7	1
包装绳	1		7	1
蛋糕纸	1	1	7	1
钢化膜	1		7	1
净化剂	1		7	1
苹果醋	1		7	1
油漆	1		7	1
总计	7	1	7	1

行标签 ▾	M.行数V	M.行数VF	M.行数A	M.行数AF
捆	1		7	1
散装	1		7	1
桶装	2		7	1
箱装	2	1	7	1
扎	1		7	1
总计	7	1	7	1

(a) 行标签为产品 　　　　　　　　　　　　(b) 行标签为包装方式

图 3-6　对比说明

注意：在度量值中，ALL()函数用于移除筛选，VALUES()函数用于保持外部筛选上下文并返回在当前筛选器中计算列的不同值，ALL()与 VALUES()在筛选的功能上是相反的。

3.2　高级筛选

FILTER()函数是一个基于条件表达式的表函数。它会根据第 2 个参数的筛选条件来筛选第 1 个参数的表，返回的是一个表。其筛选能力远大于 CALCULATE()函数的直接筛选方式，可适用于各类复杂筛选条件，但其运行效率不如 CALCULATE()的直接筛选。FILTER()函数用于获取外部筛选条件下的表，其返回值为表，语法如下：

```
FILTER(<table>,<filter>)
```

说明：FILTER()函数是迭代函数，其运行效率远不如 CALCULATE()函数。当CALCULATE()函数的直接筛选能满足筛选要求时，尽量不要用 FILTER()函数；只有当CALCULATE()函数不能满足筛选要求时，再使用 CALCULATE()＋FILTER()的嵌套用法。在使用 FILTER()函数时，FILTER()函数应尽量放在（来自模型中的一端的）查询表中使用，这样可以提升运行效率。

3.2.1　筛选应用

在 DAX 中，FILTER()是一个使用频率很高的函数。出于提升效率的考虑，在使用筛选函数 FILTER()前须谨记两个原则：①能够用 CALCULATE()函数的直接条件解决的就尽量不要用 FILTER()；②使用 FILTER()函数时，第 1 个参数能指定具体列的就尽量不要用整个表。

ALL()函数、DISTINCT()函数、VALUES()函数常用于 FILTER()函数的第 1 个参数。以 ALL()函数在 FILTER()中作筛选参数的应用举例，表达式如下：

```
EVALUATE          //ch3 - 006
FILTER ( ALL ( 'DK'[包装方式] ), 'DK'[包装方式] = "散装" )

-- 类似于微软 OLEDB SQL 语句 SELECT DISTINCT 包装方式 FROM [DK $] WHERE 包装方式 = "散装"
```

返回的值如图 3-7 所示。

在查询的过程中顺便对指定字段进行排序,表达式如下:

```
EVALUATE          //ch3 - 007
FILTER ( ALL ( 'DK'[包装方式], 'DK'[吨数] ), 'DK'[吨数] > 21 )
ORDER BY 'DK'[吨数] DESC

-- 类似于 OLEDB SQL 语句 SELECT DISTINCT 包装方式,吨数 FROM [DK $] WHERE 吨数> 21
-- ORDER BY 吨数 DESC
```

返回的值如图 3-8 所示。

包装方式	吨数
扎	22.89
箱装	21.27
捆	21.22

包装方式
散装

图 3-7　固定值筛选　　　　图 3-8　条件筛选

　　FILTER()函数的第 2 个参数为条件表达式,适用于<列>＝[度量]、<列>＝(公式)、<列>＝<列>、[度量]＝[度量]、[度量]＝(公式)、[度量]＝固定值等比较方式。以上表达式中的＝(等号)也可以是<>、>、>＝、<、<＝等其他比较运算符。FILTER()函数的运算条件还可以为 &&、||、IN、NOT 等逻辑运算符。

1. 单条件

以<列>＝固定值为例,表达式如下:

```
EVALUATE          //ch3 - 008
FILTER ( 'DK', 'DK'[吨数] > 21 )

-- 类似于微软 OLEDB 中的 SQL 语句 SELECT * FROM [DK $] WHERE 吨数> 6
```

返回的值如图 3-9 所示。

日期	产品	包装方式	入库	出库	方数	吨数	等级
2021/11/14	包装绳	扎	65	32	69	22.89	A
2020/9/27	蛋糕纸	箱装	32	12	85	21.27	A
2021/9/29		捆	87	33		21.22	C

图 3-9　单条件筛选

2. 多条件

逻辑运算符有 &&（AND）、∥（OR）、IN、NOT，相关说明参见表 1-8。以逻辑关系与（AND、&&）为例，采用 AND()写法，表达式如下：

```
EVALUATE        //ch3-009
FILTER ( 'DK', AND('DK'[入库] > 60, 'DK'[入库] > 'DK'[出库] * 2.2 ))

-- 类似于 SQL 语句 SELECT * FROM [DK $ ] WHERE 入库>60 AND 入库>出库 * 2.2
```

采用 && 写法，表达式如下：

```
EVALUATE
FILTER ( 'DK', 'DK'[入库] > 60&& 'DK'[入库] > 'DK'[出库] * 2.2 )
```

以上两种表达式返回的值如图 3-10 所示。

日期	产品	包装方式	入库	出库	方数	吨数	等级
2021/9/29		捆	87	32		21.22	C
2021/9/29	净化剂	桶装	93	42	59	20.89	B

图 3-10　多条件筛选

3.2.2　综合应用

FILTER()基于第 1 个参数来选择表或列，基于第 2 个参数中的条件表达式实现对表中行的筛选。FILTER()的第 1 个参数可以是具体的表或表函数的返回值，例如 ALL()函数、FILTER()、SUMMARIZE()等表函数的返回值，从而构成表函数的嵌套，第 2 个参数可以是各类复杂的逻辑表达式。

1. 基础应用

表函数的嵌套应用，ALL()用于扩展计算的范围、FILTER()用于减少计算的行数。通过 ALL()函数引用选择去重后的列（包装方式、入库），通过条件表达式来选择（由包装方式、入库二列构成的）新表中符合条件的行（包装方式为散装或箱装），表达式如下：

```
EVALUATE        //ch3-010
FILTER (
    ALL ( 'DK'[包装方式], 'DK'[入库] ),
    'DK'[包装方式] = "散装"∥'DK'[包装方式] = "箱装"
)

-- 类似于微软 OLEDB 中的 SQL 语句 SELECT DISTINCT 包装方式,入库 FROM [DK $ ] WHERE
-- 包装方式 = "散装" OR 包装方式 = "箱装"
```

当 FILTER()函数的第 2 个参数的逻辑表达式为或关系（∥、OR）时，很多情况下也可

以采用 IN 的方式,表达式如下:

```
EVALUATE        //ch3 - 011
FILTER (
    ALL ( 'DK'[包装方式], 'DK'[入库] ),
    'DK'[包装方式] IN { "散装", "箱装" }        //IN 对大小写不敏感
)

-- 类似于微软 OLEDB 中的 SQL 语句 SELECT DISTINCT 包装方式,入库 FROM [DK $ ] WHERE 包装方式
-- IN ("箱装","散装")
```

如果将以上 IN 运算符换成 CONTAINSROW() 函数,则对应的表达式如下:

```
EVALUATE        //ch3 - 012
    FILTER ( ALL ( 'DK'[包装方式], 'DK'[入库] ),
    CONTAINSROW (
        { "散装", "箱装" },
        'DK'[包装方式]
    )
)
```

包装方式	入库
箱装	32
散装	76
箱装	78

图 3-11 FILTER() 与 ALL()
的交互(1)

以上 3 个表达式返回的值是相同的,如图 3-11 所示。

综上,DAX 查询语句中的 FILTER() 函数的第 2 个参数类似于 SQL 语句中的 WHERE 用法。本章不再一一列举对应的 SQL 语句。

2. 进阶应用

表函数的嵌套应用举例,以 FILTER() 与 FILTER() 的嵌套为例,表达式如下:

```
EVALUATE        //ch3 - 013
FILTER (
    FILTER ( ALL ( 'DK'[包装方式], 'DK'[入库] ), 'DK'[包装方式] = "散装" ),
    'DK'[入库] > 60
)
```

两个 FILTER() 的嵌套,相当于条件的 &&,以上表达式的等效表达式用法如下:

```
EVALUATE        //ch3 - 014
FILTER (
    ALL ( 'DK'[包装方式], 'DK'[入库] ),
    'DK'[包装方式] = "散装" && 'DK'[入库] > 60
)
```

返回的值如图 3-12 所示。

以 FILTER()与 ALL()的嵌套为例,第 2 个参数采用 IN 逻辑运算符,表达式如下:

```
EVALUATE            //ch3 - 015
FILTER (
    ALL ( 'DK'[包装方式], 'DK'[入库], 'DK'[出库] ),
    'DK'[包装方式]IN { "散装", "箱装" }
&& 'DK'[出库] > 30
)
ORDER BY
    'DK'[包装方式],'DK'[入库] ASC,
    'DK'[出库] DESC
```

返回的值如图 3-13 所示。

包装方式	入库
散装	76

包装方式	入库	出库
散装	76	35
箱装	78	36

图 3-12　FILTER()与 ALL()的交互(2)　　　图 3-13　FILTER()与 ALL()的交互(3)

　　仅用于查询或创建表时,以下两个表达式所返回的值是相同的。如果将其放在迭代函数或者 CALCULATE()函数中,则 ALL()函数用于移除筛选,VALUES()函数用于保持外部筛选上下文。二者的返回值将会存在较大的差异,其具体的差异需放在度量值中结合外部筛选上下文才能真正体现出来(本章不进行深入说明)。查询应用,表达式如下。

查询一:

```
DEFINE MEASURE          //ch3 - 016
'DK'[M.入库量] = SUM ( 'DK'[入库] )
EVALUATE
VAR A = SUM ( DK[入库] ) RETURN
FILTER ( ALL ( DK[包装方式] ), [M.入库量] <= A )
```

查询二:

```
DEFINE MEASURE          //ch3 - 017
'DK'[M.入库量] = SUM ( 'DK'[入库] )
EVALUATE
VAR A = SUM ( DK[入库] ) RETURN
FILTER ( VALUES ( DK[包装方式] ), [M.入库量] <= A )
```

查询一与查询二所返回的值如图 3-14 所示。

图 3-14　FILTER()与 ALL()的交互(4)

3.3　表筛选

CALCULATETABLE()函数与 FILTER()函数返回的均是筛选后的表,但二者的计算逻辑是不一样的,CALCULATETABLE()函数先执行所有筛选参数,然后执行第 1 个参数,其相关语法如下:

```
CALCULATETABLE(
    < expression >[,
    < filter1 > [, < filter2 > [, … ]]]
)
```

CALCULATETABLE()的筛选参数为用于定义筛选器(当存在多个筛选器时,可使用逻辑运算符 &&、‖、IN 对它们进行计算)或筛选调节器函数(ALL()、ALLEXCEPT()、ALLNOBLANKROW()、KEEPFILTERS()、REMOVEFILTERS()、CROSSFILTER()、USERELATIONSHIP())的布尔表达式(值为 TRUE 或 FALSE)或表表达式。该函数的第 2 个参数的用法与 CALCULATE()的第 2 个参数的用法是一致的,其差异在于第 1 个参数。

在 CALCULATE()及 CALCULATETABLE()函数中,当 ALL()函数作为调节器使用时,其功能与 REMOVEFILTERS()函数是完全一致的。

3.3.1　筛选基础

当筛选条件的表达式为'表'[列]=固定值时,CALCULATETABLE ()函数与 FILTER()函数的函数返回值不存在差异,表达式如下:

```
EVALUATE        //ch3 - 018
CALCULATETABLE( 'DK', 'DK'[包装方式] = "箱装")
```

以上表达式等效于 FILTER()表达式的表达式如下:

```
EVALUATE        //ch3 - 019
FILTER( 'DK', 'DK'[包装方式] = "箱装")
```

返回的值如图 3-15 所示。

日期	产品	包装方式	入库	出库	方数	吨数	等级
2020/9/27	蛋糕纸	箱装	32	12	85	21.27	A
2021/10/11	苹果醋	箱装	78	36	65		B

图 3-15 筛选的条件为固定值

CALCULATE()及 CALCULATETABLE()函数的第 2 个参数只适用于为'表'[列]＝固定值的情形。当存在<列>＝[度量]、<列>＝（公式）、<列>＝<列>、[度量]＝[度量]、[度量]＝（公式）的情形时,第 2 个参数的筛选只能用 FILTER()函数的条件表达式,举例如下:

```
EVALUATE        //ch3 - 020
FILTER ('DK', 'DK'[入库]> = AVERAGE('DK'[入库]))
```

返回的值如图 3-16 所示。

日期	产品	包装方式	入库	出库	方数	吨数	等级
2020/9/2	钢化膜	散装	76	35	56	18.86	A
2021/9/29		捆	87	33		21.22	C
2021/9/29	净化剂	桶装	93	42	59	20.89	B
2021/10/11	苹果醋	箱装	78	36	65		B

图 3-16 筛选的条件为公式

如果将以上代码中的 FILTER()函数替换为 CALCULATETABLE ()函数,则表达式如下:

```
EVALUATE        //ch3 - 021
CALCULATETABLE('DK', 'DK'[入库]> = AVERAGE('DK'[入库]))
```

返回的错误提示如图 3-17 所示。

图 3-17 报错提示

对以上表达式进行修正,将第 2 个参数的直接表达式换成 FILTER()高级筛选,表达式如下:

```
EVALUATE        //ch3 - 022
CALCULATETABLE (
    'DK',
    FILTER ('DK','DK'[入库]> = AVERAGE ( 'DK'[入库] ) )
)
```

显示正常,返回的值如图 3-16 所示。

3.3.2　筛选顺序

在 DAX 中,FILTER()函数为迭代函数,迭代函数产生行上下文,行上下文无法转换为筛选上下文,而 CALCULATE()和 CALCULATETABLE()这两个函数具备上下文转换的能力。FILTER()的行上下文应用举例,表达式如下:

```
EVALUATE        //ch3-023
FILTER(
    ADDCOLUMNS (
    VALUES ( 'DK'[包装方式] ),
    "DK 数", COUNTROWS ( 'DK' )
    ),
    'DK'[包装方式] IN{"桶装","箱装"}
)
```

筛选的顺序及返回的值如图 3-18 所示。

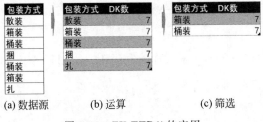

(a) 数据源　　　　(b) 运算　　　　(c) 筛选

图 3-18　FILTER()的应用

图 3-18 中,FILTER()函数的行上下文会遍历整个 DK 表,返回的值为 DK 表的总行数,返回的值为非期望的值。

对以上表达式进行修正,将以上表达式上的 FILTER()改为 CALCULATETABLE(),修改后的表达式如下:

```
EVALUATE        //ch3-024
CALCULATETABLE(
    ADDCOLUMNS (
    VALUES ( 'DK'[包装方式] ),
    "DK 数", COUNTROWS ( 'DK' )
    ),
    'DK'[包装方式] IN{"桶装","箱装"}
)
```

筛选的顺序及返回的值如图 3-19 所示。

CALCULATETABLE()函数运行时先筛选再运算,FILTER()函数运行时先运算再筛

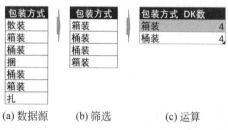

(a) 数据源　　　　(b) 筛选　　　　(c) 运算

图 3-19　CALCULATETABLE()的应用

选。这是二者运算顺序的区别。图 3-19 中，CALCULATETABLE()函数返回的值为 DK 表中桶装、箱装数据的总行数，返回的值仍为非期望的值。

此时可以对以上表达式进行修正，在 COUNTROWS（'DK'）外面套上 CALCULATE()，采用 FILTER()函数，表达式如下：

```
EVALUATE          //ch3 - 025
FILTER(
    ADDCOLUMNS (
    VALUES ( 'DK'[包装方式] ),
    "DK 数", CALCULATE(COUNTROWS ( 'DK' ))
    ),
    'DK'[包装方式] in{"桶装","箱装"}
)
```

或者将以上表达式中的 FILTER()改为 CALCULATETABLE()，修改后的表达式如下：

```
EVALUATE          //ch3 - 026
CALCULATETABLE(
    ADDCOLUMNS (
    VALUES ( 'DK'[包装方式] ),
    "DK 数", CALCULATE(COUNTROWS ( 'DK' ))
    ),
    'DK'[包装方式] in {"桶装","箱装"}
)
```

以上两个表达式的返回值相同，如图 3-20 所示。

在 CALCULATETABLE()中，可在第 2 个参数中使用调节器函数 ALL()移除筛选，表达式如下：

```
EVALUATE
CALCULATETABLE (
    VALUES ( DK[产品] ),              //受筛选影响的值
    ALL ( DT[日期] )                  //移除筛选,扩大上下文的范围
)
```

以上表达式中 ALL()函数的数据可来自事实表,也可来自查询表,一切视表达式的需要,返回的值如图 3-21 所示。

图 3-20 上下文的转换应用   图 3-21 上下文的转换应用

3.3.3 差异比较

以下是 FILTER()与 CALCULATETABLE()的一些其他差异比较。

创建查询表,表达式如下:

```
EVALUATE        //ch3 - 027
FILTER(
    ALL ( 'DK'[产品] ),
    'DK'[包装方式] IN {"桶装","箱装"}
)
```

返回的错误提示如图 3-22 所示。

图 3-22 错误提示

修改上面的表达式,将 FILTER()修改为 CALCULATETABLE(),修改后的表达式如下:

```
EVALUATE        //ch3 - 028
CALCULATETABLE(
    ALL ( 'DK'[产品] ),
    'DK'[包装方式] IN {"桶装","箱装"}
)
```

筛选的原理及返回的值如图 3-23 所示。

图 3-23 中存在空值,且未做任何的筛选。在上面的表达式中,ALL()是 CALCULATETABLE()函数的调节器函数,用于移除筛选。将以上表达式中的 ALL()修改为 DISTINCT(),修改

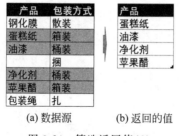

(a) 数据源　　　(b) 返回的值

图 3-23　筛选返回值(1)

后的表达式如下：

```
EVALUATE        //ch3 - 029
CALCULATETABLE(
    DISTINCT ( 'DK'[产品] ),
    'DK'[包装方式] IN {"桶装","箱装"}
)
```

筛选的原理及返回的值如图 3-24 所示。

（图 3-24 数据源及返回的值图示）

(a) 数据源　　　(b) 返回的值

图 3-24　筛选返回值(2)

ALL()、VALUES()、DISTINCT()的比较说明：

(1) ALL()函数用于移除筛选，VALUES()及 DISTINCT()函数用于保持外部筛选上下文并返回在当前筛选器中计算列的不同值，ALL()与 VALUES()在筛选的功能上是相反的。

(2) ALL()函数、VALUES()函数视空行为有效行，并将其显示出来，这一点与 DISTINCT()功能存在差异。DISTINCT()会清除空行，其他方面与 VALUES()功能大体一致。

3.4　集合与事件

常见的集合与事件的关系有并集(UNION)、交集(INTERSECT)、差集(EXCEPT)。其连接的两个数据可来自同一数据源，也可以来自不同的数据源，其返回的数据如图 3-25 所示。

并集 　　　　　交集 　　　　　差集

图 3-25 数据的集合

在交集与差集中,如果集合 *A* 与集合 *B* 在函数参数中的位置不同,则其返回的值也将不同。

3.4.1 UNION()

UNION()函数用于从一对表创建联合(连接)表,语法如下:

```
UNION(< table_expression1 >, < table_expression2 >[,< table_expression >]…)
```

连接的两个数据来自同一数据源,应用举例,表达式如下:

```
EVALUATE          //ch3 - 030
VAR T1 =
    FILTER ( ALL('DK'[产品],'DK'[入库]), 'DK'[入库] > 75 )
VAR T2 =
    FILTER ( ALL('DK'[产品],'DK'[入库]), 'DK'[入库] < 50 )
RETURN
UNION ( T1, T2 )
ORDER BY [入库] DESC
```

运算过程及返回的值如图 3-26 所示。

产品	入库
净化剂	93
	87
苹果醋	78
钢化膜	76
包装绳	65
油漆	55
蛋糕纸	32

产品	入库
净化剂	93
	87
苹果醋	78
钢化膜	76
蛋糕纸	32

产品	入库
净化剂	93
	87
苹果醋	78
钢化膜	76
蛋糕纸	32

　　(a) 数据源　　　　　　(b) 集合T1与T2　　　　(c) UNION(T1,T2)

图 3-26 UNION()函数的应用(1)

连接的两个数据来自同一数据模型的不同表格,应用举例,表达式如下:

```
EVALUATE          //ch3 - 031
DISTINCT(         //删除列中重复项且去除空值
    UNION(
    VALUES('合同'[产品]), VALUES('订单'[产品])     //此处的 VALUES 可用 DISTINCT 替换
    )
)//表名的单引号''不能少.
```

返回的值如图 3-27 所示。

3.4.2 INTERSECT()

INTERSECT()函数用于返回两个表的行交集,保留重复项,语法如下:

图 3-27 UNION()函数
的应用(2)

```
INTERSECT(< table_expression1 >, < table_expression2 >)
```

注意:INTERSECT()函数保留的是左表数据沿袭。INTERSECT(T1,T2)与 INTERSECT (T2,T1)返回的值很多情况下存在差异。

连接的两个数据来自同一数据源,应用举例,表达式如下:

```
EVALUATE        //ch3 - 032
VAR T1 =
    FILTER ( ALL('DK'[产品],'DK'[入库]), 'DK'[入库] > 60 )
VAR T2 =
    FILTER ( ALL('DK'[产品],'DK'[入库]), 'DK'[入库] < 80 )
RETURN
    INTERSECT( T1, T2 )
ORDER BY [入库] DESC
```

运算过程及返回的值如图 3-28 所示。

产品	入库
净化剂	93
	87
苹果醋	78
钢化膜	76
包装绳	65
油漆	55
蛋糕纸	32

产品	入库
净化剂	93
	87
苹果醋	78
钢化膜	76
包装绳	65

产品	入库
苹果醋	78
钢化膜	76
包装绳	65
油漆	55
蛋糕纸	32

产品	入库
苹果醋	78
钢化膜	76
包装绳	65

(a) 数据源   (b) 集合T1与T2   (c) INTERSECT(T1,T2)

图 3-28 INTERSECT()函数的应用(1)

连接的两个数据来自同一数据模型的不同表格,应用举例,表达式如下:

```
EVALUATE        //ch3 - 033
DISTINCT( INTERSECT(VALUES('合同'[产品]), VALUES('订单'[产品])) )
```

图 3-29 INTERSECT( )
函数的应用(2)

返回的值如图 3-29 所示。

3.4.3 EXCEPT( )

EXCEPT( )函数用于返回一个表的行。这些行出现在第 1 个表,但未出现在第 2 个表,语法如下:

```
EXCEPT(< table_expression1 >, < table_expression2 >
```

EXCEPT( )函数保留的是左表数据的沿袭。在 EXCEPT( )中,对第 1 个和第 2 个参数的表进行位置交换后将返回不同的值。

连接的两个数据来自同一数据源,应用举例,表达式如下:

```
EVALUATE          //ch3 - 034
VAR T1 =
    FILTER ( ALL('DK'[产品],'DK'[入库]), 'DK'[入库] > 60 )
VAR T2 =
    FILTER ( ALL('DK'[产品],'DK'[入库]), 'DK'[入库] < 80 )
RETURN
    EXCEPT( T1, T2 )
ORDER BY [入库] DESC
```

运算过程及返回的值如图 3-30 所示。

产品	入库
净化剂	93
	87
苹果醋	78
钢化膜	76
包装绳	65
油漆	55
蛋糕纸	32

产品	入库
净化剂	93
	87
苹果醋	78
钢化膜	76
包装绳	65

产品	入库
苹果醋	78
钢化膜	76
包装绳	65
油漆	55
蛋糕纸	32

产品	入库
净化剂	93
	87

(a) 数据源　　　　　(b) 集合T1与T2　　　　(c) EXCEPT(T1,T2)

图 3-30 EXCEPT( )函数的应用(1)

连接的两个数据来自同一数据模型的不同表格,应用举例,表达式如下:

```
EVALUATE          //ch3 - 035
DISTINCT( EXCEPT(     VALUES('合同'[产品]), VALUES('订单'[产品]) ))
```

返回的值如图 3-31 所示。

图 3-31　EXCEPT()函数的应用(2)

3.5　笛卡儿积

3.5.1　CROSSJOIN()

CROSSJOIN()函数用于返回一个表,其中包含参数中所有表的所有行的笛卡儿积。新表中的列是所有参数表中的所有列,语法如下:

```
CROSSJOIN(< table >, < table >[, < table >]…)
```

应用举例,表达式如下:

```
EVALUATE        //ch3 - 036
VAR T1 = { "箱装", "桶装" }
VAR T2 = { ( 93, 87, 78 ), ( 65, 55, 32 ) }
RETURN
    CROSSJOIN ( T1, T2 )
```

返回的值如图 3-32 所示。

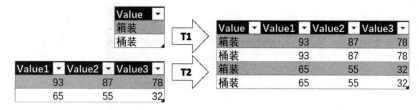

图 3-32　CROSSJOIN()函数的应用

3.5.2　GENERATE()

GENERATE()函数用于返回一个表,其中包含 table1 中的每行与在 table1 的当前行的上下文中计算 table2 所得表之间的笛卡儿乘积,语法如下:

```
GENERATE(< table1 >, < table2 >)
```

应用举例,表达式如下:

```
EVALUATE        //ch3 - 037
GENERATE (
FILTER(VALUES('DK'[包装方式]), 'DK'[包装方式] IN { "散装", "箱装" }),
FILTER(ALL('DK'[产品], 'DK'[入库]), 'DK'[入库] > 80 ) )
```

返回的值如图 3-33 所示。

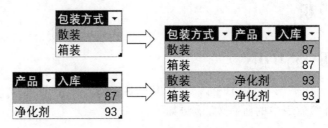

图 3-33 GENERATE()函数的应用(1)

注意:table1 和 table2 中的所有的列名不得相同,否则会返回错误。

将以上表达式进行修正,使两个表之间的产品列出现重名,表达式如下:

```
EVALUATE        //ch3 - 038
GENERATE (
FILTER(VALUES('DK'[产品]), 'DK'[包装方式] IN { "净化剂", "钢化膜" }),
FILTER ( ALL('DK'[产品], 'DK'[入库]), 'DK'[入库] > 80 ) )
```

系统报错提示如图 3-34 所示。

图 3-34 GENERATE()函数的应用(2)

3.5.3 GENERATEALL()

GENERATEALL()函数用于返回一个表,其中包含 table1 中的每行与在 table1 的当前行的上下文中计算 table2 所得表之间的笛卡儿乘积,语法如下:

```
GENERATEALL(< table1 >, < table2 >)
```

应用举例,表达式如下:

```
EVALUATE          //ch3 - 039
GENERATEALL (
FILTER(VALUES('DK'[包装方式]), 'DK'[包装方式] IN { "散装", "箱装" }),
FILTER(ALL('DK'[产品],'DK'[入库]), 'DK'[入库] > 80 ) )
```

返回的值如图 3-35 所示。

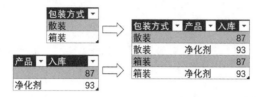

图 3-35　GENERATEALL()函数的应用

对比图 3-34 及图 3-35 后可发现,GENERATE()与 GENERATEALL()函数的区别在于数据的组合方式,其差异对比说明如图 3-36 所示。

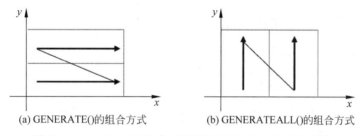

(a) GENERATE()的组合方式　　　　(b) GENERATEALL()的组合方式

图 3-36　GENERATE()与 GENERATEALL()的对比说明

3.6　连接查询

3.6.1　NATURALINNERJOIN()

NATURALINNERJOIN()函数用于执行一个表与另一个表的内部连接。这些表在两个表的共有列(按名称)上连接。如果两个表没有公共列名,则返回错误,语法如下:

```
NATURALINNERJOIN(< leftJoinTable >, < rightJoinTable >)
```

NATURALINNERJOIN()函数类似于 SQL 中的 INNER JOIN。应用举例,表达式如下:

```
EVALUATE          //ch3 - 040
VAR T1 =
    FILTER (
```

```
            ALL('DK'[产品], 'DK'[包装方式],'DK'[入库]),
            'DK'[入库] > 70
    )
VAR T2 =
    FILTER (
        ALL('DK'[产品],'DK'[入库]),
        'DK'[入库] < 90
    )
RETURN
    NATURALINNERJOIN(T1,T2)
```

返回的值如图 3-37 所示。

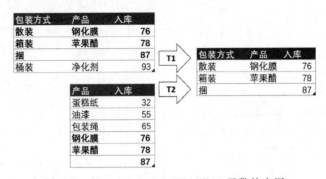

图 3-37　NATURALINNERJOIN()函数的应用

3.6.2　NATURALLEFTOUTERJOIN()

NATURALLEFTOUTERJOIN()用于执行一个表与另一个表的内部连接。这些表在两个表的共有列(按名称)上连接。如果两个表没有公共列名,则返回错误,语法如下:

```
NATURALLEFTOUTERJOIN(< leftJoinTable >, < rightJoinTable >)
```

NATURALLEFTOUTERJOIN()函数类似于 SQL 中的 LEFT JOIN。应用举例,表达式如下:

```
EVALUATE        //ch3 - 041
VAR T1 =
    FILTER ( ALL('DK'[产品], 'DK'[包装方式],'DK'[入库]), 'DK'[入库] > 70 )
VAR T2 =
    FILTER ( ALL('DK'[产品],'DK'[入库]), 'DK'[入库] < 90 )
RETURN
NATURALLEFTOUTERJOIN( T1, T2 )
```

返回的值如图 3-38 所示。

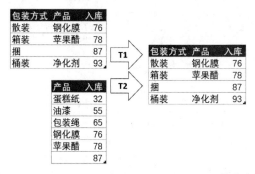

图 3-38 NATURALLEFTOUTERJOIN()函数的应用

3.7 分组

DAX 中的 SUMMARIZE()类似于 SQL 中的 GROUP BY 分组操作。在 SQL 中，
WITH ROLLUP 通常与 GROUP BY 子句一起使用，根据维度在分组后进行聚合操作。同
理，在 DAX 中 ROLLUP()函数只能在 SUMMARIZE()表达式中一起使用。

3.7.1 SUMMARIZE()

SUMMARIZE()函数用于生成数据汇总表，语法如下：

```
SUMMARIZE (
    < table >,
    < groupBy_columnName >
    [, < groupBy_columnName >] … [, < name >, < expression >] …
)
```

以 DK 表中的包装方式列为分组依据，对入库列的数据进行分组统计，表达式如下：

```
EVALUATE        //ch3 - 042
SUMMARIZE(
    'DK',
    'DK'[包装方式],
    "入库量",SUM('DK'[入库])
)
```

返回的值如图 3-39 所示。

以 DK 表中的包装方式列为分组依据，对入库列的数据进行分组统计，并筛选出统计值
（入库量）大于 80 的数据，表达式如下：

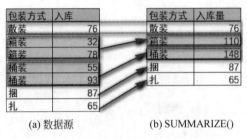

(a) 数据源　　　　　　　(b) SUMMARIZE()

图 3-39　SUMMARIZE()函数的应用(1)

```
EVALUATE          //ch3 - 043
FILTER (
    SUMMARIZE (
        'DK',
        'DK'[包装方式],
        "入库量", SUM ( 'DK'[入库] )
    ),
    [入库量] > 80
)
```

返回的值如图 3-40 所示。

筛选 DK 表中包装方式为箱装和桶装的数据,然后以包装方式列为分组依据,对入库列的数据进行分组统计,表达式如下:

```
EVALUATE          //ch3 - 044
SUMMARIZE (
    FILTER (
        'DK',
        'DK'[包装方式] IN {"箱装","桶装"}
    ),
    'DK'[包装方式],
    "入库量", SUM ( 'DK'[入库] )
)
```

返回的值如图 3-41 所示。

包装方式	入库量
箱装	110
桶装	148
捆	87

包装方式	入库量
箱装	110
桶装	148

图 3-40　SUMMARIZE()函数的应用(2)　　　图 3-41　SUMMARIZE()函数的应用(3)

注意:SUMMARIZE()是个慢函数。如果在 SUMMARIZE()函数的使用过程中需要产生派生列,则建议在外围嵌套 ADDCOLUMNS()函数,不要直接使用 SUMMARIZE()进行分组聚合,或者优先采用 SUMMARIZECOLUMNS( )函数。除非需要在一个或多个分组列上使用 ROLLUP( )计算每组的总计。只有派生列使用了某些非常特殊的表达式时才可以考虑直接使用 SUMMARIZE( )的分组聚合功能。

3.7.2 SUMMARIZECOLUMNS( )

SUMMARIZECOLUMNS( )函数用于返回由一组列指定的摘要表,语法如下:

```
SUMMARIZECOLUMNS(
    < groupBy_columnName >
    [, < groupBy_columnName >] … ,
    [< filterTable >] …
    [,< name >,< expression >] …
)
```

1. 数据来自同一个表

以包装方式列为分组依据,对入库列的数据进行分组统计,表达式如下:

```
EVALUATE        //ch3 - 045
SUMMARIZECOLUMNS (
    'DK'[包装方式],
    "入库量", SUM ( 'DK'[入库] ),
    "次数", COUNT ( DK[入库] )
)
```

返回的值如图 3-42 所示。

以包装方式列为分组依据,对入库列的数据进行求平均值,表达式如下:

```
EVALUATE        //ch3 - 046
SUMMARIZECOLUMNS(
    'DK'[包装方式],
    "入库均量", AVERAGE('DK'[入库])
)
```

返回的值如图 3-43 所示。

包装方式	入库量	次数
散装	76	1
箱装	110	2
桶装	148	2
捆	87	1
扎	65	1

包装方式	入库均量
散装	76
箱装	55
桶装	74
捆	87
扎	65

图 3-42 SUMMARIZECOLUMNS( )函数
的应用(1)

图 3-43 SUMMARIZECOLUMNS( )函数
的应用(2)

以 DK 表中的包装方式为分组依据,筛选表中产品为蛋糕纸、净化剂、苹果醋的行,然后对入库列的数据进行分组统计,表达式如下:

```
EVALUATE        //ch3 - 047
SUMMARIZECOLUMNS (
    'DK'[包装方式],
    FILTER ( 'DK', 'DK'[产品] IN {"蛋糕纸", "净化剂", "苹果醋"} ),
    "入库量", SUM ( 'DK'[入库] )
)
```

返回的值如图 3-44 所示。

包装方式	入库量
箱装	110
桶装	93

图 3-44　SUMMARIZECOLUMNS() 函数的应用(3)

2. 数据来自数据模型

以合同表中的包装方式和运单表中的产品列为组合依据,筛选运单表中数量大于 3 的数据,表达式如下:

```
EVALUATE        //ch3 - 048
SUMMARIZECOLUMNS(
'合同'[包装方式],
'运单'[产品],
FILTER( '运单', '运单'[数量]>3 ) )
```

等同于以上代码,表达式如下:

```
EVALUATE        //ch3 - 049
SUMMARIZECOLUMNS(
'合同'[包装方式],
'运单'[产品],
CALCULATETABLE( '运单', '运单'[数量]>3 ) )
```

返回的值如图 3-45 所示。

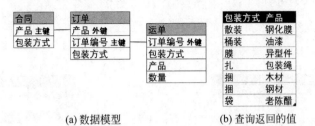

(a) 数据模型　　　　　　(b) 查询返回的值

图 3-45　SUMMARIZECOLUMNS()函数的应用(4)

以合同表中的包装方式和运单表中的产品为组合,筛选运单表中数量大于 3 的行,对筛选后的数据进行求和、求平均,表达式如下:

```
EVALUATE          //ch3 - 050
SUMMARIZECOLUMNS(
    '合同'[包装方式],
    '运单'[产品],
    CALCULATETABLE( '运单', '运单'[数量]>3),
    "数量和", SUM('运单'[数量]),
    "均成本", AVERAGE('运单'[成本])
    )
```

返回的值如图 3-46 所示。

包装方式	产品	数量和	均成本
散装	钢化膜	27	5
桶装	油漆	35	9
膜	异型件	18	10
扎	包装绳	22	2
捆	木材	16	6
捆	钢材	8	6
袋	老陈醋	9	8

图 3-46 SUMMARIZECOLUMNS()函数的应用(5)

3.7.3 ROLLUP()

ROLLUP()用于标识 SUMMARIZE()函数中需要计算小计的列。此函数只能在 SUMMARIZE()表达式中使用,语法如下:

```
ROLLUP (
    < groupBy_columnName > [,
    < groupBy_columnName > [, … ] ]
)
```

ROLLUP()函数只在 SUMMARIZE()中使用,并且 ROLLUP()表达式中引用的列不能作为 SUMMARIZE()函数的分组列,表达式如下:

```
EVALUATE          //ch3 - 051
SUMMARIZE(
    '运单',
    ROLLUP ( '合同'[包装方式] ),
    "数量和", SUM ( '运单'[数量] )
)
ORDER BY '合同'[包装方式]
```

在数据分析过程中,数据的小计、汇总等属于上卷(ROLLUP)操作,是数据的颗粒度由细到粗的过程,操作中会忽略某些维度,返回的值如图 3-47 所示。

如图 3-47 所示,数量和列中,空行列对应的值 154 是对列中其他值的总计。与上卷操

包装方式	数量和
	154
袋	11
捆	24
膜	20
散装	30
桶装	37
箱装	7
扎	25

ROLLUP ('合同'[包装方式])

图 3-47　ROLLUP()函数的应用(1)

作对应的是下钻(或称"钻取")操作。数据的颗粒度由粗到细的过程则属于数据的下钻,操作中会细化某些维度。

分类汇总数据并对各包装的数量进行小计,然后对所有产品数量进行统计,表达式如下:

```
EVALUATE        //ch3 - 052
SUMMARIZE (
'运单',
ROLLUP ( '合同'[包装方式], '合同'[产品]),
"数量和", SUM ( '运单'[数量] )
)
```

返回的值如图 3-48 所示。

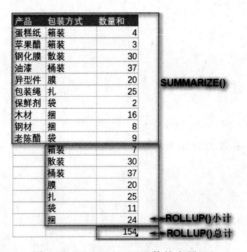

图 3-48　ROLLUP()函数的应用(2)

3.7.4　ROLLUPISSUBTOTAL()

ROLLUPISSUBTOTAL()不返回值,它只标记 ADDMISSINGITEMS()中要计算小计的列集,该函数只能在 ADDMISSINGITEMS()中使用,语法如下:

```
ROLLUPISSUBTOTAL (
    [<grandTotalFilter>],
    <groupBy_columnName>,
    <isSubtotal_columnName>
    [, [<groupLevelFilter>]
        [, <groupBy_columnName>,<isSubtotal_columnName>
        [, [<groupLevelFilter>] [, … ] ] ] ]
)
```

ROLLUPISSUBTOTAL()函数的参数说明,见表 3-2。

表 3-2 参数说明

参　　数	参 数 说 明
grandtotalFilter	(可选)要应用于总计级别的过滤器
groupBy_columnName	用于根据在其中找到的值创建汇总组的现有列的名称,不能是表达式
isSubtotal_columnName	ISSUBTOTAL 列的名称,列的值使用 ISSUBTOTAL 函数计算
groupLevelFilter	(可选)要应用于当前级别的过滤器

相关应用举例,参见 ADDKISSINGITEMS()函数章节。

3.7.5 ROLLUPADDISSUBTOTAL()

ROLLUPADDISSUBTOTAL()函数用于标识 SUMMARIZECOLUMNS()函数中需要计算小计的列,返回的值为 TRUE 或 FALSE,语法如下:

```
ROLLUPADDISSUBTOTAL (
    [<grandtotalFilter>],
    <groupBy_columnName>,
    <name>
    [, [<groupLevelFilter>]
        [, <groupBy_columnName>, <name>
        [, [<groupLevelFilter>] [, … ] ] ] ]
)
```

ROLLUPADDISSUBTOTAL()函数的参数说明,见表 3-3。

表 3-3 参数说明

参　　数	参 数 说 明
grandtotalFilter	(可选)要应用于总计级别的筛选器
groupBy_columnName	用于根据列中的值创建摘要组的现有列的名称,不能是表达式
name	ISSUBTOTAL 列的名称,使用 ISSUBTOTAL 函数计算列的值
groupLevelFilter	(可选)要应用于当前级别的筛选器

SUMMARIZECOLUMNS()中嵌套 ROLLUPADDISSUBTOTAL()，其功能类似于 SUMMARIZE()中嵌套 ROLLUP()，用于小计行的标识。

对运单表中的产品、数量列和日期表中的年进行组合，然后标识需要小计的行，应用举例，表达式如下：

```
EVALUATE        //ch3 - 053
TOPN (
    5,
    FILTER (
        SUMMARIZECOLUMNS (
            '运单'[产品],
            '运单'[数量],
            ROLLUPADDISSUBTOTAL ('日期'[年],"年份")
        ),
        [年份] = TRUE
    )
)
```

产品	数量	年	年份
钢化膜	1		TRUE
蛋糕纸	2		TRUE
钢化膜	2		TRUE
油漆	2		TRUE
异型件	2		TRUE

图 3-49　ROLLUPISSUBTOTAL()
函数的应用

返回的值共 96 行，(截取前 5 行)需要小计的行已被标识为 TRUE，不需要小计的行被标识为 FALSE，如图 3-49 所示。

图 3-48 中，年所在列的空值部分，其年份对应的标识均为 TRUE，该行是小计行。

3.7.6　ADDMISSINGITEMS()

ADDMISSINGITEMS()用于将具有空值的行添加到 SUMMARIZECOLUMNS()返回的表中，语法如下：

```
ADDMISSINGITEMS (
    [< showAll_columnName >
    [, < showAll_columnName >
    [, … ] ] ],
    < table >
    [,< groupBy_columnName >
    [, [< filterTable >]
    [, < groupBy_columnName >[, [< filterTable >] [, … ] ] ] ] ] ]
)
```

ADDMISSINGITEMS()函数的参数说明见表 3-4。

表 3-4　ADDMISSINGITEMS( )函数的参数说明

参　　数	参　数　说　明
showAll_columnName	（可选）要为其返回未使用度量值数据的项的列，如果未指定，则返回所有列
table	SUMMARIZECOLUMNS 表
groupBy_columnName	（可选）用于在提供的 table 参数中分组的列
filterTable	（可选）定义返回哪些行的表表达式

该函数用于添加由于新列的表达式返回空值而被 SUMMARIZECOLUMNS( )隐藏的行，表达式如下：

```
EVALUATE        //ch3 - 054
ADDMISSINGITEMS (
    '运单'[包装方式],
    SUMMARIZECOLUMNS(
        '运单'[包装方式],
        "求平均值", AVERAGE('运单'[超额费用]) )
    ),
    '运单'[包装方式]
)
```

返回的值如图 3-50 所示。

继续举例 ADDMISSINGITEMS( )的应用，表达式如下：

```
EVALUATE        //ch3 - 055
ADDMISSINGITEMS (
    '运单'[包装方式],
    SUMMARIZECOLUMNS (
        '运单'[包装方式],
        "数量和", CALCULATE (
                SUM ( '运单'[数量] ),
                    FILTER ( ALL ( '运单'[数量] ), '运单'[数量] <= 5 )
                )
    ),
    '运单'[包装方式]
)
```

返回的值如图 3-51 所示。

包装方式	求平均值
箱装	1
散装	0.533333333
桶装	2
膜	1.3
扎	0.2
袋	
捆	

包装方式	数量和
箱装	7
散装	7
桶装	7
膜	6
扎	12
袋	2
捆	

图 3-50　添加具有空值的行（1）　　图 3-51　添加具有空值的行（2）

3.8 创建表

3.8.1 表构造器{( )}

在 DAX 中表构造器由{}和( )组成。{}代表的是一列的数据,( )代表的是一行的数据。如果表的数据只有一列,则小括号可以省略,应用举例,表达式如下:

```
EVALUATE          //ch3 - 056
{ "散装", "箱装", "桶装" }           //标题为"Value"的一列数据,共 3 行
```

列表内每个括号代表的是一行,当只有一列时,括号可以省略,表达式如下:

```
EVALUATE          //ch3 - 057
{ ("散装"), ("箱装"), ("桶装") }   //标题为"Value"的一列数据
```

返回的值如图 3-52 所示。

在表构造器内,{}代表的是列值,( )代表的是行值,",",代表的是数据分隔符。如果需要创建的是一个多列的表,则每行的数据需用小括号分隔,数据与数据间用逗号分隔。以创建一个三行四列的表为例,表达式如下:

```
EVALUATE          //ch3 - 058
{
    ("箱装","蛋糕纸",2,15),           //( )内","为列分隔符
    ("散装","钢化膜",3,5),
    ("桶装","油漆",5,9)
}
```

返回的值如图 3-53 所示。

Value
散装
箱装
桶装

图 3-52 创建单列的表

Value1	Value2	Value3	Value4
箱装	蛋糕纸	2	15
散装	钢化膜	3	5
桶装	油漆	5	9

图 3-53 创建 3 行 4 列的表

3.8.2 DATATABLE( )

DATATABLE( )函数用于快速创建结构简单的表,支持的数据类型有整数(INTEGER)、双精度(DOUBLE)、字符串(STRING)、布尔值(BOOLEAN)、货币(CURRENCY)、日期时间(DATETIME),语法如下:

```
DATATABLE (
    ColumnName1, DataType1,
    ColumnName2, DataType2...,
    {
        {Value1, Value2...},
        {ValueN,ValueN + 1...}...
    }
)
```

DATATABLE()表的内容必须是常量,不支持任何 DAX 表达式,应用举例,表达式如下:

```
EVALUATE          //ch3 - 059
DATATABLE (
    "产品", string,
    "包装方式", string,
    "入库",integer,
    {
        {"钢化膜", "散装", 76},
        {"蛋糕纸", "箱装", 32}
    }
)
```

在 DAX 中主要有 6 种数据类型:BOOLEAN、STRING、DOUBLE、INTEGER、CURRENCY、DATETIME。 DAX 中,对函数、变量名、文件名的字母大小写不敏感。以上表达式返回的值如图 3-54 所示。

产品	包装方式	入库
钢化膜	散装	76
蛋糕纸	箱装	32

图 3-54 创建简单的表

DATATABLE()函数多见于参数表的创建过程中,应用举例,表达式如下:

```
EVALUATE          //ch3 - 060
DATATABLE (
    "区间", STRING,
    "起始值", CURRENCY,
    "结束值", CURRENCY,
    {
        { "差", 0, 59 },
        { "中", 60, 79 },
        { "良", 80, 89 },
        { "优", 90, 100 }
    }
)
```

返回的值如图 3-55 所示。

3.8.3 ROW()

ROW()函数用于返回一个具有单行的表,其中包含针对每列计算表达式得出的值,语法如下:

```
ROW(< name >, < expression >[[,< name >, < expression >]…])
```

第 1 个参数 name 为指定的列名,必须用双引号引起来。第 2 个参数为 DAX 表达式。创建 DAX 查询,表达式如下:

```
EVALUATE       //ch3 - 061
ROW("数量和",SUM('运单'[数量]),"成本和",SUM('运单'[成本]))
```

返回的值如图 3-56 所示。

区间	起始值	结束值
差	0	59
中	60	79
良	80	89
优	90	100

图 3-55　创建的参数表

数量和	成本和
154	222

图 3-56　ROW 函数所返回的表

3.9　综合应用

3.9.1　TOPN()

TOPN()函数用于获取指定表中的前 N 行数据,语法如下:

```
TOPN(
    < n_value >,
    < table >,
    < orderBy_expression >,
    [< order >[,< orderBy_expression >, [< order >]]… ]
)
```

第 4 个参数 order 为可选参数,用于指定第 3 个参数(orderBy_expression)值的排序方式(默认值为 0,降序;升序为 1)。应用举例,选择运单表中的产品和数量列,并对各产品的数量求和,挑选表中数量和排名前 3 的数据,表达式如下:

```
EVALUATE       //ch3 - 062
TOPN (
    3,
```

```
SUMMARIZECOLUMNS (
    '运单'[产品],
    "数量和",SUM('运单'[数量])
),
[数量和]
)
```

返回的值如图 3-57 所示。

产品	数量和
包装绳	25
油漆	37
钢化膜	30

图 3-57　创建的表

3.9.2　扩展表理论

表的扩展是从关系的多端向一端进行的。扩展表包含关系多端中的所有列（原生列），以及处于关系一端中的所有的表和列（相关列）。以 SUMMARIZE() 应用为例，扩展来自数据多端的表和来自数据一端的列，表达式如下：

```
EVALUATE          //ch3 - 063
SUMMARIZE('运单','合同'[产品])
```

扩展表只会由多端向一端扩展，扩展后的表包含一端的所有列，数据模型及返回的值如图 3-58 所示。

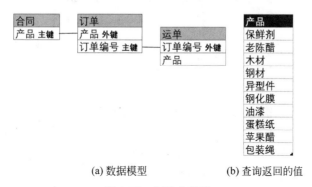

(a) 数据模型　　　　　　　　(b) 查询返回的值

图 3-58　创建分组列

在数据模型中，表的扩展是不能从一端向多端进行的。对以上表达式进行修改，修改后的表达式如下：

```
EVALUATE          //ch3 - 064
SUMMARIZE('合同','运单'[产品])
```

因在合同表的扩展表中找不到产品列，所以系统报错提示，如图 3-59 所示。

扩展表综合应用，在数据模型多端的运单表中获取产品列，对一端的订单表中的产品列进行计数，对一端的装货表中的包装方式列进行计数和统计，对一端的装货表中的质量列进行求和统计，对一端的收货表中的收货人进行去重统计，表达式如下：

图 3-59　返回的错误提示

```
EVALUATE        //ch3 - 065
SUMMARIZE (
    '运单',
    '运单'[产品],
    "产品数", COUNT ( '订单'[产品] ),
    "包装数", COUNT ( '装货'[包装方式] ),
    "装货数", SUM ( '装货'[质量] ),
    "非重复收货人", DISTINCTCOUNT ( '收货'[收货人] )
)
```

返回的值如图 3-60 所示。

产品	产品数	包装数	装货数	非重复收货人
蛋糕纸	2	1	20	1
苹果醋	1	1	12	1
钢化膜	6	1	150	3
油漆	7	1	10	3
异型件	4	1	2	2
包装绳	5	1	1	2
保鲜剂	1	1	250	1
木材	2	1	2	2
钢材	1	1	1.5	1
老陈醋	1	1	150	1

图 3-60　扩展表返回的值

注意：在多对多关系中不存在表的扩展。

3.9.3　创建度量表

在日常的数据处理与分析过程中，经常会创建大量的度量值，此时对度量值的管理也将成为工作效率提升的一部分。当模型中新建的度量值特别多的情况下，新增一个空表用于专门收纳度量值是非常有必要的。应用举例，表达式如下：

```
EVALUATE        //ch3 - 066
ROW("度量值",BLANK())
```

在生成的查询表中，选择 Excel 功能区的"表设计"→"表名称"，将表名称命名为度量，如图 3-61 所示。

图 3-61　修改表名称

选择 Excel 功能区的 Power Pivot→"添加到数据模型",如图 3-62 所示。

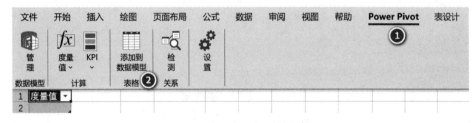

图 3-62　将空表添加到数据模型

3.9.4　创建维度表

创建维度表,用于获取装货表和运单表中的产品字段的去重数据,形成一份完整的产品列表,表达式如下:

```
EVALUATE        //ch3 - 067
SUMMARIZE(
    UNION(VALUES('装货'[产品]),VALUES('运单'[产品]) ),
    [产品]
)
```

SUMMARIZE()函数具备去重功能,实现过程及返回的值如图 3-63 所示。

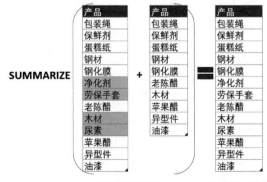

(a) 查询的数据来源　　　(b) 查询返回的值

图 3-63　创建产品列表

创建维度表,用于合并订单表和运单表中产品和包装方式二列的去重后数据,筛选出包装方式含"装"字的数据,表达式如下:

```
EVALUATE        //ch3 - 068
FILTER (
    DISTINCT (
        UNION (
            ALL ( '订单'[产品], '订单'[包装方式] ),
            ALL ( '运单'[产品], '运单'[包装方式] )
            )
        ),
    IFERROR ( FIND ( "装", [包装方式] ), 0 ) > 1
)
```

返回的值如图 3-64 所示。

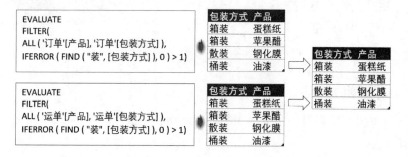

(a) UNION操作前   (b) UNION与DISTINCT操作后

图 3-64   应用(1)

对产品表中的木材和钢材产品与合同表中的捆、扎、膜包装方式生成笛卡儿积表,然后统计运单表中的产品行数。应用举例,表达式如下:

```
EVALUATE        //ch3 - 069
GENERATE (
    SUMMARIZE (
        FILTER('运单','运单'[产品] IN {"木材","钢材"}),
        '运单'[产品]
    ),
    SUMMARIZE(
        FILTER('合同','合同'[包装方式] IN {"捆","扎","膜"}),
        '合同'[包装方式],
        "数量",
            COUNTROWS (
                RELATEDTABLE ( '运单' )
            )
        )
    )
)
```

返回的值如图 3-65 所示。

图 3-65 应用（2）

将以上表达式中的 GENERATE（）函数替换为 GENERATEALL（）函数，返回的值如图 3-66 所示。

图 3-66 应用（3）

3.10 本章回顾

Power Pivot 数据库也称为 Excel 数据模型，DAX 是 Excel 数据模型的函数公式语言。在使用过程中，处理与分析上百万、千万行级别的数据是常有的事。在未能领悟 DAX 函数的用法及各函数间的细微差异时，如果贸然使用复杂的逻辑去处理大容量的数据，则到时不得不面对数据预期值、准确性及运行效率等的多重考验。

本章对数据模型中常见"筛选、集合与事件、笛卡儿积、连接、投影"等操作分别进行了介绍。本章重点对 ALL（）与 VALUES（）、FILTER（）与 CALCULATETABLE（）、SUMMARIZE（）与 SUMMARIZECOLUMNS（）、GENERATE（）与 GENERATEALL（）的用法差异进行了比较说明。特别是 ALL（）与 VALUES（）的说明。ALL（）与 VALUES（）在 FILTEER（）中使用时，它们是表函数；在 CALCULATE（）或 CALCULATETABLE（）中使用时，它们是调节器。这些知识都是为后续能写出复杂、准确的 DAX 表达式而准备的。

本章的表函数适用于 DAX 表达式中参数为表的应用场景。本章所涉及的知识点较多且有一定的难度。为了方便读者理解，本章案例已做到了尽可能地简化与连贯。在 DAX 学习与使用的过程中，只有在熟悉基础语法之后，才能有更多的精力聚焦于运算逻辑与业务规则的构建上,从而发挥 DAX 的巨大威力。

以 SUMMARIZE() 函数返回的表为例。现打算将 SUMMARIZE() 返回的表放置于 SUMX() 函数的第 1 个参数(为表函数)中,用于计算各包装方式的入库量(求和)。相关度量值的表达式如下:

```
M.入库量:=
SUMX (
    SUMMARIZE ( 'DK', 'DK'[包装方式], 'DK'[入库] ),
    'DK'[入库]
)  -- ch3-070
```

筛选 DK 表中入库量大于 60 的数据,然后对各包装方式的入库量求和,相关度量值表达式如下:

```
M.筛选入库量:= SUMX (
    SUMMARIZE (
        FILTER ( 'DK', 'DK'[入库] > 60 ), 'DK'[包装方式],
        'DK'[入库]
        ),
    'DK'[入库]
)  -- ch3-071
```

创建透视表,将包装方式拖入行标签,勾选 M.入库量 和 M.筛选入库量这两个度量值,透视表的结果如图 3-67 所示。

行标签 ▼	M.入库量	M.筛选入库量
捆	87	87
散装	76	76
桶装	148	93
箱装	110	78
扎	65	65
总计	486	399

图 3-67 透视表中的度量值比较

在 DAX 中,有不少函数的单词虽然较长但其实有规律可循,很多的函数其实是多个单词的有机拼接。例如 NATURALINNERJOIN(),它是由 Natural + Inner + Join 组成;SUMMARIZECOLUMNS(),它是由 Summarize+Columns 组成;ADDMISSINGITEMS()则是由 Add+Missing+Items 组成。其他长函数均可以此类推,不再一一举例。

在本章示例的基础上,读者仍需扩展领悟及熟悉各函数及用法,以便在后续应用过程中能轻松驾驭各类复杂业务需求。

第4章

计 算 列

在 DAX 数据模型分析表达式中,计算列的创建步骤类似于 Excel 中辅助列的创建,是在当前表创建一个新列来存储函数或常量的返回值。与 Excel 中创建辅助列的区别:在 DAX 中没有单元格的概念,计算列对应的是行上下文;如果在计算列中运用聚合函数,则整列的数据都会相同,因为聚合函数只能感知筛选上下文而忽略行上文。

4.1 Excel 通用函数

4.1.1 逻辑与信息类函数

1. 逻辑类函数

1) AND()与 OR()、&& 与 ‖

在 Excel 函数语言中,AND()与 OR()是两种较为重要的逻辑运算函数。以下是这两个函数在 DAX 中的语法说明,见表 4-1。

表 4-1 AND()与 OR()逻辑函数语法说明

函 数	语 法	应 用 说 明
AND()	AND(< logical1 >,< logical2 >)	检查两个参数是否均为 TRUE,如果两个参数都是 TRUE,则返回值为 TRUE,否则返回值为 FALSE
OR()	OR(< logical1 >,< logical2 >)	检查某一个参数是否为 TRUE,如果是,则返回值为 TRUE。如果两个参数均为 FALSE,则此函数的返回值为 FALSE

AND()与 &&、OR()与 ‖ 逻辑表达式的区别:AND()与 OR()的参数只有两个,返回的值为 TRUE 或 FALSE。当逻辑表达式的参数达两个以上时,如果使用 AND()与 OR() 函数,则只能不断地采用函数嵌套方式,代码冗余且不易于理解。这时可以采用 && 或 ‖ 逻辑表达式,代码会更加简洁与优雅,应用举例,表达式如下:

```
 = AND(3 <> 3,AND(3 > 2,(1 + 2 = 3)))
//等价于:3 <> 3 && 3 > 2 &&(1 + 2 = 3),返回的值为 FALSE
```

```
= OR(3 <> 3 ,OR( 3 > 2 , OR((1 + 2 = 3) , TRUE > FALSE)))
//等价于:3 <> 3 || 3 > 2 || (1 + 2 = 3) || TRUE > FALSE,返回的值为 TRUE
```

2) IF()与 SWITCH()

在 Excel 中,IF()函数用于条件判断(第 1 个参数)并返回对应的 TRUE(第 2 个参数)与 FALSE(第 1 个参数)值。相关语法说明见表 4-2。

表 4-2 IF()函数语法说明

函 数	语 法	应 用 说 明
IF()	IF(< logical_test >, < value_if_true > [, < value_if_false >])	检查条件,如果值为 TRUE,则返回第 1 个值,否则返回第 2 个值

IF()函数的返回值只能为 TRUE 与 FALSE 两种结果。当需要返回两种以上的结果时,如果仍采用 IF()函数,则需要采用 IF()嵌套。在 DAX 中,当面临两种以上的逻辑表达式返回结果时,如果采用 SWITCH()函数,则代码会比 IF()嵌套更加优雅、易读。SWITCH()函数用于对值列表进行计算,并返回多个可能的结果,语法如下:

```
SWITCH(
    < expression >,
    < value >,
    < result >
    [, < value >, < result >] … [, < else >]
)
```

SWITCH()函数的第 1~3 个参数为必选参数,其他参数为可选参数。

在 Power Pivot 中创建计算列库.IF 列。在 DAX 中,计算列产生行上下文,表达式如下:

```
库.IF列 : =
IF (
    DK[入库] > 90,
    "优",
    IF (
        DK[入库] > 70,
        "良",
        IF (
            DK[入库] > 60,
            "中",
            "差"
        )
    )
)
//采用 IF()函数嵌套表达式                                    -- ch4 - 001
```

行上下文是指表中的每行。为了方便理解,隐藏表中其他列并对入库列数据进行升序排序,返回的值如图 4-1 所示。

图 4-1 行上下文的应用说明

以上 IF()嵌套表达式可采用 SWITCH()函数完成,表达式如下:

```
库.SWITCH 列 : =
SWITCH (
    TRUE,
    DK[入库] > 90, "优",
    DK[入库] > 70, "良",
    DK[入库] > 60, "中",
    "差"
)//采用 SWITCH()函数表达式                        -- ch4 - 002
```

很明显,SWITCH()函数的写法更易于理解及维护。对比 IF()与 SWITCH()在计算列返回的行值,如图 4-2 所示。

图 4-2 IF()与 SWITCH()的对比说明

图 4-2 中,IF()与 SWITCH()表达式所返回的行值是相同的。

3) IFERROR()

IFERROR()用于对错误值的指定,例如被除数为 0 或空值、找不到匹配的对象、数据异常时等情形,可以对异常值进行指定,从而不影响后续整体的计算与分析,语法见表 4-3。

表 4-3 IFERROR()函数语法说明

函　数	语　法	应 用 说 明
IFERROR()	IFERROR(value, value_if_error)	如果表达式返回错误,则会对表达式进行求值并返回指定的值,否则会返回表达式本身的值

IFERROR()函数应用举例,表达式如下:

```
= IFERROR(ROUNDUP(DK[方数]/DK[吨数],2),3)        //出现错误值,返回指定值为3
```

2. 信息类函数

信息类函数返回的值为 TRUE 或 FALSE,主要用于条件表达式中。常见的信息类函数及其语法说明见表 4-4。

表 4-4 常见信息类函数语法说明

函　　数	语　　法	应 用 说 明
ISERROR()	ISERROR(< value >)	检查值是否错误,并返回 TRUE 或 FALSE
ISBLANK()	ISBLANK(< value >)	检查值是否为空白,并返回 TRUE 或 FALSE
ISLOGICAL()	ISLOGICAL(< value >)	检查值是否为逻辑值(TRUE 或 FALSE),并返回 TRUE 或 FALSE
ISTEXT()	ISTEXT(< value >)	检查值是否为文本,并返回 TRUE 或 FALSE
ISNUMBER()	ISNUMBER(< value >)	检查值是否为数值,并返回 TRUE 或 FALSE
ISEVEN()	ISEVEN(number)	如果 number 为偶数,则返回 TRUE;如果 number 为奇数,则返回 FALSE
ISODD()	ISODD(number)	如果 number 为奇数,则返回 TRUE;如果 number 为偶数,则返回 FALSE

常见信息类函数应用举例,表达式如下:

```
= ISERROR(3/0)            //TRUE

= ISBLANK("")            //FALSE

= ISLOGICAL(1 < 3)        //TRUE

= ISTEXT("DAX")          //TRUE

= ISNUMBER((6 + 12)/3)      //TRUE

= ISEVEN(12/3)          //TRUE

= ISODD(12/3 + 1)        //TRUE
```

当信息类函数的值为 FALSE 时,可直接在外面以嵌套 NOT 的方式完成。应用举例:ISTEXT("DAX")=FALSE 与 NOT(ISTEXT("DAX"))是等价的。当信息类函数的值为 TRUE 时,其后跟随的=TRUE 是可以省略的,例如 ISTEXT("DAX")其实就是 ISTEXT("DAX")=TRUE 的省略写法。

4.1.2　文本类函数

1. 文本比较

比较两个文本字符串,如果它们完全相同,则返回值为 TRUE,否则返回值为 FALSE。EXACT()区分大小写,但会忽略格式差异。可以使用 EXACT()来测试输入文档中的文本,语法如下:

```
EXACT(< text1 >,< text2 >)
```

应用举例,表达式如下:

```
= EXACT("ABc12","aBc12")              //FALSE

= EXACT('DK'[产品],'DK'[包装方式])      //FALSE
```

2. 查找

查找某一个字符串在另一字符串中的起始位置或首次出现的问题,可用 FIND()或SEARCH()函数,语法见表 4-5。

表 4-5　FIND()及 SEARCH()函数语法说明

函　数	语　　法	应 用 说 明
FIND()	FIND(< find_text >,< within_text >[, [< start_num >][,< NotFoundValue >]])	FIND()函数区分大小写,用于返回一个文本字符串在另一个文本字符串中的起始位置
SEARCH()	SEARCH(< find_text >,< within_text >[, [< start_num >][,< NotFoundValue >]])	SEARCH()函数不区分大小写,用于返回按从左向右的读取顺序首次找到特定字符或文本字符串的字符编号

FIND()与 SEARCH()的主要差异说明:FIND()函数区分大小写,而 SEARCH()函数不区分大小写;SEARCH()函数支持通配符(? 和 *),而 FIND()函数不支持。当在文本中未找到要匹配的字符串时,FIND()返回的值通常为 0、-1 或 BLANK(),而 SEARCH()函数则返回错误。

3. 删除空格

TRIM()函数用于删除文本中除单词之间的单个空格外的所有空格,语法如下:

```
TRIM(< text >)
```

TRIM()函数应用举例,表达式如下:

```
= TRIM("aBc12")                //aBc12
```

4. 格式转换

UPPER()和LOWER()函数用于字母的大小写转换,语法见表4-6。

表 4-6　UPPER()和 LOWER()函数语法说明

函　数	语　法	应用说明
UPPER()	UPPER（< text >）	将文本字符串中的所有字母都转换为大写
LOWER()	LOWER（< text >）	将文本字符串中的所有字母都转换为小写

UPPER()和LOWER()函数的应用举例,表达式如下:

```
= UPPER("aBc12")              //ABC12

= UPPER(2022&"aBc12")         //2022ABC12

= LOWER("aBc12")              //abc12

= LOWER(2022&"aBc12")         //2022abc12
```

5. 提取字符串

LEFT()、RIGHT()、MID()函数用于从指定的文本中提取字符串,函数语法见表4-7。当涉及复杂逻辑规则时,在这3个函数嵌套的基础上,还需与LEN()等函数配套使用,函数语法见表4-8。

表 4-7　LEFT()、RIGHT()、MID()函数语法说明

函　　数	语　法	应用说明
LEFT()	LEFT(< text >, < num_chars >)	从文本字符串开头返回指定数量的字符
RIGHT()	RIGHT(< text >, < num_chars >)	根据指定的字符数返回文本字符串的最后一个或几个字符
MID()	MID(< text >,< start_num >, < num_chars >)	在提供开始位置和长度的情况下,从文本字符串中间返回字符串

表 4-8　LEN()函数语法说明

函　　数	语　　法	应用说明
LEN()	LEN(< text >)	返回文本字符串中的字符数

本节演示使用的数据源(表名称DC),见表4-9。

表 4-9　数据源(DC)

运单编号	收货详细地址	运单编号	收货详细地址
YD001	北京路2幢2楼201	YD004	上海路3幢3楼302
YD002	北京路2幢2楼202	YD005	上海路3幢3楼303
YD003	上海路3幢3楼301		

提取字符串相关函数的应用举例,表达式如下:

路牌号: = LEFT(DC[收货详细地址],3)

门牌号: = RIGHT(DC[收货详细地址],3)

楼牌号: = MID(DC[收货详细地址],SEARCH("幢",DC[收货详细地址]) + 1,10)

返回的值如图 4-3 所示。

	运单编号	收货详细地址	路牌号	门牌号	楼牌号
1	YD001	北京路2幢2楼201	北京路	201	2楼201
2	YD002	北京路2幢2楼202	北京路	202	2楼202
3	YD003	上海路3幢3楼301	上海路	301	3楼301
4	YD004	上海路3幢3楼302	上海路	302	3楼302
5	YD005	上海路3幢3楼303	上海路	303	3楼303

图 4-3 提取字符串

6. 文本替换

REPLACE()和 SUBSTITUTE()函数均可用于新旧文本的替换,语法见表 4-10。

表 4-10 REPLACE()和 SUBSTITUTE()函数语法说明

函　　数	语　　法	应　用　举　例
REPLACE()	REPLACE(< old_text >,< start_num >, < num_chars >,< new_text >)	REPLACE 根据指定的字符数,将部分文本字符串替换为不同的文本字符串,共 4 个参数
SUBSTITUTE()	SUBSTITUTE(< text >,< old_text >, < new_text >, < instance_num >)	在文本字符串中将现有文本替换为新文本,共 3 个参数,多用于数据或层次结构的整理

替换函数应用举例,表达式如下:

门牌掩码: = REPLACE(DC[收货详细地址],LEN(DC[收货详细地址]) − 2,3," * * * ")

部分掩码: = SUBSTITUTE(DC[收货详细地址],"0"," * ")

返回的值如图 4-4 所示。

	运单编号	收货详细地址	门牌掩码	部分掩码
1	YD001	北京路2幢2楼201	北京路2幢2楼***	北京路2幢2楼2*1
2	YD002	北京路2幢2楼202	北京路2幢2楼***	北京路2幢2楼2*2
3	YD003	上海路3幢3楼301	上海路3幢3楼***	上海路3幢3楼3*1
4	YD004	上海路3幢3楼302	上海路3幢3楼***	上海路3幢3楼3*2
5	YD005	上海路3幢3楼303	上海路3幢3楼***	上海路3幢3楼3*3

图 4-4 文本替换

7. 重复文本

REPT()函数用于按给定次数重复文本,语法如下:

```
REPT(< text >, < num_times >)
```

重复文本应用举例,表达式如下:

```
门牌重复 3 次(1):= REPT(RIGHT(DC[收货详细地址],3),3)

门牌重复 3 次(2):=
REPT (
    RIGHT (
        DC[收货详细地址],
        LEN ( DC[收货详细地址]) - FIND ("楼",DC[收货详细地址])
    ),
    3
)

门牌重复 3 次(3) :=
VAR A = DC[收货详细地址] RETURN
REPT ( RIGHT ( A, LEN ( A ) - FIND ( "楼", A )), 3)          -- ch4 - 003
```

本案例中,以上 3 个表达式返回的结果是相同的。在 DAX 的计算列表达式中,同样允许使用变量(VAR…RETURN)表达式,以上表达式返回的值如图 4-5 所示。

	运单编号	收货详细地址	门牌重复3次（1）	门牌重复3次（2）	门牌重复3次（3）
1	YD001	北京路2幢2楼201	201201201	201201201	201201201
2	YD002	北京路2幢2楼202	202202202	202202202	202202202
3	YD003	上海路3幢3楼301	301301301	301301301	301301301
4	YD004	上海路3幢3楼302	302302302	302302302	302302302
5	YD005	上海路3幢3楼303	303303303	303303303	303303303

图 4-5 重复文本

对比以上表达式及返回的值后总结发现:同样的结果往往有多种解决方案,但简洁、优雅的表达式也是未来最易于维护的表达式。

8. 文本串接

CONCATENATE()函数用于将两个文本字符串连接成一个文本字符串,语法如下:

```
CONCATENATE(< text1 >, < text2 >)
```

CONCATENATE()函数与 & 连接运算符的区别:CONCATENATE()函数的参数只有两个,当逻辑表达式的参数达两个以上时,如果使用 CONCATENATE()函数,则只能不断地采用函数嵌套的方式进行串接,代码冗余且不易于理解,这时可以采用 & 连接运算符,代码会更加简洁与优雅。

CONCATENATE()函数及&连接运算符,应用举例,表达式如下:

```
函数串接 : =
CONCATENATE (
    "DAX",
    CONCATENATE ( "", CONCATENATE ( DC[运单编号], DC[收货详细地址] ) )
)

连接符串接 : = "DAX"&" "&DC[运单编号]&DC[收货详细地址]        -- ch4 - 004
```

以上表达式返回的值如图 4-6 所示。

	运单编号	收货详细地址	函数串接	连接符串接
1	YD001	北京路2幢2楼201	DAX YD001北京路2幢2楼201	DAX YD001北京路2幢2楼201
2	YD002	北京路2幢2楼202	DAX YD002北京路2幢2楼202	DAX YD002北京路2幢2楼202
3	YD003	上海路3幢3楼301	DAX YD003上海路3幢3楼301	DAX YD003上海路3幢3楼301
4	YD004	上海路3幢3楼302	DAX YD004上海路3幢3楼302	DAX YD004上海路3幢3楼302
5	YD005	上海路3幢3楼303	DAX YD005上海路3幢3楼303	DAX YD005上海路3幢3楼303

图 4-6 文本串接

4.1.3 统计类函数

1. 统计学基础

在数据分析过程中,最常用的 3 种数据分析方法:描述型分析、诊断型分析、预测型分析。在进入数据分析时,一般会对数据进行描述性统计分析。通过描述性统计分析,可以对数据样本的总体进行"频数、集中趋势、离散程度、形状"分析。离散型随机变量相对简单,而连续型随机变量相对复杂,常用于以下几个方面:

(1)描述集中趋势的方法有数学平均数(如算术平均数等)和位置平均数(如中位数、众数、分位数等)。

(2)描述离散程度的方法有极差、标准差、方差及四分位差、离散系数等;常用描述分布状态的有分布的偏度与分布的峰度。

(3)相关分析:散点图、相关系数。

以下是统计学中的一些基本公式。

求和公式:

$$\sum_{i=1}^{n} x_i = x_1 + x_2 + \cdots + x_n \tag{4-1}$$

平均值公式:

$$\bar{x} = \frac{\sum_{i=1}^{n} x_i}{n} \tag{4-2}$$

式(4-2)中，$\dfrac{\sum\limits_{i=1}^{n} x_i}{n}$ 代表的是 $\dfrac{x_1 + x_2 + \cdots + x_n}{n}$。以 DK 表中的入库列为列，该列的平均值＝$(76＋32＋55＋87＋93＋78＋65)/7＝486/7＝69.428571$。

总体标准差公式：

$$\sigma = \sqrt{\dfrac{\sum\limits_{i=1}^{n}(X_i - \overline{X})^2}{N}} \tag{4-3}$$

式(4-3)中，σ 代表的是总体(population)标准差，N 代表的是总体样本数。

样本标准差公式：

$$S = \sqrt{\dfrac{\sum\limits_{i=1}^{n}(x_i - \overline{x})^2}{n-1}} \tag{4-4}$$

式(4-4)中，S 代表样本(sample)标准差，n 代表抽样样本分子的自由度。

在统计学中：标准差有总体标准差(σ)与样本标准差(S)之分。样本来源于总体，方差是标准差的平方，同样有总体方差(σ^2)与样本方差(s^2)之分。

在统计学中：均值是样本数值求和后再除以样本量个数的值。众数是数据中出现次数最多的数。中位数代表的是一组排序后的有序数据中，处于中间位置的那个数(中位数以自身为中点将整个样本数据分成两半)。分位数有 Q1(上四分位)、Q2(第二四分位，中位)、Q3(第三四分位)之分，如图 4-7 所示。

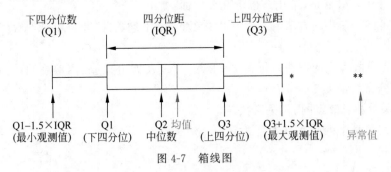

图 4-7　箱线图

图 4-7 中，最小观测值也称下限，最大观测值也称上限。超出上下限的值均称为异常值，也称离群点。所谓"异常值"，是指数据在服从正态分布的情况下，$(|x-\mu|>3\sigma)$ 的值。图 4-7 中，Q2 在方框中偏左(小于均值)，数据是呈右偏态的。

2. 数目统计

COUNT()、COUNTA()、COUNTBLANK()是常见的计数聚合函数，语法见表 4-11。

表 4-11　统计数据个数的函数语法说明

函　数	语　法	应 用 说 明
COUNT()	COUNT(< column >)	仅在数值列上运行
COUNTA()	COUNTA(< column >)	在任何类型的列上运行
COUNTBLANK()	COUNTBLANK(< column >)	返回列中空值的数量

在聚合函数的结果呈现上,DAX 与传统的 Excel 的运行原理有着较大的差异。DAX 是列式数据库,聚合以列为单位;Excel 以单元格为单位,二者所使用的计算引擎完全不一样。因为不受行上下文的影响,计算列中的返回值整列相同,这是初学 DAX 易困惑的地方。在 DK 表中,新建列表达式如下:

库.COUNT 列 : = COUNT(DK[入库])

库.COUNTA 列 : = COUNTA(DK[产品])

库.COUNTBLANK 列 : = COUNTBLANK(DK[产品])

以上表达式返回的值如图 4-8 所示。为了方便理解,隐藏了表中的其他列。

	产品	入库	库.COUNT列	库.COUNTA列	库.COUNTBLANK列
1	蛋糕纸	32	7	6	1
2	油漆	55	7	6	1
3	包装绳	65	7	6	1
4	钢化膜	76	7	6	1
5	苹果醋	78	7	6	1
6		87	7	6	1
7	净化剂	93	7	6	1

图 4-8　计数函数

在 Power Pivot 中,当利用统计与聚合函数创建计算列时,列中的行值将不受行上下文的影响,每行所显示的值都是相同的,每行的数据均为整列的聚合值。如果需要将 COUNT()、SUM()、MAX()等聚合函数依据行上下文内容进行计算,则可在其外面嵌套 CALCULATE()函数将行上下文转换成筛选上下文,或者在度量值中使用相关聚合函数,然后放置到计算列中。

3. 最大最小值

MAX()、MAXA()、MIN()、MINA()是求最大值和最小值的函数,语法见表 4-12。

表 4-12　最大值和最小值函数语法说明

函　数	语　法	应 用 说 明
MAX()	MAX(< column >) MAX(< expression1 >,< expression2 >)	返回列中或两个标量表达式之间的最大值
MIN()	MIN(< column >) MIN(< expression1 >,< expression2 >)	返回列中或两个标量表达式之间的最小值

函　　数	语　　法	应 用 说 明
MAXA()	MAXA(< column >)	返回列中的最大值
MINA()	MINA(< column >)	返回列中的最小值

极差也称全距,极差＝$\max(x_i)-\min(x_i)$＝最大值－最小值,它是观测数据离散程度最简单的方法。在 DK 表中,新建列表达式如下:

库.列最大值:＝MAX(DK[入库])

库.行最大值:＝MAX(DK[入库],DK[方数])

库.极差:＝MAX(DK[入库])－MIN(DK[入库])

以上表达式返回的值如图 4-9 所示。为了方便理解,隐藏了表中的其他列。

	产品	入库	方数	库.列最大值	库.行最大值	库.极差
1	蛋糕纸	32	85	93	85	61
2	油漆	55	72	93	72	61
3	包装绳	65	69	93	69	61
4	钢化膜	76	56	93	76	61
5	苹果醋	78	65	93	78	61
6		87		93	87	61
7	净化剂	93	59	93	93	61

图 4-9　最大值和最小值函数

表达式(MAX(DK[入库],DK[方数]))是通过对比每行的入库与方数数据取二者中的最大值后返回,每行的入库与方数数据都是图 4-9 中行最大值列的上下文。

4. 平均值与分位统计

在数据呈正态分布时,数据的均值、中位数和众数是重合的;数据的形状以对称的方式左右分布。如果数据的分布不对称,则它的均值、中位数和众数处于不同的位置(当均值小于中位数时,长尾在左侧,分布呈左偏;当均值大于中位数时,长尾在右侧,分布呈右偏)。

从统计学的角度来讲,如果数据中存在异常值(如极大值、极小值、0 值等),此时的平均值往往不具备代表性。此时可(采用分位数)剔除异常或采用中位数进行数据分析(此时中位数较算术平均值有较高的稳健性)。

平均值、中位数、分位反映的是数据的集中趋势。以下是一些常见的求平均值、中位数及分位的统计函数,语法见表 4-13。

表 4-13　平均值与分位统计函数语法说明

函　　数	语　　法	应 用 说 明
AVERAGE()	AVERAGE(< column >)	返回列中所有数字的平均值(算术平均值)

续表

函　数	语　法	应用说明
MEDIAN()	MEDIAN(< column >)	返回列中数字的中值
RANK. EQ()	RANK. EQ(< value >, < columnName >[,< order >])	返回某个数字在数字列表中的排名
PERCENTILE. EXC()	PERCENTILE. EXC(< column >,< k >)	返回范围中值的第 k 个百分点,其中 k 的范围为 0~1(不含 0 和 1)
PERCENTILE. INC()	PERCENTILE. INC(< column >,< k >)	返回范围中值的第 k 个百分点,其中 k 的范围为 0~1(含 0 和 1)

　　四分位差(IQR)=Q3-Q1,也称内距或四分位间距。四分位差反映了中间 50% 数据的离散程度。当四分位差值越小时,代表数据越集中;反之,数据越分散。以 PERCENTILE. INC()函数为例,在 DK 表中筛选(Q1~Q3 之间的入库数据),新建查询表达式如下:

```
EVALUATE
FILTER (
    'DK',
    'DK'[入库] >= PERCENTILE.INC ( 'DK'[入库], 0.25 )
        && 'DK'[入库] <= PERCENTILE.INC ( 'DK'[入库], 0.75 )
)                                              -- ch4 - 005
```

返回的值如图 4-10 所示。

产品	包装方式	入库	出库	吨数	方数
钢化膜	散装	76	35	18.86	56
苹果醋	箱装	78	36		65
包装绳	扎	65	32	22.89	69

图 4-10　PERCENTILE()函数

5. 方差与标准差统计

　　见式(4-3)及式(4-4),各样本数据与整体数据的平均值之间的差值称为偏差,偏差的平方和称为波动,波动除以数据总个数得到方差,标准差是方差的平方根。极差、标准差、方差及四分位差、离散系数等反映的是数据的离散程度。以下是一些常见的求方差与标准差的统计函数,语法见表 4-14。

表 4-14　方差与标准差统计函数语法说明

函　数	语　法	应用说明
VAR. P()	VAR. P(< columnName >)	返回整个总体的方差
VAR. S()	VAR. S(< columnName >)	返回样本总体的方差
STDEV. P()	STDEV. P(< ColumnName >)	返回整个总体的标准差
STDEV. S()	STDEV. S(< ColumnName >)	返回样本总体的标准差

以上函数的使用原理同其他统计函数,表达式从略。

4.1.4 数学与三角函数

1. 数学函数

以下为部分常用的数学函数及语法说明,见表 4-15。

表 4-15 常用数学函数语法说明

函 数	语 法	应 用 说 明
SUM()	SUM(< column >)	对某个列中的所有数值求和
ABS()	ABS(< number >)	返回某一数字的绝对值
POWER()	POWER(< number >,< power >)	返回某一数字的幂
SQRT()	SQRT(< number >)	返回某一数字的平方根
INT()	INT(< number >)	将数值向下舍入到最接近的整数
ROUND()	ROUND(< number >,< num_digits >)	将数值舍入到指定的位数
ROUNDUP()	ROUNDUP(< number >,< num_digits >)	按远离 0(零)的方向向上舍入某一数字
ODD()	ODD(number)	返回向上舍入到最接近的奇数的数字
DIVIDE()	DIVIDE(< numerator >,< denominator >[,< alternateresult >])	执行除法运算,并在被 0 除时返回备用结果或 BLANK()

应用举例,以 ROUNDUP()函数为例,表达式如下:

```
库.货物重泡比 : =
IF (
    OR ( ISBLANK ( 'DK'[吨数] ), 'DK'[吨数] = 0 ),
        BLANK (),
        ROUNDUP ( 'DK'[方数] / 'DK'[吨数], 2 )
)                                                        -- ch4 - 006
```

以 DIVIDE()函数为例,第 3 个参数为可选参数。当分母为 0 时,DIVIDE()默认的返回值为 BLANK()而不是报错;如果分母为 0,则可以通过第 3 个参数指定返回的(错误)值,表达式如下:

```
库.重泡比(DIVIDE 法): = ROUNDUP(DIVIDE(DK[方数],DK[吨数]),2)
```

以上两个表达式的返回值相同,如图 4-11 所示。为了方便理解,隐藏了表中的其他列。将 DIVIDE()函数的第 3 个参数的返回值指定为 3,表达式如下:

```
库.第 3 个参数(3): = ROUNDUP(DIVIDE(DK[方数],DK[吨数],3),2)
```

返回的值如图 4-12 所示。

2. 三角函数

以下为部分常用的三角函数及语法说明,见表 4-16。

	方数	吨数	库.货物重泡比	库.重泡比(DIVIDE法)
1	56	18.86	2.97	2.97
2	85	21.27	4	4
3	72	20.89	3.45	3.45
4		21.22		
5	59	20.89	2.83	2.83
6	65			
7	69	22.89	3.02	3.02

图 4-11　数学函数的应用

	方数	吨数	库.货物重泡比	库.重泡比(DIVIDE法)	库.第3个参数（3）
1	56	18.86	2.97	2.97	2.97
2	85	21.27	4	4	4
3	72	20.89	3.45	3.45	3.45
4		21.22			
5	59	20.89	2.83	2.83	2.83
6	65				3
7	69	22.89	3.02	3.02	3.02

图 4-12　DIVIDE()函数的应用

表 4-16　常用三角函数语法说明

函　　数	语　　法	应 用 说 明
PI	PI()	返回值 3.14159265358979，精确到小数点后 14 位
SIN()	SIN(number)	返回给定角度的正弦值
COS()	COS(number)	返回给定角度的余弦值
TAN()	TAN(number)	返回给定角度的正切值
LN()	LN(< number >)	返回某一数字的自然对数
LOG()	LOG(< number >,< base >)	根据指定的底数返回数字的对数
EXP()	EXP(< number >)	返回 e 的指定次方。常数 e 约等于 2.71828182845904

以上函数的使用原理同其他数学函数，表达式从略。

4.1.5　日期时间类函数

Excel 中的日期时间函数分为日期类函数及时间类函数。日期类函数主要有 DATE()函数，该函数有 3 个参数，分别为 YEAR()、MONTH()、DAY()，也可以用 DATEVALUE()函数将文本类日期函数转换为真正的日期。时间类函数主要有 3 个参数，分别为 HOUR()、MINUTE()、SECOND()，也可以用 TIMEVALUE()函数将文本类日期函数转换为真正的时间。

以下为部分常用的日期时间函数及语法说明，见表 4-17。

表 4-17　常用日期时间函数语法说明

函　　数	语　　法	应　用　说　明
NOW()	NOW()	以日期/时间格式返回当前的日期和时间
TODAY()	TODAY()	返回当前日期
DATE()	DATE(< year >,< month >,< day >)	以日期/时间格式返回指定的日期
YEAR()	YEAR(< date >)	返回日期的年份,1900～9999 之间的四位整数
MONTH()	MONTH(< datetime >)	以数字形式返回月份值,1(一月)～12(十二月)之间的数字
DAY()	DAY(< date >)	返回一月中的日期,1～31 的数字
TIME()	TIME(hour, minute, second)	将以数值形式给定的小时、分钟和秒值转换为日期/时间格式的时间
HOUR()	HOUR(< datetime >)	将小时返回从 0(12:00 A.M.)～23(11:00 P.M.)的数字
MINUTE()	MINUTE(< datetime >)	给定日期和时间值,以数字形式返回分钟值,0～59 的数字
SECOND()	SECOND(< time >)	以数字形式返回时间值的秒数,0～59 的数字
DATEVALUE()	DATEVALUE(date_text)	将文本格式的日期转换为日期/时间格式的日期
TIMEVALUE()	TIMEVALUE(time_text)	将文本格式的时间转换为日期/时间格式的时间
WEEKDAY()	WEEKDAY(< date >, < return_type >)	返回指示日期属于星期几的数字,1～7 的数字。默认情况下,日期范围是 1(星期日)～7(星期六)
WEEKNUM()	WEEKNUM(< date >[,< return_type >])	返给定日期的周数
EOMONTH()	EOMONTH(< start_date >,< months >)	以日期/时间格式返回指定月份数之前或之后的月份的最后一天的日期
EDATE()	EDATE(< start_date >,< months >)	返回在开始日期之前或之后指定月份数的日期
DATEDIF()	DATEDIF(< start_date >,< end_date >, < interval >)	返回两个日期之间跨越的间隔边界的计数。Excel 中为 DATEDIF(),DAX 中为 DATEDIFF()

　　以上函数的使用原理与 Excel 中的日期时间函数的使用原理一致,表达式从略。在 DAX 中,FORMAT()函数的用法与 Excel 中的 TEXT()函数的用法一致。以日期数据的文本转换且第 2 个参数为 Y、M、D 为例,表达式如下:

```
= FORMAT(DK[日期],"YY/MM")
= FORMAT(DK[日期],"YYYY/MM")
= FORMAT(DK[日期],"YYYY/M")
= FORMAT(DK[日期],"YYYY/MMM")
= FORMAT(DK[日期],"YYYY/MMMM")
```

```
= FORMAT(DK[日期],"YYYY/MM/D")
= FORMAT(DK[日期],"YYYY/MM/DD")
= FORMAT(DK[日期],"YYYY/MM/DDD")
= FORMAT(DK[日期],"YYYY/MM/DDDD")
```

以上表达式中,FORMAT()第 2 个参数中的 Y、M、D 对大小写不敏感,大写或小写均可。FORMAT()对日期时间进行转换时,除了可以用 Y、M、D 作为第 2 个参数外,也可以用"SHORT/LONG DATE、SHORT/MEDIUM/LONG TIME"(同样对大小写不敏感)等预定义方式,表达式如下:

```
= FORMAT(DK[日期],"LONG DATE")
= FORMAT(DK[日期],"MEDIUM DATE")
= FORMAT(DK[日期],"SHORT DATE")
= FORMAT(DK[日期],"LONGTIME")
= FORMAT(DK[日期],"MEDIUM DATE")
= FORMAT(DK[日期],"SHORT TIME")
```

4.2 ADDCOLUMNS()

ADDCOLUMNS()函数将计算列添加到给定的表或表表达式,语法如下:

```
ADDCOLUMNS(
    < table >,
    < name >, < expression >
    [,< name >, < expression >]…
)
```

ADDCOLUMNS()参数说明见表 4-18。

表 4-18 ADDCOLUMNS()函数参数

参　　数	参　数　说　明
table	返回数据表的任何 DAX 表达式
name	为列指定的名称,用双引号引起来
expression	返回标量表达式的任何 DAX 表达式,针对表的每行进行计算

应用举例,统计 DK 表中各类包装方式的行数,表达式如下:

```
EVALUATE                  //ch4 - 007
ADDCOLUMNS (
    VALUES ( 'DK'[包装方式] ),
    "行数", COUNTROWS ( 'DK' )
) //返回的值不是期望的值
```

由于聚合函数在计算列中会忽略行上下文,所以返回的值如图 4-13 所示。

修改上面的表达式,新增筛选条件('DK'[包装方式] = "散装"),修改后的表达式如下:

```
EVALUATE                    //ch4 - 008
FILTER(
    ADDCOLUMNS (
    VALUES ( 'DK'[包装方式] ),
    "行数", COUNTROWS ( 'DK' )
    ),
    'DK'[包装方式] = "散装"
)//返回的值不是期望的值
```

返回的值如图 4-14 所示,同样由于聚合函数在计算列中会忽略行上下文,所以返回的值不是期望的值。

包装方式	行数
散装	7
箱装	7
桶装	7
捆	7
扎	7

包装方式	行数
散装	7

图 4-13　ADDCOLUMNS()的应用(1)　　　图 4-14　ADDCOLUMNS()的应用(2)

继续修改上面的表达式,在聚合函数 COUNTROWS()外面嵌套 CALCULATE()且增加筛选条件,修改后的表达式如下:

```
EVALUATE                    //ch4 - 009
FILTER (
    ADDCOLUMNS (
        VALUES ( 'DK'[包装方式] ),
        "行数",
            CALCULATE (
                COUNTROWS ( 'DK' )
            )
    ),
    'DK'[包装方式] IN{"散装","箱装"}
) //发生了上下文转换,结果为期望值
```

包装方式	行数
散装	1
箱装	2

图 4-15　ADDCOLUMNS()
的应用(3)

由于 CALCULATE()在计算列中进行了上下文转换,将筛选上下文转换为行上下文,所以返回的值如图 4-15 所示。

将上述表达式中的聚合函数 COUNTROUWS()更改为聚合函数 SUM(),表达式如下:

```
EVALUATE                //ch4 - 010
FILTER(
    ADDCOLUMNS (
    VALUES ( 'DK'[包装方式] ),
    "入库量", CALCULATE(SUM ( 'DK'[入库] ) )
    ),
    'DK'[包装方式] IN{"散装","箱装"}
)
```

由于 SUM()函数外面嵌套了 CALCULATE(),在计算列中进行了上下文转换,所以返回的值如图 4-16 所示。

以下表达式是对入库、出库二列进行聚合与上下文转换,表达式如下:

```
EVALUATE                //ch4 - 011
FILTER(
    ADDCOLUMNS (
    VALUES ( 'DK'[包装方式] ),
    "入库量", CALCULATE(SUM ( 'DK'[入库] ) ),
    "出库量", CALCULATE(SUM ( 'DK'[出库] ) )
    ),
'DK'[包装方式] IN{"散装","箱装"}
)
```

返回的值如图 4-17 所示。

包装方式	入库量
散装	76
箱装	110

包装方式	入库量	出库量
散装	76	35
箱装	110	48

图 4-16　ADDCOLUMNS()的应用(4)　　图 4-17　ADDCOLUMNS()的应用(5)

在 DAX 中,度量值默认外围嵌套了 CALCULATE()函数,在计算列引用时可将行的筛选上下文转换为行上下文,表达式如下:

```
M.数量和: = SUM('运单'[数量])

EVALUATE
FILTER (
    ADDCOLUMNS (
        CROSSJOIN (
            VALUES ( '运单'[包装方式] ),
            VALUES ( '日期'[年] )
        ),
        "数量和", [M.数量和]
    ),
    [数量和] > 10
)                                              -- ch4 - 012
```

返回的值如图 4-18 所示。

不管是一列还是多列,计算列中的各列在对聚合函数进行上下文转换后,各行间的行上下文运算方可返回正确的结果,表达式如下:

```
EVALUATE                    //ch4 - 013
ADDCOLUMNS (
    FILTER (
        SUMMARIZE (
        'DK',
            'DK'[包装方式],
            "入库量", CALCULATE ( SUM ( 'DK'[入库] ) ),
            "行数", CALCULATE ( COUNTROWS ( 'DK' ) )
        ),
        [入库量] * [行数] > 30
    ),
    "入库 * 行数", [入库量] * [行数]
)
```

返回的值如图 4-19 所示。

包装方式	年	数量和
桶装	2020	13
散装		13
膜	2020	12
扎	2020	12
桶装	2021	12
桶装		12
捆	2021	16

图 4-18　ADDCOLUMNS()的应用(6)

包装方式	入库量	行数	入库*行数
散装	76	1	76
箱装	110	2	220
桶装	148	2	296
捆	87	1	87
扎	65	1	65

图 4-19　ADDCOLUMNS()的应用(7)

ADDCOLUMNS()条件表达式的第 1 个参数可以是静态引用的表,也可以是虚拟创建的动态表。新增列后的新表可继续进行筛选运算,表达式如下:

```
EVALUATE                    //ch4 - 014
FILTER (
    ADDCOLUMNS (
        CROSSJOIN (
            VALUES ( '订单'[产品] ),
            VALUES ( '日期'[年] )
        ),
        "数量. 和", [M. 数量和]
    ),
    [数量. 和] > 0
)
```

返回的值如图 4-20 所示。

产品 ▼	年 ▼	数量.和 ▼
蛋糕纸	2020	4
苹果醋	2020	3
钢化膜	2020	11
异型件	2021	11
钢材	2021	11
油漆	2020	16
异型件	2020	13
包装绳	2020	12
保鲜剂	2020	2
钢化膜	2021	22
油漆	2021	42
包装绳	2021	20
木材	2021	29
老陈醋	2021	9

图 4-20   ADDCOLUMNS()的应用(8)

SUMMARIZE()类似于 SQL 中的 GROUP BY,但其聚合运算时效率一般。当表达式涉及聚合运算时,应尽量减少直接用 SUMMARIZE()进行聚合运算,语法如下:

```
SUMMARIZE(表,分组列 ,列名 ,表达式 )
```

当使用 SUMMARIZE() 分组列时,涉及聚合运算的部分推荐采用外围嵌套 ADDCOLUMNS()的写法,表达式如下:

```
ADDCOLUMNS(
    SUMMARIZE(表,分组列 ),
    列名 , CALCULATE( 表达式 )
)
```

4.3 SELECTCOLUMNS()

SELECTCOLUMNS()用于表中列的选择,语法如下:

```
SELECTCOLUMNS(
    <table>,
    <name>, <scalar_expression>
    [,<name>, <scalar_expression>]…
)
```

SELECTCOLUMNS()与 ADDCOLUMNS()是使用频率较高且经常搭配使用的一对表函数。二者的区别是:ADDCOLUMNS()是在原表上新增一列;SELECTCOLUMNS()是在获取别的表或表的表达式的数据后,在空白表上新增列。ADDCOLUMNS()从指定的开始位置添加列,而 SELECTCOLUMNS()从空表的开始位置添加列。

ADDCOLUMNS()、SELECTCOLUMNS()与 FILTER()这三者也经常搭配使用。三者的区别是：DAX 中的 ADDCOLUMNS()类似于 Power Query 中的新增列 Table. AddColumns()；SELECTCOLUMNS()类似于 Power Query 中的删除其他列 Table. SelectColumns()。FILTER()类似于 Power Query 中的行筛选 Table. SelectRows()。

在 Power Query 中，各函数对大小写敏感，而 DAX 中对各函数、各变量、各表名的字母大小写不敏感。在 DAX 中有很多函数的名称很长，在初学时完全可以采用大驼峰写法，以此来降低学习的难度。例如 ADDCOLUMNS()可写成 AddColumns()、SELECTCOLUMNS()可写成 SelectColumns()等。

4.3.1　计算列命名规则

1. 不完全限定名

如果定义列使用的是不完全限定名，则后续引用语法必须使用不加表名的列名。例如，以下语法是无效的：

```
//以下是无效代码
EVALUATE                 //ch4 - 015
FILTER (
    SELECTCOLUMNS (
        '运单',
        "运单编号", '运单'[运单编号],
        "包装方式", '运单'[包装方式],
        "数量", '运单'[数量]
    ),
    '运单'[数量] > 8       //此处会引起筛选无效
)
ORDER BY [运单编号]
```

查询对 '运单'[数量]的引用无效，因为 SELECTCOLUMNS()在定义此列时使用的名称是匿名表的 "数量"。值得注意的是，ORDER BY 子句使用的[运单编号]没有这个问题，因为它引用的是匿名表的列名。

在 SELECTCOLUMNS()生成的匿名表外面嵌套 FILTER()函数进行条件筛选。对于匿名表的筛选，筛选语句中的列名宜使用不完全限定名，表达式如下：

```
EVALUATE                 //ch4 - 016
FILTER (
    SELECTCOLUMNS (
        '运单',
        "运单编号", '运单'[运单编号],
        "包装方式", '运单'[包装方式],
        "数量", '运单'[数量]
    ),
```

```
            [数量] > 8
)
ORDER BY [运单编号]
```

返回的值如图 4-21 所示。

2. 完全限定名

也可以在 SELECTCOLUMNS() 中使用完全限定名，以便在后续引用中保持相同的语法，表达式如下：

```
EVALUATE                //ch4 - 017
FILTER (
    SELECTCOLUMNS (
        '运单',
        "'运单'[运单编号]", '运单'[运单编号],
        "'运单'[包装方式]", '运单'[包装方式],
        "'运单'[数量]", '运单'[数量]
    ),
    '运单'[数量] > 8
)
ORDER BY [运单编号]
```

即使为每列定义了完全限定的名称，仍然可以在引用列时仅使用列名，就像示例中 ORDER BY 引用[运单编号]列一样。这种语法是有效的，除非在最终结果中有两个列具有相同的列名和不同的表名（在这种情况下，会产生歧义而提示引用错误）。

返回的值如图 4-22 所示。

运单编号	包装方式	数量
YD009	袋	9
YD009	散装	9

图 4-21　SELECTCOLUMNS()的应用(1)

运单编号	包装方式	数量
YD009	袋	9
YD009	散装	9

图 4-22　SELECTCOLUMNS()的应用(2)

4.3.2　数据获取方式

可以使用 SELECTCOLUMNS() 添加新列，执行类似 ADDCOLUMNS() 函数的操作。区别在于，必须显式地引用结果中包含的每列，而不是直接向当前表添加新列。例如，下面的查询会返回每个合同运价的子类别对应的数量，只显示订单明细，而不显示运单表中的其他列。

创建度量值 M.数量和，表达式如下：

```
M.数量和:= SUM('订单'[数量])
```

在查询中引用该度量值，表达式如下：

```
EVALUATE                //ch4 - 018
ADDCOLUMNS (
    SELECTCOLUMNS (
        VALUES ( '订单'[产品]),
        "产品",'订单'[产品]
    ),
    "数量.和", [M.数量和]
)
```

返回的值如图 4-23 所示。

在 DAX 中,行值条件不会随着表间关系进行自动传递,但可以使用 RELATED( )和
RELATEDTABLE( )函数手动编程传递,表达式如下:

```
EVALUATE                //ch4 - 019
TOPN (
    6,
    SELECTCOLUMNS (
        '运单',
        "产品", RELATED ( '合同'[产品]),
        "包装", RELATED ( '装货'[包装方式]),
        "日期", '运单'[发车时间],
        "数量", '运单'[数量],
        "成本", '运单'[成本]
    ),
    [日期]
)
```

返回的值如图 4-24 所示。

产品	数量.和
蛋糕纸	4
苹果醋	3
钢化膜	33
油漆	58
异型件	24
包装绳	32
保鲜剂	2
木材	29
钢材	11
老陈醋	9

图 4-23 SELECTCOLUMNS( )的应用(3)

产品	包装	日期	数量	成本
异型件	膜	2021/9/5	6	10
包装绳	扎	2021/9/5	6	2
油漆	桶装	2021/9/5	6	9
钢材	捆	2021/10/5	8	6
油漆	桶装	2021/10/5	6	9
钢化膜	散装	2021/10/5	4	5
老陈醋	袋	2021/11/15	9	8
钢化膜	散装	2021/11/15	9	5

图 4-24 SELECTCOLUMNS( )的应用(4)

以 DK 表中的包装方式和产品为分组依据,筛选表中产品为蛋糕纸、净化剂、苹果醋的
行,然后对入库列的数据进行分组统计。采用 SELECTCOLUMNS( )外围嵌套 FILTER( )
的方式,表达式如下:

```
EVALUATE                //ch4 - 020
FILTER (
```

```
SELECTCOLUMNS (
    'DK',
        "包装方式", 'DK'[包装方式],
        "产品", 'DK'[产品],
        "入库", 'DK'[入库]
    ),
'DK'[产品] IN {"蛋糕纸", "净化剂", "苹果醋"}
)
```

返回的错误提示如图 4-25 所示。

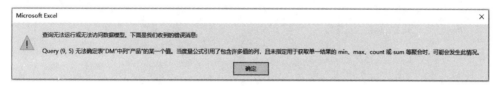

图 4-25 错误提示

将以上表达式中的 FILTER () 函数替换为 CALCULATETABLE () 函数,表达式如下:

```
EVALUATE              //ch4 - 021
CALCULATETABLE (
    SELECTCOLUMNS (
        'DK',
            "包装方式", 'DK'[包装方式],
            "产品", 'DK'[产品],
            "入库", 'DK'[入库]
        ),
    'DK'[产品] IN {"蛋糕纸", "净化剂", "苹果醋"}
)
```

返回的值如图 4-26 所示。

包装方式	产品	入库
箱装	蛋糕纸	32
桶装	净化剂	93
箱装	苹果醋	78

图 4-26 SELECTCOLUMNS () 的应用

4.4 综合案例

4.4.1 综合应用一

创建自定义参数表,用于数值等级的区间设置,表达式如下:

```
EVALUATE                //ch4 - 023
SELECTCOLUMNS(
    {
        (1,"差" , 1 , 59 ),
        (2,"中" , 60 , 79 ),
        (3,"良" , 80 , 89 ),
        (4,"优" , 90 , 100 )
    },
    "索引",    [Value1],      //[Value1]是表构建时 DAX 默认的列名,其他列也是如此
    "区间",    [Valuc2],
    "最小值", [Value3],
    "最大值", [Value4]
)
```

返回的值如图 4-27 所示。

选择以上所生成的查询数据,单击"表设计",将表名称修改为 DR。单击 Excel 功能区 "Power Pivot""添加到数据模型"。进入 Power Pivot for Excel 界面,在 DK 表中新建计算列库. 区间,表达式如下:

```
库.区间 : =
CALCULATE (
    VALUES ( DR[区间] ),
    FILTER (
        DR,
        DK[入库] > = DR[最小值]
            && DK[入库] < = DR[最大值]
    )
)                           -- ch4 - 024
```

为了方便理解,隐藏了 DK 表中的其他列,返回的值如图 4-28 所示。

索引	区间	最小值	最大值
1	差	1	59
2	中	60	79
3	良	80	89
4	优	90	100

图 4-27　创建参数表

	入库	库.区间
1	76	中
2	32	差
3	55	差
4	87	良
5	93	优
6	78	中
7	65	中

图 4-28　创建计算列

在度量值区域,创建度量值,表达式如下:

```
M.入库量:= SUM(DK[入库])
```

```
M.入库区间量 : =
```

```
CALCULATE (
    [M.入库量],
    FILTER (
        VALUES ( DK[入库] ),
        COUNTROWS (
            FILTER (
                DR,
                DK[入库] >= DR[最小值]
                    && DK[入库] <= DR[最大值]
            )
        ) > 0
    )
)                               -- ch4 - 025
```

创建透视表,将包装方式拖入行标签,勾选 M. 入库区间量度量值,将 DR 表中的区间添加为切片器,如图 4-29 所示。

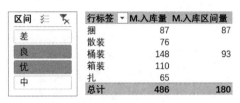

图 4-29 创建透视表

4.4.2 综合应用二

先采用 SUMMARIZE()进行分组创建表,然后利用 ADDCOLUMNS()在生成的该表的基础上新增计算列等级,用于对入库量的区间划分,最后采用 SELECTCOLUMNS()选择与组合表中的列,表达式如下:

```
EVALUATE                    //ch4 - 026
SELECTCOLUMNS (
    ADDCOLUMNS (
        SUMMARIZE (
            'DK',
                'DK'[产品],
                'DK'[包装方式],
                "入库量", SUM ( 'DK'[入库] )
        ),
        "等级",
            SWITCH (
                TRUE (),
                [入库量] > 90, "优",
```

```
              [入库量] > 70, "良",
              [入库量] > 60, "中",
                  "差"
              )
    ),
    "产品", [产品],
    "包装方式", [包装方式],
    "量值(等级)",
        [入库量] & "(" & [等级] & ")"
)
```

返回的值如图 4-30 所示。

4.4.3 综合应用三

在 DAX 中,CALCULATE()和 CALCULATETABLE()是仅有的两个能进行上下文转换的函数。CALCULATE()将行上下文转换为筛选上下文,分组的数据来源于数据模型中的运单、收货、装货、日期等多个表,表达式如下:

```
EVALUATE                    //ch4 - 027
TOPN (
    6,
    SELECTCOLUMNS (
        ADDCOLUMNS (
            SUMMARIZE ('运单', '运单'[产品], '收货'[收货人], '装货'[包装方式] ),
            "数量和", CALCULATE ( SUM ( '运单'[数量] ) )
        ),
        "收货人", [收货人],
        "产品", [产品],
        "包装方式", [包装方式],
        "数量和", [数量和]
    ),
    [数量和]
)
```

返回的值如图 4-31 所示。

产品	包装方式	量值(等级)
钢化膜	散装	76 (良)
蛋糕纸	箱装	32 (差)
苹果醋	箱装	78 (良)
油漆	桶装	55 (差)
净化剂	桶装	93 (优)
	捆	87 (良)
包装绳	扎	65 (中)

图 4-30 函数的综合应用(1)

产品	包装方式	收货人	数量和
钢化膜	散装	张3	10
异型件	膜	张3	12
包装绳	扎	李4	10
包装绳	扎	张3	15
钢化膜	散装	李4	19
油漆	桶装	李4	18
油漆	桶装	张3	17

图 4-31 函数的综合应用(2)

4.5　本章回顾

本章在介绍适用于 DAX 的 Excel 通用函数的基础上，对统计聚合函数进行侧重说明。在计算列中运用聚合函数，整列的数据都会相同，因为聚合函数只能感知筛选上下文而忽略行上下文，而在计算列中只有行上下文。如果需要将 COUNT()、MAX()、SUM()等聚合函数依据行上下文内容进行计算，则可在其外面嵌套 CALCULATE()函数将行上下文转换成筛选上下文，或者在计算列中使用度量值。

行上下文通常是指当前表的行上下文，也可以是通过 RELATED()及 RELATEDTABLE()函数在二表间形成的跨表行上下文。在任何情况下，行值条件只会有且只有一行。DAX 中的迭代函数(FILTER()、ADDCOLUMNS()等)会利用迭代器创建一个行上下文。

第5章 迭代函数

DAX中，所有带后缀 X 的聚合函数都是迭代器函数，例如 COUNTX()、MAXX()、SUMX()、AVERAGEX()等。大多数带 X 后缀的聚合类迭代器函数的语法相似，大多为 (<table>,<expression>)结构，第1个参数为表，第2个参数为表达式。与 Excel 通用的聚合函数相比，迭代类聚合函数是行上下文函数，它们能够识别当前行并实现逐行运算，最终聚合成一个值，迭代函数多用于度量值中。

5.1 常见迭代聚合

聚合迭代函数的运算一般分以下三步来完成：

(1) 对第1个参数的表进行运算(例如引用表、筛选表；选择列、新增列等)。

(2) 依据行上下文条件，对运算后的参数表进行逐行迭代运算。

(3) 对运算结果进行聚合。

5.1.1 COUNTX()

COUNTX()对表表达式的运算值进行条件计数(空值不计算)，语法如下：

```
COUNTX(<table>,<expression>)
```

在 DAX 中，类似的函数有 COUNTAX()。

对比 FILTER()迭代函数及 CALCULATETABLE()筛选器函数在计算列中的差别。创建两个计算列，表达式如下：

```
库.B吨行数 F:= COUNTX(FILTER(DK,DK[等级]="B"),DK[吨数])

库.B吨行数 C:= COUNTX(CALCULATETABLE(DK,DK[等级]="B"),DK[吨数])
```

为了方便比较，隐藏了表中的其他列，返回的值如图 5-1 所示。

FILTER()是迭代函数，是行上下文函数；聚合函数在计算列中会忽略行上下文，而

	吨数	等级	库.B吨行数F	库.B吨行数C
1	21.27	A	2	
2	20.89	B	2	1
3	22.89	A	2	
4	18.86	A	2	
5		B	2	
6	21.22	C	2	
7	20.89	B	2	1

图 5-1　COUNTX()函数的应用(1)

CALCULATETABLE()函数与 CALCULATE()函数一样，具备上下文转换能力。唯一的区别是 CALCULATE()返回的是标量值而 CALCULATETABLE()返回的是表。

创建计算列库.月行数 F，表达式如下：

```
库.月行数 F: = COUNTX(
FILTER(
                DK,
                RELATED(DT[月]) = 9),
          DK[包装方式]
)
```

为了方便理解，隐藏了表中的其他列，返回的值如图 5-2 所示。

	包装方式	库.月行数F
1	散装	4
2	箱装	4
3	桶装	4
4	捆	4
5	桶装	4
6	箱装	4
7	扎	4

图 5-2　COUNTX()函数的应用(2)

创建计算列库.月行数 C，表达式如下：

```
库.月行数 C: = COUNTX(
CALCULATETABLE(
                DK,
                RELATED(DT[月]) = 9),
          DK[包装方式]
)
```

返回的值如图 5-3 所示。

在 DAX 中，CALCULATETABLE()与 CALCULATE()是仅有的两个能够创建筛选上下文的函数。在筛选上下文中，关系是自动传递的，不需要额外使用 RELATED()或 RELATEDTABLE()手动传递，且在计算列中涉及聚合函数的运算时，CALCULATETABLE()与

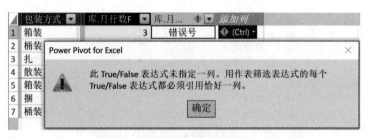

图 5-3　COUNTX()函数的应用(3)

CALCULATE()会将聚合函数的筛选上下文转换为计算列中的行上下文。

对上面的表达式进行修改,修改后的表达式如下:

```
库.月行数 C: = COUNTX(
CALCULATETABLE(DK,DT[月] = 9),
DK[包装方式]
)
```

返回的值如图 5-4 所示。

	包装方式	库.月行数F	库.月行数C
1	散装	4	1
2	箱装	4	1
3	桶装	4	
4	捆	4	1
5	桶装	4	1
6	箱装	4	
7	扎	4	

图 5-4　COUNTX()函数的应用(4)

5.1.2　MAXX()

MAXX()对表表达式的运算值按条件获取最大值(跳过空值),语法如下:

```
MAXX(< table >,< expression >)
```

在 DAX 中,类似的函数为 MINX(),MINX()函数对表表达式的运算值按条件获取最小值(跳过空值)。MAXX()和 MINX()只计算数字、文本、日期,不支持 TRUE/FALSE 值。

创建计算列库.乘积最大和库.各行乘积,表达式如下:

```
库.乘积最大: = MAXX('DK','DK'[入库] * 'DK'[出库])
```

```
库.各行乘积: = CALCULATE(MAXX('DK','DK'[入库] * 'DK'[出库]))
```

为了方便理解,隐藏了表中的其他列并对返回值进行排序,返回的值如图5-5所示。

	入库	出库	库.乘积最大	库.各行乘积
1	32	12	3906	384
2	55	23	3906	1265
3	65	32	3906	2080
4	76	35	3906	2660
5	78	36	3906	2808
6	87	33	3906	2871
7	93	42	3906	3906

图5-5 MAXX()函数的应用

出于 ABC 分类管理的需要,以合同表中的产品及订单表中的数量为依据,设置 A 类产品的起点值(总订单数的前30%中的最小值,并且数量值大于8)。在合同表中创建计算列合.A类值,表达式如下:

```
合.A类值 :=
VAR A =
    MINX (
        TOPN (
            CALCULATE ( COUNTROWS ( '订单' ) ) * 0.3,
            RELATEDTABLE ( '订单' ),
            '订单'[数量], DESC
        ),
        '订单'[数量]
    )
RETURN
    IF ( A > 8, A, BLANK () )
```

为了方便理解,隐藏了表中的其他列并对返回值进行排序,返回的值(仅截取非空值)如图5-6所示。

	产品	合.A类值
1	木材	16
2	油漆	11
3	钢化膜	9
4	异型件	9

5.1.3 AVERAGEX()

图5-6 MINX()函数的应用

平均数也称为均值,用于反映一组数据中心点所在的位置。AVERAGEX()用于对表表达式的运算值求算术平均值(空值不计算),语法如下:

```
AVERAGEX(< table >,< expression >)
```

在 DAX 中,类似的函数有 MEDIANX()中位数、PERCENTILEX.EXC()分位数(不含0、1)、PERCENTILE.INC()分位数(含0、1)、MAXX()最大值、MINX()最小值。中位数、分位数是指一组数据按升序或降序排列后,所排在中间位置的值(中位数,50%位置)或某百分位位置的值(如25%位置、75%位置)。DAX 中没有众数对应的函数。

以上聚合方式的区别与联系说明：平均数 AVERAGE()/AVERAGEX()是全部数据的算术平均值,中位数 MEDIAN()/MEDIANX()是处于一组数据中中间位置的值,如果数据是对称的,则平均值与中位数相等。如果数据中存在极小值 MIN()/MINX(),则数据呈左偏态,中位数将大于平均值;如果数据中存在极大值 MAX()/MAXX(),则数据呈右偏态,中位数将小于平均值。中位数不受极值(极大值、极小值)影响,它是一组数据中间位置的值;当数据呈左偏态或右偏态时,中位数的稳健性高于平均数,此种情况宜采用中位数进行分析。

在 DAX 中,可采用多种表达式灵活地实现同一需求。考虑到代码的优雅与易维护性,应尽量采用简洁、实用的表达式。以实现各类包装的平均入库为例,创建度量值 M.均入库1、M.均入库2、M.均入库3,各表达式如下:

```
M.均入库 1 : =
ROUND (
    AVERAGEX (
        SUMMARIZE ( 'DK', 'DK'[包装方式], 'DK'[入库] ),
        'DK'[入库]
    ),
    2
)
```

或

```
M.均入库 2 : =
ROUND (
    AVERAGEX (
        ADDCOLUMNS (
            SELECTCOLUMNS (
                DK,
                "日期", [日期], "产品", [产品], "入库", [入库]
            ),
            "月", MONTH ( [日期] )
        ),
        [入库]
    ),
    2
)
```

或

```
M.均入库 3 : =
VAR A =
    ADDCOLUMNS (
        SELECTCOLUMNS (
```

```
            DK,
            "日期", [日期], "产品", [产品], "入库", [入库]
        ),
        "月", MONTH ( [日期] )
    )
RETURN
    ROUND ( AVERAGEX ( A, [入库] ), 2 )
```

创建透视表中，将包装方式拖入行标签，勾选度量值 M.均入库 1、M.均入库 2、M.均入库 3，返回的值如图 5-7 所示。

行标签 ▼	M.均入库1	M.均入库2	M.均入库3
捆	87	87	87
散装	76	76	76
桶装	74	74	74
箱装	55	55	55
扎	65	65	65
总计	**69.43**	**69.43**	**69.43**

图 5-7　AVERAGEX()函数的应用

5.1.4　PERCENTILEX.EXC()

PERCENTILEX.EXC()用于返回针对表中的每行计算的表达式的百分数。若要返回列中数字的百分数，应使用 PERCENTILE.EXC()函数，语法如下：

```
PERCENTILEX.EXC(< table >, < expression >, k)
```

在 DAX 中，类似的函数有 PERCENTILEX.INC ()，此函数用于返回针对表中的每行计算的表达式的百分数。函数 PERCENTILE.EXC()与 PERCENTILE.INC()中，EXC 是 exclude(不包含)单词的简写，排除 k 值为 0 和 1 的情况；INC 是 include(包含)单词的简写，包含 k 值为 0 和 1 的情况。

当数据呈正态分布(对称分布)时：68%的数据处于±1Ω(标准差)的范围内，95%的数据处于±2Ω 的范围内，99%的数据处于±3Ω 的范围内。如果准备剔除±3Ω 之外的数据，则 PERCENTILE.INC()/PERCENTILEX.INC()、PERCENTILE.EXC()/PERCENTILEX.EXC()这几个函数就是很好的选择。

当数据呈左偏或右偏不对称分布时，可以采用切比雪夫不等式进行相关数据的筛选或剔除，该不等式的内容如下：

(1) 至少有 75%的数据在平均数±2Ω 范围内。

(2) 至少有 89%的数据在平均数±3Ω 范围内。

(3) 至少有 94%的数据在平均数±4Ω 范围内。

至于采用单侧还是双侧拒绝域则需结合数据分布的实际情况进行判断。

创建一个查询表达式，取 DK 表中位于 15%和 85%分位的入库数据，表达式如下：

```
EVALUATE
VAR A =
    PERCENTILEX.EXC ( DK, DK[入库], 0.15 )
VAR B =
    PERCENTILEX.EXC ( DK, DK[入库], 0.85 )
RETURN
    FILTER ( DK, DK[入库] >= A && DK[入库] <= B )
```

返回的值及相关说明如图 5-8 所示。

日期	产品	包装方式	入库	出库	方数	吨数	等级	说明
2020/9/2	钢化膜	散装	76	35	56	18.86	A	筛选后返回的值
2020/11/2	油漆	桶装	55	23	72	20.89	B	
2021/9/29		捆	87	33		21.22	C	
2021/10/11	苹果醋	箱装	78	36	65		B	
2021/11/14	包装绳	扎	65	32	69	22.89	A	
2020/9/27	蛋糕纸	箱装	32	12	85	21.27	A	筛选后被剔除的值
2021/9/29	净化剂	桶装	93	42	59	20.89	B	

图 5-8 PERCENTILEX.EXC()函数的应用(1)

数据分析时可用 PERCENTILEX.INC()、PERCENTILEX.EXC()或 PERCENTILE.EXC()、PERCENTILE.EXC()函数对极大值、极小值进行剔除，以便确保数据分析的准确性。

5.1.5 VARX.P()

总体(population)是包含所研究的全部个体或数据的集合，有有限总体和无限总体之分。VARX.P()对表表达式的运算值按条件计算总体的方差(跳过空值)，语法如下：

```
VARX.P(<table>, <expression>)
```

样本(sample)是从总体中抽取的一部分元素的集合，抽样的目的是根据样本提供的信息来推断总体的特征。VARX.S()函数对表表达式的运算值按条件计算样本的方差(跳过空值)。

VARX.P()函数在不涉及第 1 个参数的额外表运算时，VAR.P()就是它的简写，以下两个表达式的返回值相同：

```
M.入库方差 1: = VAR.P('DK'[入库])

M.入库方差 2: = VARX.P(DK,'DK'[入库])
```

将包装方式拖入透视表的行标签，勾选以上两个度量值，返回的值如图 5-9 所示。

行标签 ▼	M.入库 方差1	M.入库 方差2
捆	0	0
散装	0	0
桶装	361	361
箱装	529	529
扎	0	0
总计	372.8163265	372.8163265

图 5-9　VAR.P()函数的应用

5.1.6　STDEVX.P()

在对实际问题进行分析时更多地使用标准差,因为标准差有量纲且它与原始数据的计量单位相同,这是方差所不能比拟的。STDEVX.P()对表表达式的运算值按条件计算总体的标准偏差(跳过空值),语法如下:

```
STDEVX.P(<table>,<expression>)
```

类似的函数有 STDEVX.S(),此函数用于对表表达式的运算值按条件计算样本的标准偏差。

在数据分析过程中,标准差的参照对象是平均值。创建计算列库.异常值标识,标识入库数据中的异常值,表达式如下:

```
库.异常值标识 :=
VAR A =
    AVERAGE ( DK[入库] )
VAR B =
    STDEVX.P ( DK, DK[入库] )
RETURN
    IF (
        DK[入库] >= A + 1 * B
            || DK[入库] <= A - 1 * B,
        "异常值",
        BLANK ()
    )
```

为了方便理解,隐藏了表中的其他列,如图 5-10 所示。

数据分析时可用 STDEVX.P()、STDEVX.S()或 STDEV.P()、STDEV.S()函数对指定标准差之外的数据进行剔除,确保数据分析的准确性。

	入库 ▼	库.异常值标识 ▼
1	76	
2	32	异常值
3	55	
4	87	
5	93	异常值
6	78	
7	65	

图 5-10　STDEVX.P()函数的应用

5.1.7 RANKX()

RANKX()用于对某列表中的数字进行排名。第1个和第2个参数为必选参数,其他为可选参数,语法如下:

```
RANKX(
    <table>,                //要排序的静态物理表或动态虚拟表
    <expression>           //排序依据的表达式
    [, <value>             //修改需要排序的内容,通常情况下无须使用
    [, <order>             //默认为降序(DESC、0或FALSE);升序为ASC、1或TRUE
    [, <ties>]]]           //DENSE(稠密排名)或SKIP(稀疏排名)
)
```

1. 计算列中排序

创建计算列库.入库降序和库.入库升序,表达式如下:

```
库.入库降序:= RANKX(DK,DK[入库])

库.入库升序:= RANKX(DK,DK[入库],,ASC)
```

为了方便理解返回的值,隐藏了表中其他不必要的列,并对入库列进行了升序排列,返回的值如图5-11所示。

	入库	等级	库.入库降序	库.入库升序
1	32	A	7	1
2	55	B	6	2
3	65	A	5	3
4	76	A	4	4
5	78	B	3	5
6	87	C	2	6
7	93	B	1	7

图5-11 RANKX()函数的应用(1)

2. 多重排名分析

创建度量值M.产品组内排名、M.产品组间排名,表达式如下:

```
M.产品组内排名:=
IF(
    HASONEVALUE(DK[产品]),
    RANKX(ALL(DK[产品]),[M.入库量]),          //ALL()函数用于移除筛选,扩大上下文
    BLANK()
)

M.产品组间排名:= IF(
```

```
        HASONEVALUE(DK[产品]),
        RANKX(ALL(DK[包装方式],DK[产品]),[M.入库量]),
BLANK()
)
```

　　创建透视表,将 DK 表中的包装方式、产品分别拖入行区域,勾选度量值 M. 入库量、M. 产品组内排名、M. 产品组间排名,返回的值如图 5-12 所示。

行标签	M.入库量	M.产品组内排名	M.产品组间排名
捆			
(空白)	87	1	2
散装			
钢化膜	76	1	4
桶装			
净化剂	93	1	1
油漆	55	2	6
箱装			
蛋糕纸	32	2	7
苹果醋	78	1	3
扎			
包装绳	65	1	5
总计	486		

图 5-12　RANKX()函数的应用(2)

3. 第 2 个参数为聚合函数时

　　创建度量值 M. 排序 1 和 M. 排序 2,第 2 个参数为聚合函数的表达式,表达式如下:

```
M.排序 1 := RANKX(DK,SUM(DK[入库]))

M.排序 2 := RANKX(FILTER(DK,DK[等级]="A"),SUM(DK[入库]))
```

　　创建透视表,将包装方式拖入行值,勾选 M. 排序 1 和 M. 排序 2 这两个度量值,返回的值如图 5-13 所示。

　　如图 5-13 所示,返回的值不是期望的值,继续新增度量值,表达式如下:

行标签	M.排序1	M.排序2
捆	1	1
散装	1	1
桶装	1	1
箱装	1	1
扎	1	1
总计	1	1

图 5-13　RANKX()函数的应用(3)

```
M.排序 3 := RANKX(DK,CALCULATE(SUM(DK[入库])))

M.排序 4 := RANKX(DK,CALCULATE(SUM(DK[入库])),,ASC)

M.排序 5 := RANKX(FILTER(DK,DK[等级]="A"),CALCULATE(SUM(DK[入库])),,ASC)
```

　　在以上度量值 M. 排序 3～5 的聚合值外面嵌套 CALCULATE(),将行上下文转换为筛选上下文。将新增的度量值继续拖入透视表中,如图 5-14 所示。

　　在图 5-14 中,M. 排序 3 的显示结果仍不是期望值,而度量 M. 排序 4～5 中显示的值发

行标签 ▼	M.排序1	M.排序2	M.排序3	M.排序4	M.排序5
捆	1	1	1	1	1
散装	1	1	1	1	1
桶装	1	1	1	3	1
箱装	1	1	1	3	2
扎	1	1	1	1	1
总计	1	1	1	8	4

图 5-14　RANKX()函数的应用(4)

生了变化。这是因为 RANKX() 函数的特点：在(默认的)降序排序中,聚合列的排序序号永远是 1,而在升序排序中,聚合列的排序序号则是当前排序列中最大排序号加 1。

5.2　SUMX()迭代函数

SUMX()是使用频率很高的一个函数,用于对表中的每行计算表达式进行求和运算,语法如下：

```
SUMX(< table >, < expression >)
```

SUMX()函数仅对列中的数字进行计数。空白、逻辑值和文本会被忽略。函数中第 1 个参数的表可为静态物理表,也可为动态虚拟表。

5.2.1　第 1 个参数(表)

1. 直接整表引用

在 DK 表中,新建计算列库.数量和,表达式如下：

```
库.数量和 := SUMX('DK', 'DK'[入库])
```

在 DAX 中,以上表达其实是 SUM('DK'[入库])的简写,返回的值如图 5-15 所示。

	日期 ▼	产品 ▼	包装方式 ▼	入库 ▼	出库 ▼	方数 ▼	吨数 ▼	等级 ▼	库.数量和 ▼
1	2020/9/2	钢化膜	散装	76	35	56	18.86	A	486
2	2020/9/27	蛋糕纸	箱装	32	12	85	21.27	A	486
3	2020/11/2	油漆	桶装	55	23	72	20.89	B	486
4	2021/9/29		捆	87	33		21.22	C	486
5	2021/8/30	净化剂	桶装	93	42	59	20.89	B	486
6	2021/10/11	苹果醋	箱装	78	36	65		B	486
7	2021/11/14	包装绳	扎	65	28	69	22.89	A	486

图 5-15　SUMX()函数的应用(1)

在计算列中,聚合函数 SUMX()不受行上下文影响,每行的值都是整列的聚合值。

2. 通过 FILTER()多条件筛选引用

在 DK 表中,新建计算列库.筛选,首先获取入库> 70 且入库>出库 * 1.5 的动态虚拟表,然后对表中的入库与出库数据进行相乘相加,表达式如下：

```
库.相乘相加 F: =
SUMX (
    FILTER (
        'DK',
        'DK'[入库] > 70
&& 'DK'[入库]> 'DK'[出库] * 1.5
    ),
    'DK'[入库] * 'DK'[出库]
)
```

返回的值如图 5-16 所示。

	日期	产品	包装方式	入库	出库	方数	吨数	等级	库.数量和	库.相乘相加F
1	2020/9/2	钢化膜	散装	76	35	56	18.86	A	486	12245
2	2020/9/27	蛋糕纸	箱装	32	12	85	21.27	A	486	12245
3	2020/11/2	油漆	桶装	55	23	72	20.89	B	486	12245
4	2021/9/29		捆	87	33		21.22	C	486	12245
5	2021/8/30	净化剂	桶装	93	42	59	20.89	B	486	12245
6	2021/10/11	苹果醋	箱装	78	36	65		B	486	12245
7	2021/11/14	包装绳	扎	65	32	69	22.89	A	486	12245

图 5-16　SUMX()函数的应用(2)

通过对比图 5-15 及图 5-16 可看出：在计算列中,聚合类迭代函数同样不受行上下文影响。在 DAX 中,CALCULATE()和 CALCULATETABLE()可改变上下文。在 DK 表中,新建计算列库.乘加 CF,表达式如下：

```
库.乘加 CF: =
CALCULATE (
    SUMX (
        FILTER (
            'DK',
            'DK'[入库] > 70
                && 'DK'[入库] > 'DK'[出库] * 1.5
        ),
        'DK'[入库] * 'DK'[出库]
    )
)
```

返回的值如图 5-17 所示。

	日期	产品	包装方式	入库	出库	方数	吨数	等级	库.数量和	库.相乘相加F	库.乘加CF
1	2020/9/2	钢化膜	散装	76	35	56	18.86	A	486	12245	2660
2	2020/9/27	蛋糕纸	箱装	32	12	85	21.27	A	486	12245	
3	2020/11/2	油漆	桶装	55	23	72	20.89	B	486	12245	
4	2021/9/29		捆	87	33		21.22	C	486	12245	2871
5	2021/8/30	净化剂	桶装	93	42	59	20.89	B	486	12245	3906
6	2021/10/11	苹果醋	箱装	78	36	65		B	486	12245	2808
7	2021/11/14	包装绳	扎	65	32	69	22.89	A	486	12245	

图 5-17　SUMX()函数的应用(3)

图 5-17 中库.乘加 CF 列所返回的值由于发生了上下文转变,所以每行的值均为各行对应的入库 * 出库的值,所有符合条件的值相加(2660＋2871＋3906＋2808)后的总值为 12245。

创建度量值(M.相乘相加 F),表达式如下:

```
M.相乘相加 F: =
SUMX (
    FILTER (
        'DK',
        'DK'[入库] > 70
&& 'DK'[入库]> 'DK'[出库] * 1.5
    ),
    'DK'[入库] * 'DK'[出库]
)
```

行标签	M.相乘相加F
(空白)	2871
钢化膜	2660
净化剂	3906
苹果醋	2808
总计	12245

图 5-18　SUMX()函数的应用(4)

创建透视表,将产品列拖入行标签,勾选 M.相乘相加 F 度量值,如图 5-18 所示。

图 5-18 中的值是图 5-17 中库.乘加 CF 列的值分类汇总,能对应上。度量值的应用原理与说明将在第 6 章详细讲解。本章后续各迭代函数的表达式将主要采用度量值方式进行讲解。

5.2.2　第 2 个参数(条件表达式)

在 SUMX()中,第 1 个参数的表可为动态虚拟表,第 2 个参数可以为复杂的条件表达式。在上面表达式的基础上,对于入库量大于 70 的将按 0.9 的倍数与出库量相乘相加,表达式如下:

```
M.乘加 FI : =
SUMX (
    FILTER (
        'DK',
        'DK'[入库] > 70
            && 'DK'[入库] > 'DK'[出库] * 1.5
    ),
    IF (
        'DK'[入库] >= 70,
        'DK'[入库] * 0.9,
        'DK'[入库]
    ) * 'DK'[出库]
)
```

在图 5-18 的透视表中,勾选新建的 M.乘加 FI 度量值,如图 5-19 所示。

图 5-19 中, M. 乘加 FI＝M. 相乘相加 F * 0.9。通过图 5-18 及图 5-19 不难发现, DAX 很容易实现各类个性化的数据分析。

行标签 ▾	M.相乘相加F	M.乘加FI
(空白)	2871	2583.9
钢化膜	2660	2394
净化剂	3906	3515.4
苹果醋	2808	2527.2
总计	12245	11020.5

图 5-19　SUMX() 函数的应用(5)

5.2.3　SUMX() 综合应用

以下是 SUMX()＋FILTER() 的一些条件运算的拓展应用举例, FILTER() 的条件可以来自单一的表, 也可以来自数据模型中的关联表, 甚至可以是两个多对多的表。

1. 同一表内数据的条件求和

创建度量值 M. 入库 F, 统计 DK 表中包装方式为箱装和桶装的入库量, 表达式如下:

```
M. 入库 F : =
SUMX (
    FILTER (
        'DK',
        'DK'[包装方式] IN { "箱装", "桶装" }
    ),
    'DK'[入库]
)
```

在图 5-19 的透视表中, 勾选新建的 M. 入库 F, 如图 5-20 所示。

行标签 ▾	M.相乘相加F	M.乘加FI	M.入库F
(空白)	2871	2583.9	
蛋糕纸			32
钢化膜	2660	2394	
净化剂	3906	3515.4	93
苹果醋	2808	2527.2	78
油漆			55
总计	12245	11020.5	258

图 5-20　SUMX() 函数的应用(6)

在上面表达式的基础上, 在 FILTER() 原有条件表达式的基础上增加指定产品的要求, 表达式如下:

```
M. 入库 F& : = SUMX (
    FILTER (
        'DK',
        'DK'[包装方式] IN { "箱装", "桶装" }
            && 'DK'[产品] IN { "蛋糕纸", "钢化膜", "净化剂" }
    ),
    'DK'[入库]
)
```

在图 5-20 的透视表中,勾选新建的 M.入库 F&,返回的值如图 5-21 所示。

行标签 ▼	M.相乘相加F	M.乘加FI	M.入库 F	M.入库 F&
(空白)	2871	2583.9		
蛋糕纸			32	32
钢化膜	2660	2394		
净化剂	3906	3515.4	93	93
苹果醋	2808	2527.2	78	
油漆			55	
总计	12245	11020.5	258	125

图 5-21　SUMX()函数的应用(7)

2. 表间关联值条件求和

从运单表中获取指定的包装方式和产品,匹配到装货表中的包装单位,对克与吨为单位的产品进行单位转换(转换为千克),然后对产品求积求和,表达式如下:

```
M.质量 FV :=
SUMX (
    FILTER (
        '运单',
        '运单'[包装方式]
            IN { "箱装", "桶装", "散装", "扎" }
            && '运单'[产品] IN { "蛋糕纸", "钢化膜", "净化剂", "包装绳" }
    ),
    VAR A =
        RELATED ( '装货'[单位] )
    VAR B =
        SWITCH ( TRUE (), A = "克", 0.001, A = "千克", 1, A = "吨", 1000 )
    RETURN
        B * '运单'[数量] * RELATED ( '装货'[质量] )
)
```

返回的值如图 5-22 所示。

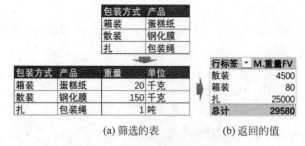

(a) 筛选的表　　　(b) 返回的值

图 5-22　SUMX()函数的应用(8)

3. 无关系数据的条件求和

现有 DK、DT、DQ 三张表,完整的数据如图 5-23 所示。

日期	产品	包装方式	入库	出库	方数	吨数	等级
2020/9/2	钢化膜	散装	76	35	56	18.86	A
2020/9/27	蛋糕纸	箱装	32	12	85	21.27	A
2020/11/2	油漆	桶装	55	23	72	20.89	B
2021/9/29		捆	87	33		21.22	C
2021/9/29	净化剂	桶装	93	42	59	20.89	B
2021/10/11	苹果醋	箱装	78	36	65		B
2021/11/14	包装绳	扎	65	32	69	22.89	A

表名：DK

日期	年	月
2020/9/2	2020	9
2020/9/3	2020	9
2020/9/27	2020	9
2020/11/2	2020	11
2021/9/29	2021	9
2021/9/30	2021	9
2021/8/30	2021	8
2021/10/1	2021	10
2021/10/11	2021	10
2021/11/14	2021	11

表名：DT

月	季度
8	3
9	3
10	4
11	4

表名：DQ

图 5-23　SUMX()函数的应用(9)

在 DOCK.xlsx 工作簿的 DK 与 DT 表之间创建数据模型及表间关系,其中 DT 表位于一端,DK 表位置多端,如图 5-24 所示。

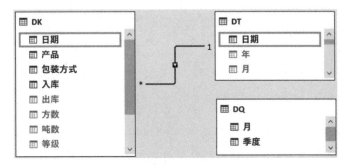

图 5-24　数据模型说明

在 DQ 表中创建计算列季.入库量,引用 DK 表中的入库数据进行求和,表达式如下:

```
季.入库量 : =
SUMX (
    FILTER (
        DK,
        'DQ'[月] = RELATED ( DT[月] )
    ),
    'DK'[入库]
)
```

在上述表达式中,通过 SUMX()+FILTER()实现无关系数据的获取与求和,返回的值如图 5-25 所示。

	月	季度	季.入库量
1	8	3	
2	9	3	288
3	10	4	78
4	11	4	120

图 5-25　SUMX()函数的应用(10)

5.3　当前行

5.3.1　EARLIER()

EARLIER()可理解为当前行,按照当前行进行逐行扫描运算。在 Excel 2016 及以后版本的 Power BI 中,EARLIER()函数已逐渐被 VAR 变量所取代,语法如下:

```
EARLIER(< column >, < number >)
```

新建计算列,对 DK 表中入库列的数据进行累加,表达式如下:

```
库.入库累加 : =
SUMX (
    FILTER (
        DK,
        DK[入库]< = EARLIER ( DK[入库] )
    ),
    DK[入库]
)
```

为了方便观察,先对入库列数据进行升序排列并隐藏其他不相关的数据列,返回的值如图 5-26 所示。

	入库	库.入库 累加
1	32	32
2	55	87
3	65	152
4	76	228
5	78	306
6	87	393
7	93	486

图 5-26　EARLIER()函数的应用(1)

创建计算列库.入库排名,表达式如下:

```
库.入库排名: =
COUNTROWS (
    FILTER (
        'DK',
        'DK'[入库] < EARLIER ( 'DK'[入库])
        )
) + 1
```

返回的值如图 5-27 所示。

图 5-27　EARLIER()函数的应用(2)

创建计算列库.包装累加,表达式如下:

```
库.包装累加:=
SUMX (
    FILTER (
        'DK',
        'DK'[包装方式] <= EARLIER ( 'DK'[包装方式])

    ),
    'DK'[入库]
)
```

为了方便观察,先对包装方式列数据进行升序排列,返回的值如图 5-28 所示。

图 5-28　EARLIER()函数的应用(3)

创建计算列库.包装等级累加,表达式如下:

```
库.包装等级累加 :=
SUMX (
    FILTER (
        'DK',
        'DK'[包装方式] <= EARLIER ( 'DK'[包装方式] )
            && 'DK'[等级] = EARLIER ( 'DK'[等级] )
    ),
    'DK'[入库]
)
```

返回的值如图 5-29 所示。

	包装方式	入库	等级	库.入库 累加	库.入库 排名	库.包装 累加	库.包装等级 累加
1	散装	76	A	228	4	163	76
2	捆	87	C	393	6	87	87
3	箱装	32	A	32	1	421	108
4	桶装	55	B	87	2	311	148
5	桶装	93	B	486	7	311	148
6	扎	65	A	152	3	486	173
7	箱装	78	B	306	5	421	226

图 5-29　EARLIER()函数的应用(4)

5.3.2　VAR 变量

用 VAR 变量来嵌套两个不同的上下文,具有比 EARLIER()更灵活直观的上下文嵌套能力。

在 DK 表中,创建计算列库.入库累加 A,表达式如下:

```
库.入库累加 A: =
VAR A = DK[入库] RETURN
SUMX (
    FILTER (
        DK,
        DK[入库]<= A ),
    DK[入库]
)
```

在 DK 表中,创建计算列库.入库排名 A,表达式如下:

```
库.入库排名 A: =
VAR A = 'DK'[入库] RETURN
COUNTROWS (
    FILTER (
        'DK',
        'DK'[入库] < A)
) + 1
```

在表中继续创建计算列库.包装累加 A,表达式如下:

```
库.包装累加 A: =
VAR A = 'DK'[包装方式] RETURN
SUMX (
    FILTER (
        'DK',
        'DK'[包装方式] <= A ),
    'DK'[入库]
)
```

继续新增计算列库.包装等级累加 A,表达式如下:

```
库.包装等级累加 A := 
VAR A = 'DK'[包装方式]
VAR B = 'DK'[等级]
RETURN
SUMX (
    FILTER (
        'DK',
        'DK'[包装方式] <= A
            && 'DK'[等级] = B
    ),
    'DK'[入库]
)
```

返回的值如图 5-30 所示。

	包装方式	入库	等级	库.入库 累加A	库.入库 排名A	库.包装 累加A	库.包装等级 累加A
1	箱装	32	A	32	1	421	108
2	桶装	55	B	87	2	311	148
3	扎	65	A	152	3	486	173
4	散装	76	A	228	4	163	76
5	箱装	78	B	306	5	421	226
6	捆	87	C	393	6	87	87
7	桶装	93	B	486	7	311	148

图 5-30　VAR 变量的应用

5.4　CONCATENATEX()

CONCATENATEX()函数用于文本迭代,该函数有两个必选参数,语法如下:

```
CONCATENATEX(
    <table>,
    <expression>
    [, <delimiter>
    [, <orderBy_expression>
    [, <order>]]...]
)
```

利用 CONCATENATEX()函数创建度量值,表达式如下:

```
M.文本串接:=
CONCATENATEX (
    DISTINCT ( 'DK'[包装方式] ),
```

```
    'DK'[包装方式],
    "、"
)
```

创建透视表,将产品拖入行标签,勾选 M.文本串接度量值,返回的值如图 5-31 所示。

行标签 ▼	M.文本串接
(空白)	捆
包装绳	扎
蛋糕纸	箱装
钢化膜	散装
净化剂	桶装
苹果醋	箱装
油漆	桶装
总计	**散装、箱装、桶装、捆、扎**

图 5-31　CONCATENATEX()函数的应用(1)

结合 HASONEVALUE()函数,创建度量值 M.产品名串接,表达式如下:

```
M.产品名串接:= IF(HASONEVALUE('DK'[包装方式]),
    CONCATENATEX(VALUES('DK'[产品]),
    'DK'[产品],
    "、")
)
```

在 DAX 中,HASONEVALUE()返回的值为 TRUE 或 FALSE,常用于 IF()表达式的第 1 个参数。创建透视表,将包装方式拖入行标签,勾选 M.产品名串接度量值,返回的值如图 5-32 所示。

行标签 ▼	M.产品名串接
捆	
散装	钢化膜
桶装	油漆 、净化剂
箱装	蛋糕纸 、苹果醋
扎	包装绳

图 5-32　CONCATENATEX()函数的应用(2)

5.5　本章回顾

本章主要对 SUMX()、RANKX()、AVERAGEX()、MAXX()、CONCATENATX()等迭代聚合函数的用法及其背后的数理统计知识进行了深入介绍。

强 化 篇

第 6 章

度 量 值

DAX 度量值根据数据源表格进行计算而非根据数据透视表进行计算。在透视表中,每个度量值单元格都是独立计算的。创建度量值的好处在于它是惰性、动态运算。惰性是指度量值不占内存也不占存储容量,与数据是否刷新无关,只有使用度量值时才会运算,它消耗的是使用时的 CPU 负载;动态是因为度量值对筛选后的数据子集进行批量运算,计算的结果会随筛选条件的变化而变化。基于以上优势,度量值常在计算列中作为参数被其他函数调用。当然,度量值在使用过程中需要注意一些常见的限制,例如不能用度量值来创建表间关联关系,以及不能在切片器中使用等。

本章侧重讲解 CALCULATE()函数及调节器 ALL()类函数、VALUES()函数对度量值的影响。

6.1 上下文

上下文(Context)在计算机语言中代表的是语境、语义。因为 DAX 中上下文的存在,才会有同一度量值在不同的使用情况下所呈现的不同结果。上下文的含义类似于中文的"说话看场合",同一句话在不同的场合所代表的意思可能会有所不同。

1. 计值上下文

DAX 中的上下文(Context)主要是指计值上下文(Evaluate Context),简称上下文。DAX 中的上下文有行上下文(Row Context)和筛选上下文(Filter Context)之分。DAX 中计值受行上下文和筛选上下文共同影响;行上下文和筛选上下文二者之间可以相互转换。例如同一个函数公式,将其置于计算列中进行运算时,DAX 会自动为其定义行上下文,到时计算列中的每个值都将受行值的影响,而将这个公式置于度量值时,DAX 会自动为其定义筛选上下文,到时度量值的运算结果将受度量值所在模型中的筛选上下文影响,并且它的影响范围依据使用的范围而定。再举例,在 DAX 度量值中仅引用列名会提示错误,因为行上下文不存在。

DAX 中引入上下文的用意是让函数在调用的过程中能随上下文的变化而变化,实现对数据的动态理解与分析,达成"无动态、不智能"的效果。

2. 行上下文

行上下文自动存在于计算列中,也可以通过调用迭代函数的方式来创建行上下文。在数据模型中,行上下文不会沿着关系自动传递,但可以通过 RELATED()和 RELATEDTABLE()函数来传递。

在计算列中使用聚合函数时,聚合函数会自动忽略行上下文,因此计算列的每行都会显示相同的值。此时可以利用 CALCULATE()或 CALCULATETABLE()函数进行上下文转换。

3. 筛选上下文

只要有关系数据模型存在,筛选上下文就会自动存在。筛选上下文的传递不需要函数支持且筛选上下文筛选的是整个数据模型。在所有的关系中,箭头总是从一端传向多端,而当交叉筛选方向为双向时,筛选上下文还可以从多端传递到一端,相关内容将在第9章进行讲解。

在 DAX 中,筛选上下文主要应用于数据模型的各类筛选器中。例如 DAX 公式中的筛选器函数(ALL()、VALUES()、USERELATIONSHIP()和 CROSSFILTER()等)及透视表中的外部筛选器(行标签、列标签、筛选器、切片器、可视化的一些筛选区域)。

注意:ALL()函数用于移除筛选,VALUES()函数用于保持外部筛选上下文并返回在当前筛选器中计算列的不同值,ALL()与 VALUES()在筛选的功能上是相反的。CALCULATE()函数返回的值能覆盖外部与其产生冲突的筛选上下文。

4. 上下文应用

在 DAX 中,ALL()是筛选上下文函数,FILTER()是行上下文函数。在日常各类复杂占比分析中,FILTER()+ALL()的组合较为常见。当 ALL()函数用于 FILTER()中当参数时,用于移除筛选而强制计算由 FILTER()函数依据行上下文条件逐行扫描后返回的表。

创建度量值,筛选 DK 表中包装方式为箱装、桶装的产品的入库量,表达式如下:

```
M.入库 FA : =
SUMX (
    FILTER (
        ALL ( 'DK'[产品], 'DK'[包装方式], 'DK'[入库] ),
        'DK'[包装方式] IN { "箱装", "桶装" }
    ),
    'DK'[入库]
)
```

创建度量值,计算各包装方式的产品占筛选中强制计算后的占比,表达式如下:

```
M.入库量: = SUM(DK[入库])

M.占比 A: = DIVIDE([M.入库量],[M.入库 FA])
```

创建透视表,勾选以上度量值,返回的值及说明如图 6-1 所示。

(a) 数据源　　　　(b) 行标签为 "产品"　　　　(c) 行标签为 "包装方式"

图 6-1　ALL()函数的移除筛选(1)

ALL()的强制计算值可被切片器切片、筛选。添加切片器,返回的值如图 6-2 所示。

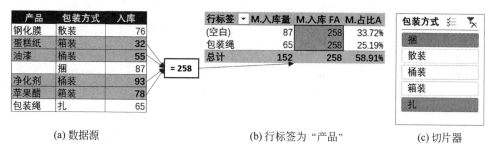

(a) 数据源　　　　(b) 行标签为 "产品"　　　　(c) 切片器

图 6-2　ALL()函数的移除筛选(2)

在度量值 M. 入库 FA 中,通过 FILTER()产生了行上下文,ALL()函数用于移除筛选上下文。当度量值放入透视表后,这个度量就可以被公式中的行上下文和透视表中的筛选上下文共同影响。在透视表中,每个度量值单元格都是独立计算的,返回的值如图 6-3 所示。

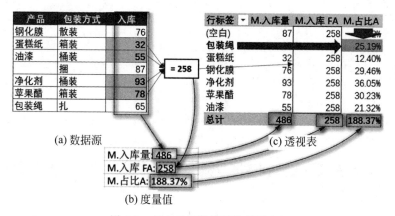

(a) 数据源　　　　(c) 透视表

(b) 度量值

图 6-3　ALL()函数的移除筛选(3)

6.2　CALCULATE()

CALCULATE()函数用于重设筛选上下文并将行上下文转换为筛选上下文。该函数只有第 1 个参数为必选参数,语法如下:

```
CALCULATE(
    <expression>
    [, <filter1>          //只考虑外部筛选条件,不考虑来自行上下文的影响
    [, <filter2> [, …]]]  //说明同上
)
```

CALCULATE()函数是 DAX 中最重要的函数,但也是最不好理解与掌握的函数。在 Excel 中不能用多列作为筛选条件,但允许以同一列的多条件表达式作为筛选条件。

CALCULATE()函数工作主要基于以下三点:

(1) 在度量值进行计算时,从筛选条件开始进行筛选。

(2) 如果筛选条件基于某一列且已经在数据透视表中,系统则会对数据透视表中的那一列重新筛选。

(3) 如果筛选条件基于不在数据透视表中的某一列,筛选条件则会完全增加到筛选的上下文中。

6.2.1　函数的比较

以下是 CALCULATETABLE()与 CALCULATE()的一些用法比较与说明。筛选 DK 表中包装方式为桶装、箱装,以及产品为蛋糕纸、油漆的数据明细,表达式如下:

```
EVALUATE
CALCULATETABLE(
    DK,
    'DK'[包装方式] IN {"桶装","箱装"},
    'DK'[产品] IN {"蛋糕纸","油漆"}
)
```

在 CALCULATETABLE()中,来自不同列的筛选条件用逗号分隔,它们之间的筛选条件相互独立,各列之间的关系为且(&&、AND)关系,返回的值如图 6-4 所示。

日期	产品	包装方式	入库	出库	方数	吨数	等级
2020/9/27	蛋糕纸	箱装	32	12	85	21.27	A
2020/11/2	油漆	桶装	55	23	72	20.89	B

图 6-4　查询的返回值

　　需要说明的是,在 Power BI 中支持 CALCULATETABLE()的不同列之间的 &&(且)的多条件表达式,但在 Power Pivot 中,如果将上述表达式直接写成(&&、AND),则会报错提示,如图 6-5 所示。

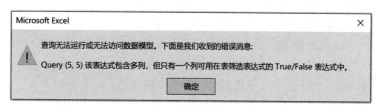

图 6-5　错误提示(1)

　　对以上表达式进行修改,以便获取筛选后产品列的唯一值,修改后的表达式如下:

```
EVALUATE
CALCULATETABLE(
    DISTINCT(DK[产品]),
    'DK'[包装方式] IN {"桶装","箱装"},
    'DK'[产品] IN {"蛋糕纸","油漆"}
)
```

　　返回的值如图 6-6 所示。

　　将以上 CALCULATETABLE()函数换成 CALCULATE()函数,创建度量值 M.产品名 1,表达式如下:

图 6-6　查询的返回值

```
M.产品名 1:= CALCULATE(
    DISTINCT(DK[产品]),
    'DK'[包装方式] IN {"桶装","箱装"},
    'DK'[产品] IN {"蛋糕纸","油漆"}
)
```

　　返回的值如图 6-7 所示。

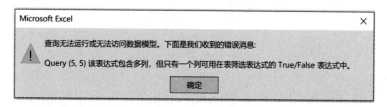

图 6-7　错误提示(2)

　　图 6-5 和图 6-7 的报错提示是相同的。

　　对度量值 M.产品名 1 进行修改,修改后的表达式如下:

```
M.产品名 2: = CALCULATE(
    DISTINCT(DK[产品]),
    'DK'[包装方式] IN {"桶装","箱装"},
    'DK'[产品] = "蛋糕纸")
```

度量值返回的值为蛋糕纸。在 DAX 中,如果 VALUES()或 DISTINCT()等表函数返回一个仅有单行的表,则该表可转换为列的内容。

创建查询表,获取 DK 表中入库量介于 60～90 的数据,表达式如下:

```
EVALUATE
CALCULATETABLE (
    DK,
    FILTER (
        ALL ( DK ),
        DK[入库] > 60
            && DK[入库] < 90
    )
)
```

上面的表达式等效于以下表达式:

```
EVALUATE
CALCULATETABLE ( DK, DK[入库] > 60 && DK[入库] < 90 )
```

返回的值如图 6-8 所示。

日期	产品	包装方式	入库	出库	方数	吨数	等级
2020/9/2	钢化膜	散装	76	35	56	18.86	A
2021/9/29		捆	87	32		21.22	C
2021/10/11	苹果醋	箱装	78	36	65		B
2021/11/14	包装绳	扎	65	32	69	22.89	A

图 6-8　查询的返回值

创建度量值 M.筛选入库 AF,表达式如下:

```
M.筛选入库 AF: = CALCULATE (
    SUM('DK'[入库]),
    FILTER (
        ALL ( 'DK'),
        'DK'[入库] > 60
&& 'DK'[入库] < 90
    )
)
```

以上度量值的等效表达式如下：

```
M.筛选入库 AF := 
CALCULATE (
    SUM ( 'DK'[入库] ),
    'DK'[入库] > 60 && 'DK'[入库] < 90
)
```

在 Power Pivot 的度量值的表格区域，返回的值为 306。其返回的值刚好是图 6-8 的入库列中 4 个数值的和(306＝76＋87＋78＋65)。

6.2.2 逻辑与顺序

1. 计算的逻辑

在数据模型中，创建度量值 M.计算条件 FA，表达式如下：

```
M.计算条件 FA := 
CALCULATE (
    [M.入库量],
    FILTER ( ALL(DK), DK[产品] IN { "钢化膜", "蛋糕纸", "咖啡" } )
)
```

以上表达式中 FILTER()中的 ALL()会忽略 DK 表及扩展表中的其他筛选条件，度量值返回的值均为 108。

在数据模型中，创建度量值 M.计算条件 AF，表达式如下：

```
M.计算条件 AF := 
CALCULATE (
    [M.入库量],
    ALL ( DT ),
    FILTER ( DK, DK[产品] IN { "钢化膜", "蛋糕纸", "咖啡" } )
)
```

在 CALCULATE()中，各筛选参数间是相互独立且互不影响的，各筛选参数之间的逻辑运算关系为与(&&)关系，返回的值如图 6-9 所示。

在数据模型中，DT 表位于 DK 表的一端。在 CALCULATE()创建度量值时，一般以维度表为条件，现以事实表为 CALCULATE()的筛选条件形成事实表的扩展表。表达式及不考虑外部筛选条件的情况下返回的值如下：

行标签 ▼	M.计算条件AF
蛋糕纸	32
钢化膜	76
总计	108

图 6-9 CALCULATE()的多
参数的计算

```
M.扩展表计数 1: = CALCULATE(COUNTROWS(DT),DK)        //6,扩展表

M.扩展表计数 2 : =
CALCULATE (
    COUNTROWS ( DT ),
    ALL ( DK )
)                                                //10,移除筛选

M.扩展表计数 3 : =
CALCULATE (
    COUNTROWS ( DT ),
    FILTER (ALL ( DK ),DK[入库] > 50)
) //5,FILTER()中的 ALL(),返回表.
```

度量值 M.扩展表计数 1,其筛选条件可受外部筛选上下文的影响。在度量值 M.扩展表计数 2 中,ALL()函数放置于 CALCULATE()中,用于移除外部筛选条件,其筛选条件不受外部筛选上下文的影响。在度量值 M.扩展表计数 3 中,ALL()函数作为 FILTER()函数的第 1 个参数,用于表的引用并返回一张表,该表仍属于数据模型中的扩展表,与度量值 M.扩展表计数 1 一样,其筛选条件可受外部筛选上下文的影响。

2. 计算的顺序

CALCULATE()函数的计算顺序为先计算外层再计算内层,当外层与内层发生冲突时,将会由内层的计算结果来覆盖外层的计算结果。应用举例,表达式如下:

```
M.包装计算 : =
CALCULATE (
    CALCULATE (
        VALUES ( DK[包装方式] ),
        DK[包装方式] = "散装"
    ),
    DK[包装方式] = "箱装"
)
```

度量值返回的值为“散装”。

将以上的文本值换成数值类型的数据,表达式如下:

```
M.包装计算 A: = CALCULATE (
    CALCULATE (
        COUNTROWS(DK),
        DK[入库]> 70
    ),
    DK[入库] < 80
)
```

在以上表达式中,内层 CALCULATE()返回的值覆盖了外层 CALCULATE()返回的值,而不是数据介于 70～80 入库数据的计数统计。在不考虑外部筛选上下文的情况下,该度量值返回的值为 4。

创建以下两个度量值,在参数的不同位置对 M.入库量度量值进行引用,表达式如下:

```
M.箱装入库量 := 
CALCULATE (
    [M.入库量],
    DK[包装方式] = "箱装"
)


M.箱装入库 B::= 
VAR A = [M.入库量]
RETURN
    CALCULATE (
        A,
        DK[包装方式] = "箱装"
    )
```

在以上表达式中,M.箱装入库量返回的值为 110,M.箱装入库 B 返回的值为 486。初步看来,度量值 M.箱装入库 B 返回的值很不好理解。

依据 CALCULATE()的计算顺序,先计算第 2 个参数,然后计算第 1 个参数。度量值 M.箱装入库 B 的第 1 个参数为变量 A,而 A 变量引用的是一个度量值([M.入库量])。变量的特点是:惰性运算,即放入度量中只计算一次,可当常量看待。变量 A 在度量值 M.箱装入库 B 中可受 CALCULATE([M.入库量])外部筛选条件的影响,但不受 CALCULATE()引用位置的影响,该公式中第 2 个参数已成摆设。

6.2.3　上下文替换

以下主要对 CALCULATE()的筛选参数的常用场景进行说明。

1. 筛选参数为固定值

在度量值区域,度量值 M.箱装入库量返回的值为 110,初看完全合理。创建透视表,将包装方式拖入行区域,勾选度量值 M.箱装入库量,如图 6-10 所示。

(a) 数据源　　　　(b) 透视表返回的值

图 6-10　CALCULATE()的外部上下文替换

图 6-10 所显示的结果对一直使用 Excel 的读者来讲是不能理解的。在图 6-4 中 CALCULATE()用其自带的筛选上下文(DK[包装方式] = "箱装")替换了和它冲突的(当透视表中的行标签为包装方式时便与它产生了冲突)外围的同一个筛选上下文,该列的所有值已被 CALCULATE()返回的值所替换。

以上表达式中的固定值条件相当于 ALL() 函数的强制替换,采用的是 ALL()所引用的数据,其他的上下文不起作用。该度量值是以下表达式的简写:

```
M.箱装入库量 A: = CALCULATE (
    SUM ( DK[入库] ),
FILTER (
ALL ( DK[包装方式] ),
        DK[包装方式] = "箱装"
)
)
```

FILTER()放在 CALCULATE()中作为第 2 个参数时,可将当前的行上下文转换成外部的筛选上下文。转换过来的外部筛选上下文只对 CALCULATE()的第 2 个参数有影响,本例中第 2 个参数采用的是 ALL()所引用的数据,如图 6-11 所示。

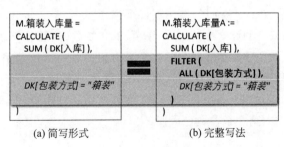

(a) 简写形式   (b) 完整写法

图 6-11　ALL()函数的移除筛选

ALL(DK[包装方式])仅仅是清除包装方式的上下文,如果上下文不是包装方式,则它还会继续计算。如果将图 6-10 中透视表的行标签改为产品,这时 CALCULATE()的自带筛选上下文与外部的筛选上下文没有冲突,返回的筛选值如图 6-12 所示。

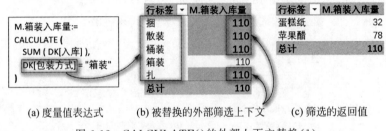

(a) 度量值表达式   (b) 被替换的外部筛选上下文   (c) 筛选的返回值

图 6-12　CALCULATE()的外部上下文替换(1)

在 CALCULATE() 中,筛选条件的固定值可以为多条件表达式,但必须来自同一列,表达式如下:

```
M.箱装入库量或 : = CALCULATE (
    SUM ( DK[入库] ),
    DK[包装方式] = "箱装"||DK[包装方式] = "桶装"
)
```

将该度量值放入透视表中,返回的值如图 6-13 所示。

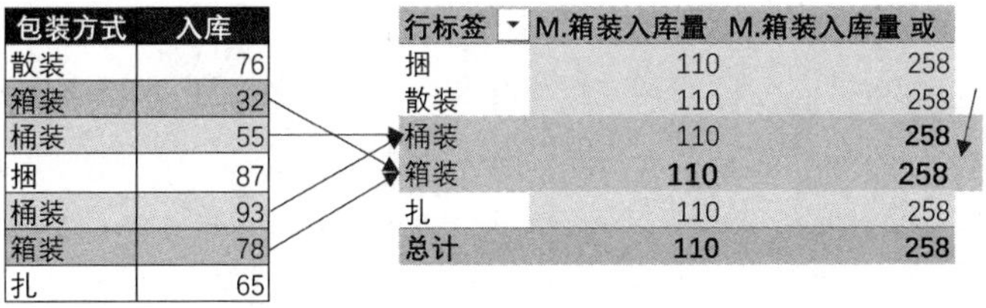

包装方式	入库
散装	76
箱装	32
桶装	55
捆	87
桶装	93
箱装	78
扎	65

行标签	M.箱装入库量	M.箱装入库量 或
捆	110	258
散装	110	258
桶装	110	258
箱装	110	258
扎	110	258
总计	110	258

图 6-13　CALCULATE() 的外部上下文替换(2)

如果 CALCULATE() 固定值的筛选条件来自不同的列,则是不允许的,举例如下:

```
M.筛选来自不同列 : = CALCULATE (
    SUM ( DK[入库] ),
    DK[包装方式] = "箱装"||DK[等级] = "A"
)
```

表达式返回的报错提示为"语义错误:该表达式包含多列,但只有一个列可用在表筛选表达式的 True/False 表达式中"。

当存在多个来自同一列的筛选条件时,用 IN 逻辑表达式的代码会比 ‖(或)条件表达式更优雅,举例如下:

```
M.四个条件 1 : = CALCULATE (
    SUM ( DK[入库] ),
    DK[包装方式] = "箱装"
    || DK[包装方式] = "桶装"
    ||DK[包装方式] = "散装"
    || DK[包装方式] = "捆"
)
```

以上表达式也可进行修改,修改后的表达式如下:

```
M.四个条件 2 : = CALCULATE (
    SUM ( DK[入库] ),
    DK[包装方式] IN { "箱装","桶装","散装","捆"}
)
```

返回的值如图 6-14 所示。

行标签 ▼	M.四个条件1	M.四个条件2
捆	421	421
散装	421	421
桶装	421	421
箱装	421	421
扎	421	421
总计	421	421

图 6-14　CALCULATE()的外部上下文替换(3)

在 DK 表中创建计算列库.年和库.月,表达式如下:

库.年: = YEAR(DK[日期])

库.月: = MONTH(DK[日期])

创建度量值 M.2021 入库量,表达式如下:

M.2021 入库量: = CALCULATE(SUM(DK[入库]),DK[库.年] = 2021)　　　　//度量的返回值 323

创建透视表,将库.月拖入行标签,勾选度量值 M.2021 入库量,将库.年添加到切片器。将切片器的年份选择为 2020 年,返回的值如图 6-15 所示。

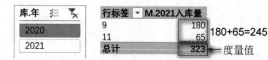

行标签 ▼	M.2021入库量	
9	180	
11	65	180+65=245
总计	323	← 度量值

库.年: 2020, 2021

图 6-15　CALCULATE()的外部上下文替换(4)

将切片器的年份选择为 2021 年,返回的值如图 6-16 所示。

库.年: 2020, **2021**

行标签 ▼	M.2021入库量
9	180
10	78
11	65
总计	323

图 6-16　CALCULATE()的外部上下文替换(5)

重新创建 3 个透视表,行标签为年份,将月份添加为切片器,对比与返回的值如图 6-17 所示。

库.月: **9**, 10, 11

行标签 ▼	M.2021入库量
2020	180
2021	180
总计	180

库.月: **9**, **10**, 11

行标签 ▼	M.2021入库量
2020	258
2021	258
总计	258

库.月: **9**, **10**, **11**

行标签 ▼	M.2021入库量
2020	323
2021	323
总计	323

(a) 切片器选择的月份为9月　　(b) 切片器选择的月份为9月和10月　　(c) 切片器选择的月份为9~11月

图 6-17　CALCULATE()的外部上下文替换(6)

2．筛选参数为表

在 DAX 中，表分为静态的物理表和动态的虚拟表。第 3 章所讲解的 ALL()、VALUES()、DISTINCT()、FILTER()、CALCULATETABLE()等函数返回的值均为动态的虚拟表。

以 ALL()函数为例，创建度量值如下：

```
M.包装入库量 A: = CALCULATE (
    SUM ( DK[入库] ),
ALL(DK[包装方式])
)
```

在度量值表达式中，ALL()移除了其他筛选条件而强制计算已经被筛选上下文筛选过的表的子集的所有行，因此 ALL()函数作为参数时常用于计算占比分析。例如占总计的百分比，表达式如下：

```
M.包装方式占比: = DIVIDE([M.入库量],[M.包装入库量 A])
```

创建透视表，将包装方式拖入行标签，勾选度量值 M.入库量、M.包装入库量 A、M.包装方式占比，返回的值如图 6-18 所示。

行标签 ▼	M.入库量	M.包装入库量A	M.包装方式占比
捆	87	486	17.90%
散装	76	486	15.64%
桶装	148	486	30.45%
箱装	110	486	22.63%
扎	65	486	13.37%
总计	486	486	100.00%

图 6-18　CALCULATE()的外部上下文替换(7)

数据分析过程中的占比分析主要分为总体占比和分类占比两种。以下是总体与分类占比的应用，创建度量值 M.总体占比和 M.分类占比，表达式如下：

```
M.总体占比: = DIVIDE([M.入库量],CALCULATE([M.入库量],ALL(DK)))

M.分类占比: = DIVIDE([M.入库量],CALCULATE([M.入库量],ALL(DK[日期 (月)])))
```

创建透视表，返回的值如图 6-19 所示。

在 CALCULATE()中，如果筛选的条件来自同一表中的不同列，则必须以 FILTER()高级筛选为参数，创建度量值如下：

```
M.筛选来自不同列 2: = CALCULATE (
    SUM ( DK[入库] ),
    FILTER(
```

```
        DK,
        DK[包装方式] = "箱装"||DK[等级] = "A"
    )
)
```

行标签 ▼	M.入库量	M.总体占比	M.分类占比
⊟2020	163	34%	100.00%
9月	108	22%	66.26%
11月	55	11%	33.74%
⊟2021	323	66%	100.00%
9月	180	37%	55.73%
10月	78	16%	24.15%
11月	65	13%	20.12%
总计	486	100%	100.00%

图 6-19　总体占比与分类占比

返回的值如图 6-20 所示。

行标签 ▼	M.入库量	M.包装入库量A	M.包装方式占比	M.筛选来自不同列2
捆	87	486	17.90%	
散装	76	486	15.64%	76
桶装	148	486	30.45%	
箱装	110	486	22.63%	110
扎	65	486	13.37%	65
总计	486	486	100.00%	251

图 6-20　CALCULATE()的外部上下文替换

6.2.4　上下文转换

ADDCOLUMNS()等迭代函数产生的是行上下文,在计算列中 SUM()等聚合函数不受行上下文影响,返回的结果为整列的相同值,而 CALCULATE()可以将列中的筛选上下文转换为行上下文,表达式如下:

```
DEFINE
VAR L = 50
VAR U = 80
EVALUATE
FILTER (
    ADDCOLUMNS (
        SUMMARIZE ( 'DK', 'DK'[产品] ),
        "数量A",CALCULATE(SUM('DK'[入库])),
        "数量B",SUM('DK'[入库])
    ),
    AND ([数量A] >= L,[数量A] <= U)
)
ORDER BY [数量A]
```

表中的两列数据,数量 A 已发生了上下文转换,数量 B 未进行上下文转换,返回的值如图 6-21 所示。

在表表达式中,通过嵌套 CALCULATE( )函数将计算列中的筛选上下文转换为行上下文,从而实现行上下文的迭代运算,表达式如下:

```
DEFINE MEASURE
DK[入库量] = SUM ( DK[入库] )
EVALUATE
ADDCOLUMNS (
    SUMMARIZE (
        FILTER ( DK, DK[包装方式] = "箱装" ),
        DK[产品],
        "入库数量", [入库量],
        "箱装数量",
        CALCULATE (
            [入库量],
            FILTER ( ALL ( DK ), DK[产品] = "油漆" )
        )
    ),
    "比值", ROUND ( [入库数量] / [箱装数量], 2 )
)
```

返回的值如图 6-22 所示。

产品	数量A	数量B
油漆	55	486
包装绳	65	486
钢化膜	76	486
苹果醋	78	486

图 6-21　CALCULATE( )的外部
上下文转换(1)

产品	入库数量	箱装数量	比值
蛋糕纸	32	55	0.58
苹果醋	78	55	1.42

图 6-22　CALCULATE( )的外部
上下文转换(2)

继续举例 CALCULATE( )的上下文转换应用,表达式如下:

```
DEFINE MEASURE
DK[入库量] = SUM ( DK[入库] )
EVALUATE
SUMMARIZECOLUMNS (
    DK[产品],
    "产品 CF",
    CALCULATE (
        [入库量],
        FILTER ( 'DK', 'DK'[产品] IN { "钢化膜","油漆","苹果醋" } )
    ),
    "包装 CF",
```

```
      CALCULATE (
        [入库量],
        FILTER ( 'DK', 'DK'[包装方式] IN { "散装", "箱装", "桶装" } )
      ),
    "入库量", [入库量]
)
```

返回的值如图 6-23 所示。

产品	产品CF	包装CF	入库量
钢化膜	76	76	76
油漆	55	55	55
苹果醋	78	78	78
蛋糕纸		32	32
净化剂		93	93
			87
包装绳			65

图 6-23　CALCULATE()的外部上下文转换(3)

6.2.5　上下文互动

在 DAX 中,经常会利用 CALCULATE()、FILTER()及 ALL()函数实现筛选上下文及行上下文的互动,从而实现各类复杂运算及业务场景的需求。以 CALCULATE()与 ALL()的互动为例,对比 SUMX()与 ALL()返回值的差异,继续巩固 CALCULATE()上下文替换的相关知识点。

在 DK 表中,创建计算列库.年月,表达式如下:

```
库.年月:= YEAR(DK[日期])&FORMAT(MONTH(DK[日期]),"00")
```

创建几个度量值,表达式如下:

```
M.入库量 S:= SUMX(ALL(DK),DK[入库])
M.入库占比 S:= DIVIDE([M.入库量],[M.入库量 S])

M.入库量:= SUM(DK[入库])
M.入库量 CA:= CALCULATE([M.入库量],ALL(DK[产品]))
M.入库占比 CA:= DIVIDE([M.入库量],[M.入库量 CA])
```

以行标签为产品及包装方式的两个维度,各自创建透视表,并以度.年月列的数据为切片器,切片器与两个透视表同时联动。选择切片器,返回的数据如图 6-24 所示。

现期望这两个透视表都能被切片器上的年月所切片,但产品的入库值是依据年月切片后的对应小计值,以及各产品的小计值占切片筛选后产品总值的比例。很明显,图 6-24 中,度量值 M.入库量 S 和 M.入库占比 S 中返回的值并非期望的值,而图 6-24 中行标签为产品,度量值 M.入库占比 CA 所返回的值才是所期望的值,这是因为分母的度量值 M.入库量 CA 返回的值能随着切片器的调整而动态地调整。

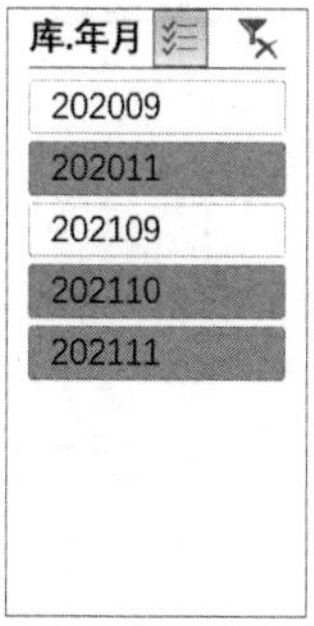

库.年月	行标签 ▾	M.入库量S	M.入库占比S	M.入库量CA	M.入库占比CA
202009	包装绳	486	13.37%	198	32.83%
202011	苹果醋	486	16.05%	198	39.39%
202109	油漆	486	11.32%	198	27.78%
202110	总计	486	40.74%	198	100.00%
202111					

(a) 切片器(已联动)　　(b) 透视表(行标签为产品)

行标签 ▾	M.入库量S	M.入库占比S	M.入库量CA	M.入库占比CA
桶装	486	11.32%	55	100.00%
箱装	486	16.05%	78	100.00%
扎	486	13.37%	65	100.00%
总计	486	40.74%	198	100.00%

(c) 透视表(行标签为包装方式)

图 6-24　DAX 函数的互动

在度量值 M. 入库量 CA 中,CALCULATE()的运算强制在 ALL(DK[产品])返回的表中进行,ALL()函数通过移除筛选而返回表中的所有行,而 CALCULATE()具备上下文替换的功能,当 CALCULATE()在外部筛选环境遇到相同的筛选上下文时,这时 CALCULATE()会对外部的筛选上下文的值进行替换,从而获取了切片器切片后的准确值。

ALL(DK[产品])被置于 CALCULATE()函数的筛选中,当行标签改为包装方式时,不存在 CALCULATE()的自带筛选上下文与外部的筛选上下文冲突问题,在外部筛选环境中,计算的是 DK 表中所有行的各包装方式的总量,度量值 M. 入库占比 CA 的返回值均为 100%。

6.3　筛选器

ALL()类函数以 ALL()函数为代表,通常有两种用法:①作为表函数,返回参数所指定的表中的所有行或列中的所有不重复值,忽略任何筛选器;②作为筛选调节器,移除参数所指定的表的扩展表或指定的列上的所有筛选器。ALL()函数用于全部汇总,ALLSELECTED()函数用于选择性地全部汇总,ALLEXCEPT()函数用于排除性地全部汇总。本节是 3.1 节的深入。

6.3.1　ALLSELECTED()

ALLSELECTED()用于移除当前查询的列和行中的上下文筛选器,同时保留所有其他上下文筛选器或显式筛选器,语法如下:

```
ALLSELECTED(
    [<tableName> | <columnName>[, <columnName>[, <columnName>[, …]]]]
)
```

该函数针对外部上下文中进行筛选计算,常配合切片器等显式筛选器一起使用。

1. 在同一表内

以统计 DK 表中产品列的产品个数为例,表达式如下:

```
M.CT1 : =
CALCULATE (
    COUNT ( DK[产品] ),
    ALLSELECTED ( DK[产品] )
)
```

在切片器中选中 4 个产品,在 CALCULATE()中 ALLSELECTED()保留此筛选上下文进行选择性全面汇总,然后 CALCULATE()用这个筛选上下文移除外围与其发生冲突的同一个筛选上下文,返回的值如图 6-25 所示。

图 6-25　ALLSELECTED()的应用(1)

创建度量值 M.CTA,表达式如下:

```
M.CTA : =
CALCULATE (
    COUNT ( DK[产品] ),
    ALL ( DK[产品] )
)
```

在图 6-25 的透视表中,勾选 M.CTA 度量值,对比 CALCULATE()中 ALL()函数的全面汇总与 ALLSELECTED()函数的选择性全面汇总返回值的差异。当未进行切片筛选时,二者的返回值是完全一样的,如图 6-26 所示。

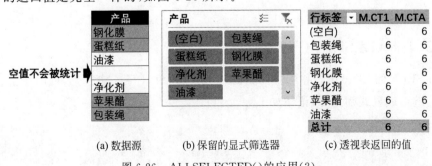

(a) 数据源　　　　(b) 保留的显式筛选器　　　　(c) 透视表返回的值

图 6-26　ALLSELECTED()的应用(2)

当选择切片时,二者的值开始发生变化,如图 6-27 所示。

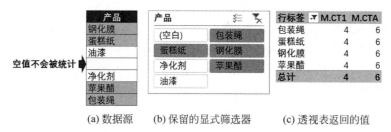

(a) 数据源　　　(b) 保留的显式筛选器　　　(c) 透视表返回的值

图 6-27　ALLSELECTED()的应用(3)

对以上度量值表达式进行修改,将 CALCULATE()的第 1 个参数(表达式)修改为对入库列的数量进行求和,修改后的表达式如下:

```
M.CT2 := 
CALCULATE (
    SUM ( DK[入库] ),
    ALLSELECTED ( DK[产品] )
)
```

选择性地统计切片器中 4 个产品的入库量,然后经 CALCULATE()返回的值如图 6-28 所示。

图 6-28　ALLSELECTED()的应用(4)

创建度量值 M.入库量、M.产品选择和 M.选择产品占比,对切片器中所选择的产品进行总计占比分析,表达式如下:

```
M.入库量 := SUM('DK'[入库])

M.产品选择 :=
CALCULATE([M.入库量],
    ALLSELECTED('DK'[产品])
)

M.选择产品占比 := 
    [M.入库量]
    &"("
& FORMAT ([M.入库量] / [M.产品选择],"0.00%")
& ")"
```

数据源及返回的值如图 6-29 所示。

产品	入库
钢化膜	76
蛋糕纸	32
油漆	55
	87
净化剂	93
苹果醋	78
包装绳	65

产品：（空白）、蛋糕纸、净化剂、油漆、包装绳、钢化膜、苹果醋

行标签	M.入库量	M.选择产品占比
包装绳	65	65(25.90%)
蛋糕纸	32	32(12.75%)
钢化膜	76	76(30.28%)
苹果醋	78	78(31.08%)
总计	251	251(100.00%)

(a) 数据源　　　　(b) 保留的显式筛选器　　　　(c) 透视表返回的值

图 6-29　ALLSELECTED() 的应用(5)

2. 在数据模型内

创建度量值 M.CTR，表达式如下：

```
M.CTR : =
CALCULATE (
    COUNTROWS (
        CALCULATETABLE (DT,DK)
    ),
    ALLSELECTED ( DT )
)
```

为了便于理解以上度量值，对表达式进行拆解，表达式如下：

```
EVALUATE CALCULATETABLE (DT, DK)
```

日期	年	月
2020/9/2	**2020**	**9**
2020/9/3	2020	9
2020/9/27	**2020**	**9**
2020/11/2	**2020**	**11**
2021/9/29	**2021**	**9**
2021/9/30	2021	9
2021/8/30	2021	8
2021/10/1	2021	10
2021/10/11	**2021**	**10**
2021/11/14	**2021**	**11**

图 6-30　查询的返回值

DT 表中，筛选返回的数据共 6 行（带箭头标识的），以上查询返回的值如图 6-30 所示。

在 Power Pivot 的度量值区域，度量值 M.CTR 返回的值为 6。

在数据模型中，DT 表是 DK 表的一端。创建透视表，将 DK 表中的包装方式拖入行区域，勾选度量值 M.CTR，将产品列添加为切片器。对切片器进行选择，返回的值如图 6-31 所示。

行标签	M.CTR
散装	1
箱装	2
扎	1
总计	4

行标签	M.CTR
包装绳	1
蛋糕纸	1
钢化膜	1
苹果醋	1
总计	4

图 6-31　ALLSELECTED() 的应用

3.（案例）对选中数据进行排名

创建度量值 M.数量和和 M.排名(A)，用于入库量的统计与数量排名，表达式如下：

```
M.数量和 : = SUM('运单'[数量])

M.排名(A) : =
IF (
    HASONEVALUE ( '运单'[包装方式] ),
    VAR A =
        SUMMARIZE ( ALL ( '运单' ), '运单'[包装方式], "QH", [M.数量和] )
    VAR B =
        RANKX ( A, [M.数量和], [M.数量和], DESC, DENSE )
    RETURN B,
    BLANK ()
)
```

创建透视表，将包装方式拖入行标签，将度量值 M.排名(A)放入值区域，返回的值如图 6-32 所示。

将上述表达式中的 ALL()替换为 ALLSELECTED()，将度量值命名为排名(B)，表达式如下：

```
M.排名(B) : =
IF (
    HASONEVALUE ( '运单'[包装方式] ),
    VAR A =
        SUMMARIZE (
            ALLSELECTED ( '运单' ),
            '运单'[包装方式],
            "数量和", [M.数量和]
        )
    RETURN
        RANKX ( A, [M.数量和], [M.数量和], DESC, DENSE ),
    BLANK ()
)
```

在图 6-32 的透视表中，勾选度量值排名(B)，同时新增包装方式列的切片器。对切片器中的包装方式进行选择，返回的对比值如图 6-33 所示。

行标签 ▼	M.排名(A)
袋	6
捆	4
膜	5
散装	2
桶装	1
箱装	7
扎	3

图 6-32 对数据的排名(1)

包装方式	
袋	捆
膜	散装
桶装	箱装
扎	

行标签 ▼	M.排名(A)	M.排名(B)
膜	5	4
散装	2	2
桶装	1	1
箱装	7	5
扎	3	3

图 6-33 对数据的排名(2)

6.3.2 ALLEXCEPT()

ALLEXCEPT()用于保留指定的筛选列，移除其他所有的上下文筛选条件，未被保留的列将按 ALL()类函数移除筛选，语法如下：

```
ALLEXCEPT(
    <table>,
    <column>
    [,<column>[, … ]]
)
```

ALL()类函数返回的是表，从 DK 表中排除日期、出库、等级、方数、吨位五列，表达式如下：

```
EVALUATE
ALLEXCEPT (
    DK,
     DK[日期],
     DK[出库],
     DK[等级],
     DK[方数],
     DK[吨数]
)
```

返回的值如图 6-34 所示。

ALLEXCEPT　　ALLEXCEPT

日期	产品	包装方式	入库	出库	方数	吨数	等级
2020/9/2	钢化膜	散装	76	35	56	18.86	A
2020/9/27	蛋糕纸	箱装	32	12	85	21.27	A
2020/11/2	油漆	桶装	55	23	72	20.89	B
2021/9/29		捆	87	33		21.22	C
2021/9/29	净化剂	桶装	93	42	59	20.89	B
2021/10/11	苹果醋	箱装	78	36	65		B
2021/11/14	包装绳	扎	65	32	69	22.89	A

(a) 移除前

产品	包装方式	入库
蛋糕纸	箱装	32
油漆	桶装	55
包装绳	扎	65
钢化膜	散装	76
苹果醋	箱装	78
	捆	87
净化剂	桶装	93

(b) 移除后

图 6-34　ALLEXCEPT()的应用(1)

创建度量值 M.移除列入库量，CALCULATE()函数的筛选调节器排除日期、出库、等级、方数、吨位五列，表达式如下：

```
M.入库量: = SUM(DK[入库])

M.移除列入库量: =
CALCULATE(
[M.入库量],
```

```
ALLEXCEPT(
        DK,
        DK[日期],DK[出库],DK[等级],DK[方数],DK[吨数]
    )
)
```

创建透视表,将包装方式拖入行标签,勾选度量值 M. 入库量和 M. 移除列入库量,返回的值如图 6-35 所示。

图 6-35 中,DK[入库]列不在 ALLEXCEPT() 排除的列之内,度量值 M. 移除列入库量返回的值与其他 ALL() 类函数一样被移除筛选,返回的是表中所有行的值。

将图 6-35 中的行标签更改为等级,勾选度量值 M. 入库量和 M. 移除列入库量,返回的值如图 6-36 所示。

行标签 ▾	M.入库量	M.移除列入库量
捆	87	486
散装	76	486
桶装	148	486
箱装	110	486
扎	65	486
总计	486	486

图 6-35　ALLEXCEPT() 的应用(2)

行标签 ▾	M.入库量	M.移除列入库量
A	173	173
B	226	226
C	87	87
总计	486	486

图 6-36　ALLEXCEPT() 的应用(3)

图 6-36 中,行标签等级为 ALLEXCEPT() 所保留的列,不受 ALL() 类函数的移除筛选影响。

创建度量值 M. 扩展表计数 4,将事实表 DK 放置于 CALCULATE() 的筛选器参数中,将以 ALLSELECTED() 排除性地移除筛选,表达式如下:

```
M.扩展表计数 4 : =
CALCULATE (
    COUNTROWS ( DT ),
    ALLEXCEPT ( DK, DK[日期] )
)
```

度量值返回的值为 10。

6.3.3 ALLNOBLANKROW()

ALLNOBLANKROW() 函数用于从关系的父表中返回除空白行之外的所有行或列的所有非重复值,并且忽略可能存在的所有上下文筛选器,语法如下:

```
ALLNOBLANKROW( {
        <table> | <column>
        [, <column>[, <column>[, …]]]
} )
```

在现有的 DK 表中插入两个空行，创建的度量值如下：

```
M.CTR1: = COUNTROWS(DK)                               //9,DK 表由之前的 7 行变成了 9 行

M.CTR AB: = COUNTROWS(ALLNOBLANKROW(DK))              //9,DK 表由之前的 7 行变成了 9 行

M.CTR ABC: = COUNTROWS(ALLNOBLANKROW(DK[产品]))       //7
```

从度量值区域的度量值的返回值来看：当统计 ALLNOBLANKROW(引用表)返回的表的行数时，整行为空会被计算行数；当统计 ALLNOBLANKROW(表[列])返回的表的行数时，空行不会被计算。

继续举例，表达式如下：

```
EVALUATE
FILTER (
    '合同',
    '合同'[产品] IN ALLNOBLANKROW ( '运单'[产品] )
)
```

返回的值如图 6-37 所示。

包装方式	产品	运费(元/千克)
袋	保鲜剂	10
袋	老陈醋	12
袋	劳保手套	8
捆	木材	8
捆	钢材	9
膜	异型件	13
散装	钢化膜	6
桶装	油漆	12
桶装	尿素	11
桶装	净化剂	11
箱装	蛋糕纸	20
箱装	苹果醋	23
扎	包装绳	3

(a) 移除前

包装方式	产品	运费(元/千克)
袋	保鲜剂	10
袋	老陈醋	12
捆	木材	8
捆	钢材	9
膜	异型件	13
散装	钢化膜	6
桶装	油漆	12
箱装	蛋糕纸	20
箱装	苹果醋	23
扎	包装绳	3

(b) 移除后

图 6-37　ALLNOBLANKROW()的应用

6.3.4　FILTERS()

FILTERS()用于检测某列是否被直接筛选并返回其被筛选后的值，语法如下：

```
FILTERS(<columnName>)
```

如第 5 章中图 5-24 所示，DT 表位于一端，DK 表位于多端。现打算将 DT[月份]列用作透视表的切片器，透视表的显示值随切片器的变化而调整。创建度量值，表达式如下：

```
M.文本值 : =
CONCATENATEX (
    FILTERS ( DT[月] ),
    DT[月] & "月",
    ","
)
```

创建透视表,勾选度量值 M.文本值,将 DT 表中的月添加为切片器,返回的值如图 6-38 所示。

图 6-36 中,度量值的结果会随切片器选择的变化而变化。

在 DK 表中创建计算列库.月,表达式如下:

```
库.月 : = MONTH(DK[日期])&"月"
```

创建度量值 M.文本值 K,表达式如下:

```
M. 文本值 K : = CONCATENATEX (FILTERS (DK[库.月]),DK[库.月],",")
```

将图 6-38 中的度量值 M.文本值替换为 M.文本值 K,返回的值如图 6-39 所示。

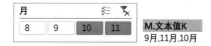

图 6-38　CONCATENATEX()的应用(1)　　图 6-39　CONCATENATEX()的应用(2)

在利用 DT[月份]列作为透视表的切片器时,FILTERS()函数只能检测被直接筛选的列而不能检测被关系筛选的列,尽管 DT[月]和 DK[月]二列都被筛选,但通过关系筛选的 DK[月]列不能被显示出来。

6.4　综合应用

DAX 运算求值分为三步。首先是检测筛选,然后将筛选功能应用于基础表格,最后计算结果。DAX 中的筛选器函数是复杂且功能强大的函数。例如筛选函数可用于操作数据上下文来创建动态计算。

6.4.1　使用细节说明

在 DAX 中,NOT 用于求反操作,IN 用于或操作,但不能像 SQL 中那样直接使用 NOT IN 紧邻操作。以下是 DAX 中在 IN 语句之前使用 NOT 的应用举例,表达式如下:

```
M.其他收货人 : =
CALCULATE (
```

```
    SUM ( '运单'[数量] ),
    NOT (
        '收货'[收货人]IN VALUES ( '收货'[收货人])
    )
)
```

返回的值如图 6-40 所示。

IN 后面允许连接两列或多列,其中列表用{}构造,而每行的数据则用括号()构造,其中括号()代表的是元组,元组内包含每行的数据,元组内的数据用逗号隔开。应用举例,表达式如下:

行标签	M.其他收货人
李四	74
王二	144
张三	90

图 6-40 NOT 与 IN 的结合应用

```
('装货'[包装方式], '装货'[产品]) IN {("桶装","尿素"),("箱装","蛋糕纸")}
```

以上表达式同样可以置于 CALCULATE()函数中参与筛选应用。

在 DAX 中使用迭代函数时,必须注意第 1 个参数的表是来自数据模型的一端还是多端,避免因迭代类聚合函数忽略行上下文而产生的总计值错误。应用举例,创建度量值 M.总成本 1 和 M.总成本 2,表达式如下:

```
M.总成本 1: = SUMX(
    '合同',
SUMX(
        '运单',
        '运单'[成本] * '运单'[数量]
        )
    )//该表达式返回的总计值有误

M.总成本 2 : = SUMX(
    '合同',
    CALCULATE(
SUMX(
        '运单',
        '运单'[数量] * '运单'[成本])
        )
    )
```

创建透视表,将合同表的产品拖入行标签,勾选度量值 M.总成本 1 和 M.总成本 2,返回的值如图 6-41 所示。

6.4.2　购买与推荐分析

CALCULATE()函数的第 1 个参数返回的结果为值,常用于 COUNTROWS()、SUM()等聚合函数。第 1 个参数会依据紧接其后的各筛选器参数所修改的上下文进行计算,第 2 个参

行标签 ▼	M.总成本1	M.总成本2
包装绳	50	50
保鲜剂	16	16
蛋糕纸	60	60
钢材	48	48
钢化膜	150	150
老陈醋	72	72
木材	96	96
苹果醋	45	45
异型件	200	200
油漆	333	333
总计	13910	1070

图 6-41　在模型的一端运用聚合函数

数可以为表,表达式如下:

```
M.共有产品 :=
CALCULATE (
    SUM('订单'[数量]),
    INTERSECT (
        VALUES ( '订单'[产品] ),
        VALUES ( '运单'[产品] )
    )
)
```

除第 1 个参数外,其他参数均为表。应用举例,表达式如下:

```
M.共有产品 B :=
CALCULATE (
    SUM('运单'[数量]),
    INTERSECT (
        VALUES ( '订单'[产品] ),
        VALUES ( '运单'[产品] )
    ),
    INTERSECT (
        VALUES ( '装货'[包装方式] ),
        VALUES ( '运单'[包装方式] )
    )
)
```

订单表中共 11 种产品,在运单表中共 10 种产品,如图 6-42(a)所示,返回的值如图 6-42(b)所示。

在 CALCULATE()的第 2 个参数中,利用 FILTER()参数部分扩大或缩小筛选上下文的范围,表达式如下:

```
M.度量 ZF:=
CALCULATE (
    DISTINCTCOUNT ( '运单'[运单编号] ),
```

```
    FILTER (
        ADDCOLUMNS (
            VALUES ( '运单'[运单编号] ),
            "行数", COUNTROWS ( '运单' )
        ),
        [行数] > 0
    )
)
```

产品	是否存在于订单表	是否存在于运单表
蛋糕纸	v	v
苹果醋	v	v
钢化膜	v	v
油漆	v	v
异型件	v	v
包装绳	v	v
保鲜剂	v	v
劳保手套	v	x
木材	v	v
钢材	v	v
老陈醋	v	v

(a) 产品对比

行标签	M.共有产品	M.共有产品B
包装绳	32	25
保鲜剂	2	2
蛋糕纸	4	4
钢材	11	8
钢化膜	32	30
老陈醋	9	9
木材	29	16
苹果醋	2	3
异型件	24	20
油漆	58	37
总计	203	154

(b) 透视表返回的值

图 6-42 CALCULATE()中表函数作为参数的应用

返回的值如图 6-43 所示。

行标签	M.度量 ZF
包装绳	5
保鲜剂	1
蛋糕纸	1
钢材	1
钢化膜	6
老陈醋	1
木材	2
苹果醋	1
异型件	4
油漆	7
总计	9

图 6-43 CALCULATE()中的 FILTER()参数

6.4.3 产品 ABC 分类分析

在 DAX 中 ABC 分类分析一般通过三步来完成。第 1 步：利用计算列或度量值计算累计值；第 2 步：依据累计值完成累计占比；第 3 步：对占比进行 ABC 分类。创建度量值 M. 运单量、M. 累计运单量、M. 累计占比、M. ABC 分类，表达式如下：

```
M.运单量: = SUM('运单'[数量])

M.累计运单量 : =
VAR A = [M.运单量]
VAR B =
    ADDCOLUMNS ( ALL ( '运单'[产品] ), "运量", [M.运单量] )
RETURN
    IF (
        HASONEVALUE ( '运单'[产品] ),
        SUMX ( FILTER ( B, [运量] >= A ), [运量] )
    )
```

```
M.累计占比 : =
DIVIDE (
    [M.累计运单量],
    CALCULATE ( [M.运单量], ALL ( '运单'[产品] ) )
)


M.ABC分类 : =
IF (
    HASONEVALUE ( '运单'[产品] ),
    SWITCH (
        TRUE (),
        [M.累计占比] <= 0.7, "A",
        [M.累计占比] <= 0.9, "B",
        "C"
    )
)
```

创建透视表,将运单表中的产品拖入行区域,勾选度量值 M. 运单量、M. 累计运单量、M. 累计占比、M. ABC 分类,返回的值如图 6-44 所示。

行标签	M.运单量	M.累计运单量	M.累计占比	M.ABC分类
油漆	37	37	24.03%	A
钢化膜	30	67	43.51%	A
包装绳	25	92	59.74%	A
异型件	20	112	72.73%	B
木材	16	128	83.12%	B
老陈醋	9	137	88.96%	B
钢材	8	145	94.16%	C
蛋糕纸	4	149	96.75%	C
苹果醋	3	152	98.70%	C
保鲜剂	2	154	100.00%	C
总计	154			

图 6-44　产品的 ABC 分类分析

6.4.4　产品期初与结存分析

在 DK 表中,创建计算列库. 年月,表达式如下:

```
库.年月:= YEAR('DK'[日期]) * 100 + MONTH('DK'[日期])
```

结存分析的基本原理:上期的期末等于本期的期初。创建度量值 M. 入库量、M. 出库量、M. 期初量、M. 结存量,表达式如下:

```
M.入库量:= SUM(DK[入库])
M.出库量:= SUM(DK[出库])


M.期初量:=
```

```
CALCULATE (
    [M.入库量] - [M.出库量],
    FILTER (
        ALL ('DK'[库.年月]),
        'DK'[库.年月] < MIN ( 'DK'[库.年月] )
    )
)

M.结存量 : = [M.期初量] + [M.入库量] - [M.出库量]
```

创建透视表,将库.年月拖入行标签,勾选度量值 M.期初量、M.入库量、M.出库量、M.结存量,返回的值如图 6-45 所示。

行标签	M.期初量	M.入库量	M.出库量	M.结存量
202009		108	47	61
202011	61	55	23	93
202109	93	180	75	198
202110	198	78	36	240
202111	240	65	32	273
总计		486	213	273

图 6-45　出入库期初与结存分析

6.5　本章回顾

本章节的计值上下文及 CALCULATE()函数的应用是 DAX 中最枯燥、最难懂但也是最重要的部分。DAX 度量值是显性度量值,相比于传统 Excel 数据透视表的隐性度量值或 Excel 函数,显性度量值最大的弊端是 DAX 编写过程中的不直观,且在编写 DAX 之前,必须明白计值上下文是如何工作的。

CALCULATE()函数是 DAX 中最重要的函数,但也是最不好理解和难掌握的函数。DAX 把透视表中的行、列、筛选器、切片器等默认为外部筛选条件,对聚合函数进行筛选。DAX 的运算原理:先筛选成数据模型的子集,然后对行进行迭代处理,最后聚合运算,但当来自内部的筛选上下文与外部筛选上下文发生冲突时,又允许 CALCULATE()函数对外部筛选上下文进行替换。CALCULATE()函数对外部筛选上下文的影响可简单地理解为"无则新增,有则替换",无冲突则新增外部筛选上下文,有冲突则对外部筛选上下文进行替换。

与第 4 章的计算列相比,计算列与度量值都是 DAX 表达式,区别在于计值上下文。计算列与度量值,二者的 DAX 表达式很相似,但实际上二者的运算原理及对应的上下文完全不同。理解二者的差异所在对掌握与运用 DAX 很重要。

DAX 的运算原理是:先筛选后计算。用筛选器的筛选上下文筛选表;用迭代函数的行上下文逐行计算筛选后的表;用 ALL()函数返回表的所有行;FILTER()函数不改变筛选上下文,它扫描一个已经被筛选上下文筛选过的表,并根据筛选条件返回该表的子集。

第 7 章

时 间 智 能

7.1 日期表

7.1.1 M 语言创建

DAX 中大部分的日期和时间函数与 Excel 中的日期和时间函数的语法与功能类似,可参阅表 4-17。在 Power Pivot 及 Power BI 应用过程中,时间智能是一个必不可少的存在,而其中的日期表往往来自 Power Query 或 DAX;Power Query M 语言创建的日期表相比 DAX 创建的日期表可操作性更强。通过 Power Query 创建一个日期表并加载到数据模型中,步骤如下:

（1）在 Excel 功能区选择“数据”→“获取数据”→“自其他源”→“空白查询”,如图 7-1 所示。

图 7-1　新建空白查询

图 7-2　更改查询的名称

（2）为了便于后期的维护与管理，在 Power Query 编辑器右侧的查询设置中，将名称"查询 1"更改为"日期"，如图 7-2 所示。

（3）通过"主页"→"高级编辑器"，进入主页编辑器，完成相关 Power Query M 语言代码的编写，单击"完成"按钮，如图 7-3 所示。

图 7-3　编辑查询

图 7-3 中的完整代码如下：

```
//日期
let
源 = List.Dates(#date(2020, 1, 1),365 * 2 + 182,#duration(1,0,0,0)),
转换为表 = Table.FromList(源, Splitter.SplitByNothing() ),
重命名列 = Table.RenameColumns(转换为表,{{"Column1", "Date"}}),
新增列一 = Table.AddColumn(重命名列, "年", each Date.Year([Date])),
新增列二 = Table.AddColumn(新增列一, "月", each Date.Month([Date])),
新增列三 = Table.AddColumn(新增列二, "年月", each [年] * 100 + [月]),
更改的类型 = Table.TransformColumnTypes(新增列三, {{"Date", type date}, {"月", Int64.Type}, {"年", Int64.Type}, {"年月", Int64.Type}})
in
更改的类型
```

注意：数据模型中的日期表，不管是由 Power Query 创建或 DAX 创建，日期表内的所有年份的日期数据必须可完全包含模型中所有日期的数据，不可存在缺失的日期或不连续的日期。同时，创建的日期表的日期不宜过多，以包含所需的年份的完整日期为宜。

（4）在 Power Query 编辑器中，单击"文件"→"关闭并上载至"。在导入数据窗格中，选择"仅创建连接"并勾选"将此数据添加到数据模型（M）"。若当前所用的 Excel 已按图 2-16 设置了查询选项，则该步骤可省略。单击"确定"按钮，如图 7-4 所示。

注意：为确保后期度量值计算过程中不受数据类型的影响，从 Power Query 将数据添加到数据模型之前务必对数据的类型进行检查。

（5）通过 Power Pivot→"管理"，查看 Power Query 所加载的日期表（仅截取前 4 行数据），如图 7-5 所示。

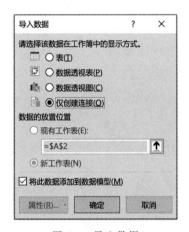

图 7-4 导入数据

图 7-5 在 Power Pivot 中查看导入的日期表

（6）在 Power Pivot for Excel 界面，选择"设计"→"标记为日期表"→"标记为日期表"。将 Power Query 加载的日期表标记为日期表，用于后期的时间智能，如图 7-6 所示。

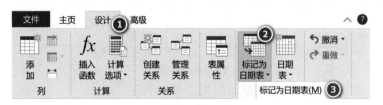

图 7-6 标志为日期表（1）

（7）在"标记为日期表"弹窗中，将日期表中的日期列标记为日期表，单击"确定"按钮，如图 7-7 所示。

（8）通过 Power Query 导入"业务明细"表。在 Excel 功能区，单击"数据"→"获取数据"→"自文件"→"自文件"按钮。进入 Power Query 编辑器，完成数据的选择与类型转换并将查询名称更改为"业务"。在 Power Query 高级编辑器中，查看完整代码，代码如下：

```
//业务
let
    源 = Excel.Workbook(File.Contents("D:\深入浅出 DAX\2 数据源\Freight.xlsx"), null, TRUE),
    明细_Sheet = 源{[Item = "明细",Kind = "Sheet"]}[Data],
    提升的标题 = Table.PromoteHeaders(明细_Sheet, [PromoteAllScalars = TRUE]),
    删除的其他列 = Table.SelectColumns(提升的标题,{"接单日期","产品","结算运费","发车日
    期"}),
    更改的类型 = Table.TransformColumnTypes(删除的其他列,{{"结算运费", Int64.Type}, {"接单日
    期", type date}, {"发车日期", type date}}),
    空值筛选 = Table.SelectRows(更改的类型,each [接单日期]<> null)
in
    空值筛选
```

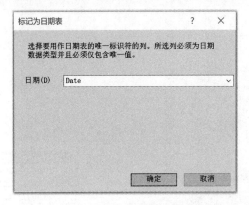

图 7-7   标志为日期表(2)

在 Power Query 编辑器中,单击"文件"→"关闭并上载至"。在导入数据窗格中,选择"仅创建连接"并勾选"将此数据添加到数据模型(M)",单击"确定"按钮。

(9) 在 Power Pivot for Excel 界面,选择"主页"→"关系图视图"。在日期表(一端)的 Date 列与业务表(多端)的接单日期列之间创建关系,如图 7-8 所示。

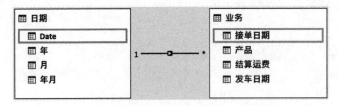

图 7-8   关系图视图

7.1.2   DAX 创建

在 Power Pivot For Excel 中,首先利用 DAX 在 Excel 中创建日期表,然后连接回 Power Pivot。图 7-5 中日期表的相关表达式如下:

```
EVALUATE
ADDCOLUMNS (
    CALENDAR ( DATE ( 2020, 1, 1 ), DATE ( 2022, 6, 30 ) ),
    "年", YEAR ( [Date] ),
    "月", MONTH( [Date]),
    "年月", FORMAT ( [Date], "YYYYMM" )
)
```

或可采用变量(VAR…RETURN)写法,相关表达式如下:

```
EVALUATE
VAR A =
    CALENDAR ( DATE ( 2020, 1, 1), DATE ( 2022, 6, 30 ) )
RETURN
    ADDCOLUMNS (
A,
        "年", YEAR ( [Date] ),
        "月", MONTH ( [Date]),
        "年月", FORMAT ( [Date], "YYYYMM" )
)
```

利用 CALENDAR()函数生成的日期表,对于日期以上两种表达式返回的值相同(截取前 2 行、后 2 行的数据),如图 7-9 所示。

Date	年	月	年月
2020/1/1	2020	1	202001
2020/1/2	2020	1	202001
…	…	…	…
2022/6/29	2022	6	202206
2022/6/30	2022	6	202206

图 7-9 DAX 创建的日历表

7.1.3 创建计算列

利用普通的 Excel 日期和时间函数,在日期表中创建计算列,表达式如下:

```
季度:= "Q" & FORMAT ( [Date], "Q" )
年季:= [年]&" - "&[季度]

英文月:= FORMAT ([Date], "mmmm" )          //"MMMM"返回的值相同
英文星期:= FORMAT ([Date], "dddd" )         //"DDDD"返回的值相同
```

截取前 4 行数据,如图 7-10 所示。

修改上面的 DAX 表达式,新增图 7-10 中新增的季度、年季、英文月、英文星期列。修改后的表达式如下:

	Date	年	月	年月	季度	年季	英文月	英文星期
1	2020/1/1	2020	1	202001	Q1	2020-Q1	January	Wednesday
2	2020/1/2	2020	1	202001	Q1	2020-Q1	January	Thursday
3	2020/1/3	2020	1	202001	Q1	2020-Q1	January	Friday
4	2020/1/4	2020	1	202001	Q1	2020-Q1	January	Saturday

图 7-10 FORMAT()函数创建的计算列

```
EVALUATE
VAR A =
    CALENDAR ( DATE ( 2020,1, 1 ), DATE ( 2022,6, 30 ) )
RETURN
    ADDCOLUMNS (
        ADDCOLUMNS (
            A,
            "年", YEAR ( [Date] ),
            "月", MONTH ( [Date] ),
            "年月", FORMAT ( [Date], "YYYYMM" ),
            "季度", "Q" & FORMAT ( [Date], "Q" ),
            "英文月", FORMAT ( [Date], "mmmm" ),
            "英文星期", FORMAT ( [Date], "dddd" )
        ),
        "年季",[年] & "-" & [季度]
    )
```

以上表达式返回的值如图7-10所示。

7.1.4 按列排序

以图7-10为例。在数据统计分析过程中,若将英文月拖入透视表的行标签,则返回的值如图7-11所示。

行标签
April
August
December
February
January
July
June
March
May
November
October
September

图 7-11 行标签为
英文月份

图 7-11 中,行标签是按月份的首字母升序排列的,这并不是统计过程中所期望的排序方式。在 Power Pivot for Excel 界面中,选中英文月所在的列,选择"主页"→"按列排序"→"按列排序",如图 7-12 所示。

在"排序依据列"弹窗中,选择需解决排序问题的列(英文月)及排序的依据列(月),设置日期表中的月作为英文月的排序,单击"确定"按钮,如图 7-13 所示。

这时重新回到透视表中会发现图 7-11 的排序已更改,如图 7-14 所示。

在图 7-14 中,英文月的排序已是 1～12 月对应的英文排序,符合正常的阅读习惯。

图 7-12 按列排序(1)

图 7-13 按列排序(2) 　　　　　图 7-14 行标签为英文月份

7.1.5　月份编号

在实际复杂统计过程中,经常会对事实表中的日期月份进行移动求和、移动求均值等计算,事先对月份进行编号,然后在 CALCULATE()函数的筛选参数中进行逻辑判断。在业务表中创建计算列业.月份编号,表达式如下:

```
业.月份编号 : =
(YEAR('日期'[Date]) - YEAR(MIN('日期'[Date]))) * 12
    + MONTH('日期'[Date])
```

为了方便理解,隐藏了日期表中其他的列,截取前 4 行数据,返回的值如图 7-15 所示。

应用举例,创建度量值 M.结算额 MQT,表达式如下:

	Date	月份编号
1	2020/1/1	1
2	2020/1/2	1
3	2020/1/3	1
4	2020/1/4	1

图 7-15 月份编号

```
M.结算额 MQT: = CALCULATE (
    SUM ( '业务'[结算运费] ),
    FILTER (
        ALL ( '日期' ),
         '日期'[月份编号] < = VALUES ( '日期'[月份编号] )
            && '日期'[月份编号] > = VALUES ( '日期'[月份编号] ) - 3 )
)
```

以上表达式中,通过 CALCULATE()、FILTER()、ALL()、VALUES()等 DAX 标准函数的配套使用,完成移动季度汇总(Moving Quarter Total,MQT)的计算。

7.2 日期函数

DAX 中,除 Excel 中通用的日期时间函数外,还有 CALENDAR()、CALENDARAUTO()等普通日期时间函数及 DATEADD()、TOTALYTD()等时间智能函数。

7.2.1 时间智能函数

利用 Power Query 从微软官方网站获取完整的时间智能函数与说明,共计 35 个,见表 7-1。

表 7-1 时间智能函数

函　　数	说　　明
CLOSINGBALANCEMONTH	计算当前上下文中该月最后一个日期的表达式
CLOSINGBALANCEQUARTER	计算当前上下文中该季度最后一个日期的表达式
CLOSINGBALANCEYEAR	计算当前上下文中该年份最后一个日期的表达式
DATEADD	返回一个表,此表包含一列日期,日期从当前上下文中的日期开始按指定的间隔数向未来推移或者向过去推移
DATESBETWEEN	返回一个包含一列日期的表,这些日期以指定的开始日期,一直持续到指定的结束日期
DATESINPERIOD	返回一个表,此表包含一列日期,日期以指定的开始日期开始,并按照指定的日期间隔一直持续到指定的数字
DATESMTD	返回一个表,此表包含当前上下文中该月份至今的一列日期
DATESQTD	返回一个表,此表包含当前上下文中该季度至今的一列日期
DATESYTD	返回一个表,此表包含当前上下文中该年份至今的一列日期
ENDOFMONTH	返回当前上下文中指定日期列的月份的最后一个日期
ENDOFQUARTER	为指定的日期列返回当前上下文的季度最后一日
ENDOFYEAR	返回当前上下文中指定日期列的年份的最后一个日期
FIRSTDATE	返回当前上下文中指定日期列的第 1 个日期
FIRSTNONBLANK	返回按当前上下文筛选的列中的第 1 个值,其中表达式不为空
LASTDATE	返回当前上下文中指定日期列的最后一个日期
LASTNONBLANK	返回按当前上下文筛选的列中的最后一个值,其中表达式不为空
NEXTDAY	根据当前上下文中的 dates 列中指定的第 1 个日期返回一个表,此表包含从第二天开始的所有日期的列
NEXTMONTH	根据当前上下文中的 dates 列中的第 1 个日期返回一个表,此表包含从下个月开始的所有日期的列
NEXTQUARTER	根据当前上下文中的 dates 列中指定的第 1 个日期返回一个表,其中包含下季度所有日期的列
NEXTYEAR	根据 dates 列中的第 1 个日期,返回一个表,表中的一列包含当前上下文中明年的所有日期

续表

函　数	说　明
OPENINGBALANCEMONTH	计算当前上下文中该月份第 1 个日期的表达式
OPENINGBALANCEQUARTER	计算当前上下文中该季度第 1 个日期的表达式
OPENINGBALANCEYEAR	计算当前上下文中该年份第 1 个日期的表达式
PARALLELPERIOD	返回一个表,此表包含一列日期,表示与当前上下文中指定的 dates 列中的日期平行的时间段,日期是按间隔数向未来推移或者向过去推移的
PREVIOUSDAY	返回一个表,此表包含的某一列中所有日期所表示的日期均在当前上下文的 dates 列中的第 1 个日期之前
PREVIOUSMONTH	根据当前上下文中的 dates 列中的第 1 个日期返回一个表,此表包含上一月份所有日期的列
PREVIOUSQUARTER	根据当前上下文中的 dates 列中的第 1 个日期返回一个表,此表包含上一季度所有日期的列
PREVIOUSYEAR	基于当前上下文中的"日期"列中的最后一个日期,返回一个表,该表包含上一年所有日期的列
SAMEPERIODLASTYEAR	返回一个表,其中包含指定 dates 列中的日期在当前上下文中前一年的日期列
STARTOFMONTH	返回当前上下文中指定日期列的月份的第 1 个日期
STARTOFQUARTER	为指定的日期列返回当前上下文中季度的第 1 个日期
STARTOFYEAR	返回当前上下文中指定日期列的年份的第 1 个日期
TOTALMTD	计算当前上下文中该月份至今的表达式的值
TOTALQTD	计算当前上下文中该季度至今的日期的表达式的值
TOTALYTD	计算当前上下文中表达式的 year-to-date 值

7.2.2　智能函数整理

DAX 中,很多函数的名称较长,但其实它们都由几个简单的单词有序地拼接而成。以 CLOSINGBALANCEMONTH()函数为例,它是由 Closing、Balance、Month 这 3 个单词拼接而成的。通过整理表 7-1 中的 35 个时间智能函数不难发现其规律如图 7-16 所示。

相比 DAX 普通日期时间函数构成的日期时间度量值,采用 DAX 时间智能函数参与创建的度量值能极大地缩短代码、提升可读性。在 DAX 中,大部分时间智能函数返回的是表,可用作 CALCULATE()函数的筛选参数。在图 7-16 的"通用类"时间智能函数中,除 FIRSTNONBLANK()、LASTNONBLANK()外,其他的函数在处理日期表时,不会去执行空值条件。以 FIRSTDATE()、LASTDATE()函数为例,当前上下文月份的第一天或最后一天可能因为节假日、周末等因素没有业务数据,公式返回的当月的业务值将为空值。在 DAX 计算中,如果未注意以上这些细节,则很容易返回空值而使统计出错。

在实际业务场景中,如果遇到计算频率(年、季、月)的首天或末天为空的情况,则首先需考虑的是 FIRSTNONBLANK()或 LASTNONBLANK()函数与其他相关时间智能函数的

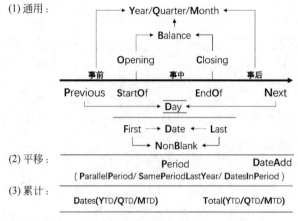

图 7-16 时间智能函数整理

嵌套应用。在维度建模中,事实表中的数字度量可分为三类:可累加度量、半累加度量、不可累加度量。最常用的是可累加度量,例如数量、质量等具备可累加性;单价、利润率、温度等则具备不可累加性。在以上时间智能函数中,FIRSTDATE()或 LASTDATE()、FIRSTNONBLANK()或 LASTNONBLANK()所组成的度量值是半累加度量,它们与常用的可累加度量存在一定的区别。

在实际管理过程中,以"6/30"或其他日期作为一个年度的最后一天是常有的事,这些都是管理中的"财务年度"。在以上函数中,最后一个参数允许指定财政年度的结束日期的函数有 OPENINGBALANCEYEAR()、CLOSINGBALANCEYEAR()、PREVIOUSYEAR()、STARTOFYEAR()、ENDOFYEAR()、NEXTYEAR()、TOTALYTD()、DATESYTD(),这些函数共同的特点是:函数中含有 YEAR 单词或 Y(year 的简写)关键词。其他时间智能函数不具备设置"财务年度"的能力。

7.3 日期早晚

7.3.1 FIRSTDATE()/LASTDATE()

以 FIRSTDATE()为例,用于返回当前上下文中指定日期列的第 1 个日期,语法如下:

```
FIRSTDATE(< dates >)
```

FIRSTDATE()及 LASTDATE()的< dates >参数不能用于 ADDCOLUMNS()或 SUMMARIZE()函数添加的列,此规则适用于 DAX 所有的时间智能函数。

1. MIN()/MAX()

MIN()/MAX()函数返回的值为标量值。

1）函数用法说明

日期时间是特殊的数值，它们可转换为常规的数值。利用 MAX() 函数，获取日期表日期列中的最晚日期，表达式如下：

```
M.最大日期: = MAX('日期'[Date])
```

MAX() 返回的是值而不是表。如果直接采用以下查询方式，则系统会报错，表达式如下。

```
EVALUATE MAX ('日期'[DATE])
```

返回的值如图 7-17 所示。

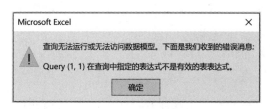

图 7-17　错误提示

可以利用 MIN() 和 MAX() 返回标量值的特点作为 CALENDAR() 函数的参数创建查询表，表达式如下：

```
EVALUATE
VAR A = CALENDAR(MIN ( '日期'[DATE] ), MAX ( '日期'[DATE] ))
RETURN
    ADDCOLUMNS (
        A,
        "年", YEAR ( [Date] ),
        "月", MONTH ( [Date]),
        "年月", FORMAT ( [Date], "YYYYMM" )
    )
```

返回介于 2020/1/1～2022/12/31 间连续日期的表，截取前 2 行和后 2 行的数据，如图 7-18 所示。

Date	年	月	年月
2020/1/1	2020	1	202001
2020/1/2	2020	1	202001
...	...	...	...
2022/6/29	2022	6	202206
2022/6/30	2022	6	202206

图 7-18　CALENDAR() 函数
创建的日期表

2）用于生成日期区间，计算移动平均

FILTER() 函数的第 1 个参数为表或表表达式，第 2 个参数为逻辑表达式（返回的值为 TRUE 或 FALSE）。在计算移动平均时，经常需以数据表中最晚日期为基础，向前推移某个区间，生成一个日期区间（Period）。以前移 90 天为例，此类属 MQ（Moving Quarter，滚动季）业务问题，利用 MAX() 函数实现，表达式如下：

```
EVALUATE
FILTER(
    ALL('日期'[DATE]),
'日期'[DATE]> MAX('日期'[DATE]) – 90
&&'日期'[DATE]< = MAX('日期'[DATE])
)
```

查询返回的是日期表 Date 列介于 2022/4/2～2022/6/30 的连续日期值。

如果获取的数据是以最晚日期向前推移 365 天后生成的日期区间,则此类属 MA (Moving Annual,滚动年)业务问题。利用 MAX()函数,表达式如下:

```
EVALUATE
FILTER(
    ALL('日期'),
    '日期'[DATE]> MAX('日期'[DATE]) – 365
        &&'日期'[DATE]< = MAX('日期'[DATE])
)
```

返回介于 2021/7/1～2022/6/30 间连续日期的表,截取前 2 行和后 2 行的数据,返回值如图 7-19 所示。

如果需要获取数据表中 YTD(year-to-date,年初至今)的数据,则可利用 MAX()函数实现,表达式如下:

```
EVALUATE
FILTER(
    ALL('日期'),
'日期'[年] = MAX('日期'[年]) &&'日期'[DATE]< = MAX('日期'[DATE])
)
```

返回介于 2022/1/1～2022/6/30 间连续日期的表,截取前 2 行和后 2 行的数据,返回值如图 7-20 所示。

Date	年	月	年月
2021/7/1	2021	7	202107
2021/7/2	2021	7	202107
...	...	...	
2022/6/29	2022	6	202206
2022/6/30	2022	6	202206

Date	年	月	年月
2022/1/1	2022	1	202201
2022/1/2	2022	1	202201
...	...	...	
2022/6/29	2022	6	202206
2022/6/30	2022	6	202206

图 7-19　FILTER()函数创建的查询表(1)　　图 7-20　FILTER()函数创建的查询表(2)

查询日期表中的最晚日期,可利用 MAX()函数返回的固定值位于比较运算符之后实现,返回值为 TRUE 与 FALSE 值,然后作为 FILTER()函数的第 2 个参数,表达式如下:

```
EVALUATE
FILTER(
    ALL('日期'[DATE]),
'日期'[DATE] = MAX('日期'[DATE])
)
```

查询返回的是一行一列的表,表的行值为 2022/6/30。

3) 应用

创建度量值 M.结算额 UD,获取最晚日期的入库量,表达式如下:

```
M.结算额 UD: = CALCULATE (
    SUM ('业务'[结算运费]),
    FILTER (
        ALL ('日期'[DATE]),
'日期'[Date] = MAX ('日期'[DATE])
    )
)
```

创建透视表,将日期表中的月拖入行标签,将年拖入列标签,勾选度量值 M.结算额 UD,透视表返回的值如图 7-21 所示。

M.日期Max 列标签				M.结算额UD 列标签		
行标签	2020	2021	2022	行标签	2020	2021	2022
1		2021/1/31	2022/1/28	1		16,951	
2		2021/2/27	2022/2/28	2			169,515
3		2021/3/31	2022/3/14	3		292,924	
4		2021/4/30		4		235,112	
5		2021/5/31		5		379,688	
6	2020/6/30	2021/6/30		6	2,870	743,424	
7	2020/7/30	2021/7/31		7		178,867	
8	2020/8/31	2021/8/31		8	265,302	1,314,652	
9	2020/9/30	2021/9/30		9	151,691	534,987	
10	2020/10/31	2021/10/31		10	107,366	180,905	
11	2020/11/30	2021/11/30		11	178,709	148,234	
12	2020/12/31	2021/12/31		12	102,783	194,135	

图 7-21 透视表中空值对应的日期说明

2. FIRSTDATE()/LASTDATE()

在 DAX 中,获取日期列中的最早、最晚日期的最佳选择是 FIRSTDATE() 和 LASTDATE()函数,而不是 MAX()与 MIN()函数,以上表达式的等效语句如下:

```
EVALUATE
LASTDATE('日期'[DATE])
```

查询返回的是一行一列的表,表的行值为 2022/6/30。

与 MAX()、MIN()函数不同的是:FIRSTDATE()和 LASTDATE()函数是表函数,它

们返回的是一行一列的表,用于操作日期列,然后返回筛选上下文中的最早日期与最晚日期。MAX()、MIN()是聚合函数,它们会忽略计算列中的行上下文而直接考虑外部的筛选上下文。如果需要在迭代函数中考虑外部行上下文的处理,则此时需用到的是FIRSTDATE()和LASTDATE()。应用举例,在日期表中创建计算列,表达式如下:

```
日.ULD: = MAX('日期'[DATE])
日.LLD: = MIN('日期'[DATE])
日.FD: = FIRSTDATE('日期'[DATE])
日.LD: = LASTDATE('日期'[DATE])
```

为了方便理解,隐藏了其他列。截取前2行和后2行的数据,返回的值如图7-22所示。

	Date	日.ULD	日.LLD	日.FD	日.LD
1	2020/1/1	2022/6/30	2020/1/1	2020/1/1	2020/1/1
2	2020/1/2	2022/6/30	2020/1/1	2020/1/2	2020/1/2
911	2022/6/29	2022/6/30	2020/1/1	2022/6/29	2022/6/29
912	2022/6/30	2022/6/30	2020/1/1	2022/6/30	2022/6/30

图 7-22　用 MAX()等函数创建的计算列

应用举例,创建度量值 M. LD、M. FD,表达式如下:

```
M.FD: = FIRSTDATE('日期'[DATE])
M.LD: = LASTDATE('日期'[DATE])
```

创建透视表,将日期表中的月拖入行标签,将年拖入列标签,勾选度量值。将日期表中的年添加为切片器,选择切片器。FIRSTDATE()用于返回参数列当前筛选上下文中的最早日期,LASTDATE()用于返回参数列当前筛选上下文中的最晚日期,返回的值如图7-23所示。

行标签	2020 M.FD	2020 M.LD	2021 M.FD	2021 M.LD
1	2020/1/1	2020/1/31	2021/1/1	2021/1/31
2	2020/2/1	2020/2/29	2021/2/1	2021/2/28
3	2020/3/1	2020/3/31	2021/3/1	2021/3/31
4	2020/4/1	2020/4/30	2021/4/1	2021/4/30
5	2020/5/1	2020/5/31	2021/5/1	2021/5/31
6	2020/6/1	2020/6/30	2021/6/1	2021/6/30
7	2020/7/1	2020/7/31	2021/7/1	2021/7/31
8	2020/8/1	2020/8/31	2021/8/1	2021/8/31
9	2020/9/1	2020/9/30	2021/9/1	2021/9/30
10	2020/10/1	2020/10/31	2021/10/1	2021/10/31
11	2020/11/1	2020/11/30	2021/11/1	2021/11/30
12	2020/12/1	2020/12/31	2021/12/1	2021/12/31

（年切片器：2020、2021、2022）

图 7-23　透视表中 LASTDATE()等函数返回的值

创建半累加度量值 M.结算额 LD、M.结算额 FD,使用 FIRSTDATE()、LASTDATE()作为CALCULATE()函数中的传递参数,作用于日期列,以获取当前筛选上下文中的第 1 个日

期、最后一个日期,表达式如下:

```
M.结算额 FD: = CALCULATE(SUM('业务'[结算运费]),FIRSTDATE('日期'[DATE]))
M.结算额 LD: = CALCULATE(SUM('业务'[结算运费]),LASTDATE('日期'[DATE]))
```

在图 7-23 的透视表中,继续勾选以上两个度量值,选择切片器。半累加度量不会像常规累加度量一样去聚合所有属性上的数据,返回的值如图 7-24 所示。

年	行标签	M.FD	M.LD	M.订单额FD	M.订单额LD	FirstDate	LastDate
2020	1	2020/1/1	2020/1/31				
2021	2	2020/2/1	2020/2/29				
2022	3	2020/3/1	2020/3/31				
	4	2020/4/1	2020/4/30				
	5	2020/5/1	2020/5/31				
	6	2020/6/1	2020/6/30		2,870.00	2020/6/30	
	7	2020/7/1	2020/7/31			2020/7/2	2020/7/30
	8	2020/8/1	2020/8/31	418,379.00	265,302.00		
	9	2020/9/1	2020/9/30	60,342.00	151,691.00		
	10	2020/10/1	2020/10/31		107,366.00	2020/10/3	
	11	2020/11/1	2020/11/30	38,670.00	178,709.00		
	12	2020/12/1	2020/12/31	278,794.00	102,783.00		

(a) 切片器   (b) 透视表   (c) 数据源

图 7-24　透视表中空值对应的日期说明

在 DAX 中,CALCULATE()函数的筛选参数可为表表达式或仅用一列时的逻辑表达式。对比图 7-21 及 7-24 后不难发现:FIRSTDATE()与 LASTDATE()返回的是表,可以直接作为 CALCULATE()的条件参数,而 MAX()与 MIN()返回的是标量值,必须放置于FILTER()中与列比较生成逻辑表达式后作为 CALCULATE()的条件参数,且由于FIRSTDATE()与 LASTDATE()会执行上下文转换,所以它与 MAX()与 MIN()的返回值在很多场合会存在差异。

7.3.2　含有 NONBLANK 的函数

FIRSTNONBLANK()和 LASTNONBLANK()是迭代函数,它返回的是第 1 个参数中满足第 2 个参数传递的非空条件的值。以 FIRSTNONBLANK()为例,语法如下:

```
FIRSTNONBLANK(< column >,< expression >)
```

1. 两个参数的列来自相同的表

在 FIRSTNONBLANK()与 LASTNONBLANK()函数中,两个参数可以来自不同的表,也可以来自相同的表。第 2 个参数的表达式可以为列引用,也可以为函数表达式。

在业务表中创建计算列,业.产品一、业.产品二、业.产品查找,第 2 个参数的表达式为引用列,表达式如下:

```
业.产品一:= FIRSTNONBLANK('业务'[产品],'业务'[产品])

业.产品二:= CALCULATE(FIRSTNONBLANK('业务'[产品],'业务'[产品]))

业.产品查找 : =
CALCULATE (
    FIRSTNONBLANK ( '业务'[产品], '业务'[产品] ),
    FIND ( '业务'[产品], "食品普货",, -1 ) > 0
)
```

为了方便理解,对结算运费按升序进行排序。截取前4行数据,返回值如图7-25所示。

	接单日期	产品	结算运费	发车日期	承运运费	业.产品一	业.产品二	业.产品查找
1	2021/8/6	百货	96	2021/8/8	403	百货	百货	
2	2021/9/24	普货	117	2021/9/25	210	普货	普货	普货
3	2021/7/28	食品	135	2021/7/31	200	食品	食品	食品
4	2021/7/18	食品	150	2021/7/19	220	食品	食品	食品

图7-25　FIRSTNONBLANK()函数创建计算列

日期获取的应用举例,第2个参数为函数表达式。创建度量值M.FN、M.FNC,表达式如下:

```
M.FN:= FIRSTNONBLANK (
'业务'[接单日期],
    SUM ( '业务'[结算运费] )
)



M.FNC:= FIRSTNONBLANK (
'业务'[接单日期],
    CALCULATE(SUM ( '业务'[结算运费] ) )
)
```

创建透视表,将日期表中的月拖入行标签,将年拖入列标签,勾选以上度量值。将日期表中的年添加为切片器,选择切片器,返回的值如图7-26所示。

图7-26　FIRSTNONBLANK()函数创建的度量值(1)

2. 两个参数的列来自不同的表

创建度量值M.FNB、M.FNBC,获取日期表日期列中不为空的最小日期值,表达式如下:

```
M.FNB : =
FIRSTNONBLANK (
    '日期'[DATE],                          //受筛选上下文的影响非重复值
    SUM ( '业务'[结算运费] )
) //返回的值为日期列中不为空的第 1 个值

M.FNBC : =
FIRSTNONBLANK (
    '日期'[DATE],
    CALCULATE(SUM( '业务'[结算运费] ))        //利用 CALCULATE( )进行上下文转换
)
```

创建透视表,将日期表中的月拖入行标签,将年拖入列标签,勾选以上度量值。将日期表中的年添加为切片器,选择切片器,返回的值如图 7-27 所示。

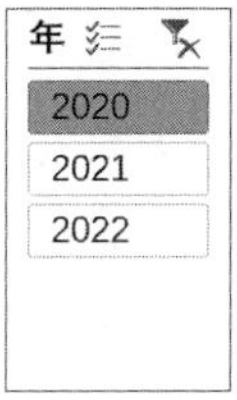

年	列标签 2020	
	行标签 M. FNB	M. FNBC
2020	6　2020/6/1	2020/6/30
2021	7　2020/7/1	2020/7/2
2022	8　2020/8/1	2020/8/1
	9　2020/9/1	2020/9/1
	10　2020/10/1	2020/10/3
	11　2020/11/1	2020/11/1
	12　2020/12/1	2020/12/1

图 7-27　FIRSTNONBLANK( )函数创建的度量值(2)

在 FIRSTNONBLANK( )、LASTNONBLANK( )中,第 2 个参数使用显式或隐式的 CALCULATE( )函数作上下文转换很有必要。如果第 2 个参数不能按指定日期进行筛选,则其返回的值将与 FIRSTDATE( )、LASTDATE( )返回的值相同。从图 7-27 返回的结果来看,第 2 个参数使用聚合函数时需要外加 CALCULATE( )函数将筛选上下文转换为行上下文,从而得到正确的结果。

创建度量值 M.结算额 FNB、M.结算额 FNBC,表达式如下:

```
M.结算额 FNB : =
CALCULATE (
    SUM ( '业务'[结算运费] ),
    FIRSTNONBLANK ( '日期'[DATE], SUM ( '业务'[结算运费] ) )
)

M.结算额 FNBC : =
CALCULATE (
    SUM ( '业务'[结算运费] ),
    FIRSTNONBLANK ( '日期'[DATE], CALCULATE ( SUM ( '业务'[结算运费] ) ) )
)
```

在图 7-27 的透视表中,继续勾选度量值 M.结算额 FNB、M.结算额 FNBC,返回的值及对比说明如图 7-28 所示。

年 ⅔≡ ▼🗙		列标签 ▼			
		2020			
2020	行标签 ▼	M. FNB	M. FNBC	M.订单额FNB	M.订单额FNBC
2021	6	2020/6/1	**2020/6/30**		2,870.00
2022	7	2020/7/1	**2020/7/2**		7,216.00
	8	2020/8/1	2020/8/1	418,379.00	418,379.00
	9	2020/9/1	2020/9/1	60,342.00	60,342.00
	10	2020/10/1	**2020/10/3**		61,380.00
	11	2020/11/1	2020/11/1	38,670.00	38,670.00
	12	2020/12/1	2020/12/1	278,794.00	278,794.00

图 7-28 FIRSTNONBLANK()函数创建的度量值(3)

3. FIRSTNONBLANK()与 FIRSTDATE()的语法比较

以 FIRSTNONBLANK()与 FIRSTDATE()为例,二者的异同点说明如下。

(1) 相同点:二者返回的均为一行一列的表。

(2) 差异:参数个数不同,FIRSTDATE()只有一个参数,FIRSTNONBLANK()有两个参数。参数的数据类型不同,FIRSTNONBLANK()的第 1 个参数可为任何数据类型,而 FIRSTDATE()的数据类型只能是日期类或日期/时间类;FIRSTNONBLANK()第 2 个参数的正确用法为度量值或 CALCULATE()的表达式。

以业务表中的产品为第 1 个参数,数据类型为文本。创建度量值 M.FNBC 产品,表达式如下:

```
M.FNBC 产品 : =
FIRSTNONBLANK (
    '业务'[产品],
    CALCULATE(SUM('业务'[结算运费)))
)
```

年 ⅔≡ ▼🗙	M.FNBC产品	列标签 ▼
	行标签 ▼	2020
2020	6	陶瓷
2021	7	百货
2022	8	百货
	9	百货
	10	百货
	11	百货
	12	百货

图 7-29 FIRSTNONBLANK()函数
创建的度量值(4)

创建透视表,将日期表中的月拖入行标签,将年拖入列标签,勾选以上度量值。将日期表中的年添加为切片器,选择切片器,返回的值如图 7-29。

图 7-29 中,透视表值区域返回的为文本值,产品列中的非空值被保留。

7.3.3 含有 OF 的函数

含有 OF 的时间智能函数有(STARTOF/ENDOF)YEAR/QUARTER/MONTH,用于计算当前上下文中该年/季/月中第 1 个/最后一个日期的表达式。这几个函数的语法结构相同,以 STARTOFYEAR()为例,语法如下:

```
STARTOFYEAR(<dates>,[<YearEndDate>])
```

注意：DAX 中含有 OF 的时间智能函数，当数据集中因节假日、周末等因素而在对应的月头/月尾、季头/季尾、年头/年尾存在业务数据缺失值时，STARTOFYEAR()等函数会因不执行非空条件而产生空值。

1. 含有 STARTOF 类的函数

在业务表中创建计算列业.SOM、业.SOQ、业.SOY，表达式如下：

```
业.SOM: = STARTOFMONTH('业务'[接单日期])
业.SOQ: = STARTOFQUARTER('业务'[接单日期])
业.SOY: = STARTOFYEAR('业务'[接单日期])
```

为了方便理解，隐藏了其他列。截取前 4 行数据，返回的值如图 7-30 所示。

	接单日期	业.SOM	业.SOQ	业.SOY
1	2021/8/6	2021/8/1	2021/7/1	2021/1/1
2	2021/9/24	2021/9/1	2021/7/1	2021/1/1
3	2021/7/28	2021/7/1	2021/7/1	2021/1/1
4	2021/7/18	2021/7/1	2021/7/1	2021/1/1

图 7-30　STARTOFMONTH()等函数创建的计算列

在度量值区域，创建度量值 M.SOM、M.SOQ、M.SOY，表达式如下：

```
M.SOM: = STARTOFMONTH('业务'[接单日期])
M.SOQ: = STARTOFQUARTER('业务'[接单日期])
M.SOY: = STARTOFYEAR('业务'[接单日期])
```

创建透视表，将日期表中的月拖入行标签，将年拖入列标签，勾选以上度量值。将日期表中的年添加为切片器，选择切片器，返回的值如图 7-31 所示。

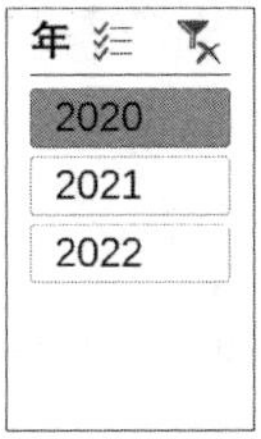

年			
2020			
2021			
2022			

	列标签		
	2020		
行标签	M.SOM	M.SOQ	M.SOY
6	2020/6/30	2020/6/30	**2020/6/30**
7	**2020/7/2**	**2020/7/2**	2020/6/30
8	2020/8/1	2020/7/2	2020/6/30
9	2020/9/1	2020/7/2	2020/6/30
10	**2020/10/3**	**2020/10/3**	2020/6/30
11	2020/11/1	2020/10/3	2020/6/30
12	2020/12/1	2020/10/3	2020/6/30

图 7-31　STARTOFMONTH()等函数创建的度量值(1)

以日期表中的 Date 列为参数，创建度量值 M.SOM1、M.SOQ1、M.SOY1，表达式如下：

```
M.SOM1:= STARTOFMONTH('日期'[Date])
M.SOQ1:= STARTOFQUARTER('日期'[Date])
M.SOY1:= STARTOFYEAR('日期'[Date])
```

创建透视表,将日期表中的月拖入行标签,将年拖入列标签,勾选以上度量值。将日期表中的年添加为切片器,选择切片器,返回的值如图 7-32 所示。

年			列标签		
			2020		
2020		行标签 ▾	M.SOM1	M.SOQ1	M.SOY1
2021		1	2020/1/1	2020/1/1	2020/1/1
2022		2	2020/2/1	2020/1/1	2020/1/1
		3	2020/3/1	2020/1/1	2020/1/1
		4	2020/4/1	2020/4/1	2020/1/1
		5	2020/5/1	2020/4/1	2020/1/1
		6	2020/6/1	2020/4/1	2020/1/1
		7	2020/7/1	2020/7/1	2020/1/1
		8	2020/8/1	2020/7/1	2020/1/1
		9	2020/9/1	2020/7/1	2020/1/1
		10	2020/10/1	2020/10/1	2020/1/1
		11	2020/11/1	2020/10/1	2020/1/1
		12	2020/12/1	2020/10/1	2020/1/1

图 7-32　STARTOFMONTH()等函数创建的度量值(2)

创建度量值 M.结算额 SOM、M.结算额 SOQ、M.结算额 SOY,表达式如下:

```
M.结算额 SOM:= CALCULATE([M.结算额],STARTOFMONTH('日期'[Date]))
M.结算额 SOQ:= CALCULATE([M.结算额],STARTOFQUARTER('日期'[Date]))
M.结算额 SOY:= CALCULATE([M.结算额],STARTOFYEAR('日期'[Date]))
```

创建透视表,将日期表中的月拖入行标签,将年拖入列标签,勾选以上度量值。将日期表中的年添加为切片器,选择切片器,返回的值如图 7-33 所示。

年			列标签		
			2020		
2021		行标签 ▾	M.结算额SOM	M.结算额SOQ	M.结算额SOY
2020		8	418,379.00		
2022		9	60,342.00		
		11	38,670.00		
		12	278,794.00		

图 7-33　STARTOFMONTH()等函数创建的度量值(3)

以'业务'[接单日期]中 2020 年的 STARTOFMONTH()数据为例,其对应的日期为 2020/6/30、2020/7/2。因 STARTOFMONTH()不执行空值,所以透视表中的数据为空值,如图 7-33 所示。

仍以'业务'[接单日期]中 2019 年的 STARTOFQUARTER()数据为例,其第 3 季的开始值应为 2019/7/1。因 STARTOFQUARTER()作为 CALCULATE()的筛选参数时不执行空值,所以透视表中的第 3 季返回的数据为空值。同理,M. 结算额 SOY 返回的数据为空值。

2. 含有 ENDOF 类的函数

在度量值区域,创建度量值 M. EOM、M. EOQ、M. EOY 等,表达式如下:

```
M.EOM: = ENDOFMONTH('业务'[接单日期])
M.EOQ: = ENDOFQUARTER('业务'[接单日期])
M.EOY: = ENDOFYEAR('业务'[接单日期])


M.EOM1: = ENDOFMONTH('日期'[Date])
M.EOQ1: = ENDOFQUARTER('日期'[Date])
M.EOY1: = ENDOFYEAR('日期'[Date])
```

创建透视表,将日期表中的月拖入行标签,将年拖入列标签,勾选以上度量值。将日期表中的年添加为切片器,选择切片器,返回的值如图 7-34 所示。

年	列标签 2020					
2020	行标签	M.EOM	M.EOQ	M.EOY	M.EOM1	M.EOQ1	M.EOY1
2021	1				2020/1/31	2020/3/31	2020/12/31
2022	2				2020/2/29	2020/3/31	2020/12/31
	3				2020/3/31	2020/3/31	2020/12/31
	4				2020/4/30	2020/6/30	2020/12/31
	5				2020/5/31	2020/6/30	2020/12/31
	6	2020/6/30	2020/6/30	2020/12/31	2020/6/30	2020/6/30	2020/12/31
	7	2020/7/30	2020/9/30	2020/12/31	2020/7/31	2020/9/30	2020/12/31
	8	2020/8/31	2020/9/30	2020/12/31	2020/8/31	2020/9/30	2020/12/31
	9	2020/9/30	2020/9/30	2020/12/31	2020/9/30	2020/9/30	2020/12/31
	10	2020/10/31	2020/12/31	2020/12/31	2020/10/31	2020/12/31	2020/12/31
	11	2020/11/30	2020/12/31	2020/12/31	2020/11/30	2020/12/31	2020/12/31
	12	2020/12/31	2020/12/31	2020/12/31	2020/12/31	2020/12/31	2020/12/31

图 7-34 ENDOFMONTH()等函数创建的度量值(1)

创建度量值,表达式如下:

```
M.结算额 EOM: = CALCULATE(SUM('业务'[结算运费]),ENDOFMONTH('日期'[Date]))

M.结算额 EOQ: = CALCULATE(SUM('业务'[结算运费]),ENDOFQUARTER('日期'[Date]))

M.结算额 EOY: = CALCULATE(SUM('业务'[结算运费]),ENDOFYEAR('日期'[Date]))
```

创建透视表,将日期表中的月拖入行标签,将年拖入列标签,勾选以上度量值。将日期表中的年添加为切片器,选择切片器,返回的值如图 7-35 所示。

'业务'[接单日期]中 2019 年 7 月的 ENDOFMONTH()对应的值为 2019/7/30。因 ENDOFMONTH()函数不执行空值,所以透视表中 2019 年 7 月的数据为空值,如图 7-35 所示。

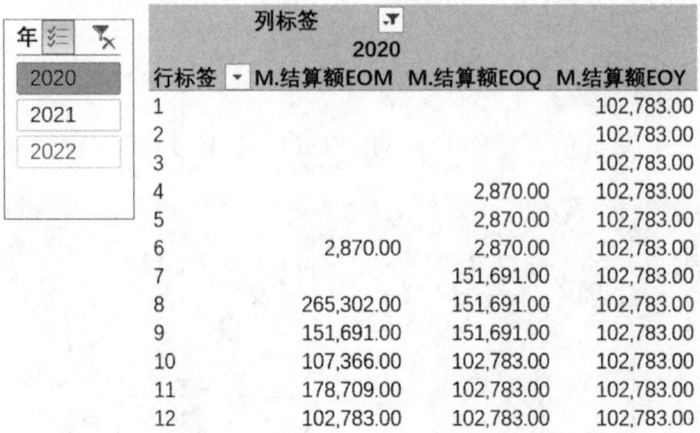

行标签	M.结算额EOM	M.结算额EOQ	M.结算额EOY
1			102,783.00
2			102,783.00
3			102,783.00
4		2,870.00	102,783.00
5		2,870.00	102,783.00
6	2,870.00	2,870.00	102,783.00
7		151,691.00	102,783.00
8	265,302.00	151,691.00	102,783.00
9	151,691.00	151,691.00	102,783.00
10	107,366.00	102,783.00	102,783.00
11	178,709.00	102,783.00	102,783.00
12	102,783.00	102,783.00	102,783.00

图 7-35　ENDOFMONTH()等函数创建的度量值(2)

7.3.4　含有 BALANCE 的函数

含有 BALANCE 的时间智能函数有 CLOSINGBALANCEYEAR/QUARTER/MONTH、OPENINGBALANCEYEAR/QUARTER/MONTH，用于计算当前上下文中该年/季/月中第 1 个/最后一个日期的表达式。这几个函数的语法结构相同，以 CLOSINGBALANCEYEAR()为例，语法如下：

```
CLOSINGBALANCEYEAR(
    <expression>,
    <dates>
    [,<filter>]
    [,<year_end_date>]
)
```

以上函数的参数说明见表 7-2。

表 7-2　函数的参数说明

参　数	定　义
expression	返回标量值的表达式
dates	包含日期的列
filter	(可选) 指定要应用于当前上下文的筛选器的表达式
year_end_date	(可选) 带有日期的文本字符串，用于定义年末日期。默认值为 12 月 31 日

1. OPENINGBALANCEMONTH()/CLOSINGBALANCEMONTH()

DAX 中的时间智能主要以年份(YEAR)、季度(QUARTER)、月份(MONTH)级别进行运算。CLOSINGBALANCEMONTH()函数用于计算当前上下文中该月最后一个日期的表达式，OPENINGBALANCEMONTH()函数用于计算当前上下文中该月份第 1 个日

期的表达式。以月份层级为例,创建度量值 M.CBM、M.OBM,表达式如下:

```
M.CBM: = CLOSINGBALANCEMONTH(LASTDATE('日期'[Date]),'日期'[Date])
M.OBM: = OPENINGBALANCEMONTH(FIRSTDATE('日期'[Date]),'日期'[Date])
```

创建透视表,将日期表中的月拖入行标签,将年拖入列标签,勾选以上度量值。将日期表中的年添加为切片器,选择切片器。上月的期末等于本月的期初,返回的值如图 7-36所示。

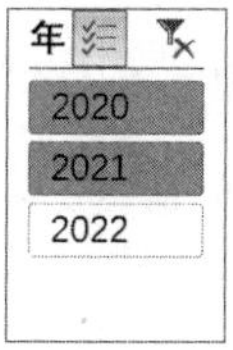

年		列标签			
			2020		2021
2020	行标签	M.CBM	M.OBM	M.CBM	M.OBM
2021	1	2020/1/31		2021/1/31	2020/12/31
2022	2	2020/2/29	2020/1/31	2021/2/28	2021/1/31
	3	2020/3/31	2020/2/29	2021/3/31	2021/2/28
	4	2020/4/30	2020/3/31	2021/4/30	2021/3/31
	5	2020/5/31	2020/4/30	2021/5/31	2021/4/30
	6	2020/6/30	2020/5/31	2021/6/30	2021/5/31
	7	2020/7/31	2020/6/30	2021/7/31	2021/6/30
	8	2020/8/31	2020/7/31	2021/8/31	2021/7/31
	9	2020/9/30	2020/8/31	2021/9/30	2021/8/31
	10	2020/10/31	2020/9/30	2021/10/31	2021/9/30
	11	2020/11/30	2020/10/31	2021/11/30	2021/10/31
	12	2020/12/31	2020/11/30	2021/12/31	2021/11/30

图 7-36　CLOSINGBALANCEMONTH()等函数创建的度量值(1)

创建度量值 M.结算额 CBM、M.结算额 OBM,表达式如下:

```
M.结算额 CBM: = CLOSINGBALANCEMONTH(SUM('业务'[结算运费]),'日期'[Date])
M.结算额 OBM: = OPENINGBALANCEMONTH(SUM('业务'[结算运费]),'日期'[Date])
```

创建透视表,将日期表中的月拖入行标签,将年拖入列标签,勾选以上度量值。将日期表中的年添加为切片器,选择切片器。上月的期末余额等于本月的期初余额,返回的值如图 7-37 所示。

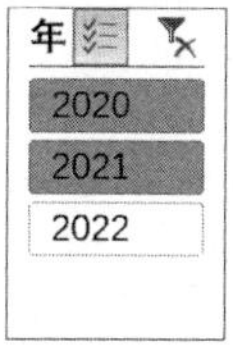

年		列标签			
			2020		2021
2020	行标签	M.结算额CBM	M.结算额OBM	M.结算额CBM	M.结算额OBM
2021	1			16,951.00	102,783.00
2022	2				16,951.00
	3			292,924.00	
	4			235,112.00	292,924.00
	5			379,688.00	235,112.00
	6	2,870.00		743,424.00	379,688.00
	7		2,870.00	178,867.00	743,424.00
	8	265,302.00		1,314,652.00	178,867.00
	9	151,691.00	265,302.00	534,987.00	1,314,652.00
	10	107,366.00	151,691.00	180,905.00	534,987.00
	11	178,709.00	107,366.00	148,234.00	180,905.00
	12	102,783.00	178,709.00	194,135.00	148,234.00

图 7-37　CLOSINGBALANCEMONTH()等函数创建的度量值(2)

同理,以下两个度量值返回的值是相同的。

```
M.结算额 CBM1:= CLOSINGBALANCEMONTH(SUM('业务'[结算运费]),'日期'[Date])
M.结算额 EOM1:= CALCULATE(SUM('业务'[结算运费]),ENDOFMONTH('日期'[Date]))
```

DAX 中,含有 BALANCE 字母的函数的第 3 个参数为 filter(筛选器),它可以使用 USERELATIONSHIP()作为第 3 个参数。对日期表 Date 列与业务表的发车时间列创建虚拟关系。创建度量值 M.结算额 CBMU、M.结算额 EOMU,表达式如下:

```
M.结算额 CBMU := 
CLOSINGBALANCEMONTH (
    SUM ( '业务'[结算运费] ),
    '日期'[Date],
    USERELATIONSHIP ( '业务'[发车日期], '日期'[Date] )
)

M.结算额 EOMU := 
CALCULATE (
    SUM ( '业务'[结算运费] ),
    ENDOFMONTH ( '日期'[Date] ),
    USERELATIONSHIP ( '日期'[Date], '业务'[发车日期] )
)
```

创建透视表,将日期表中的月拖入行标签,将年拖入列标签,勾选度量值 M.结算额 OBM、M.结算额 CBMU、M.结算额 EOMU。将日期表中的年添加为切片器,选择切片器,对比三者返回值的差异,返回的值如图 7-38 所示。

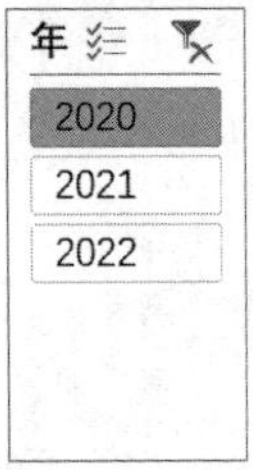

年			
	列标签		
	2020		
行标签	**M.结算额OBM**	**M.结算额CBMU**	**M.结算额EOMU**
6		2,870	2,870
7	2,870.00	270,623	270,623
8		164,602	164,602
9	265,302.00	146,501	146,501
10	151,691.00	133,776	133,776
11	107,366.00	168,775	168,775
12	178,709.00	276,746	276,746

切片器:2020、2021、2022

图 7-38 CLOSINGBALANCEMONTH()等函数创建的度量值(3)

2.(OPENING/CLOSING)BALANCEQUARTER

计算当前上下文中该季度第 1 个日期的表达式。创建度量 M.结算额 OBQ、M.结算额 CBQ,表达式如下:

```
M.结算额 CBQ:= CLOSINGBALANCEQUARTER(SUM('业务'[结算运费]),'日期'[Date])
M.结算额 OBQ:= OPENINGBALANCEQUARTER(SUM('业务'[结算运费]),'日期'[Date])
```

创建透视表,将日期表中的月拖入行标签,将年拖入列标签,勾选以上度量值。将日期表中的年添加为切片器,选择切片器。上一季度的期末余额等于本季度的期初余额,返回的值如图 7-39 所示。

图 7-39　CLOSINGBALANCEQUARTER()等函数创建的度量值

图 7-39 中,相关空值与所有含 BALANCE 的时间智能函数不执行空值运算有关。

在季度级别,CLOSINGBALANCEQUARTER()与 ENDOFQUARTER()同样可以采用不同的方式进行表达式编写。以下两个度量值返回的值是相同的,表达式如下:

```
M.结算额 CBQ1:=CLOSINGBALANCEQUARTER(SUM('业务'[结算运费]),'日期'[Date])
M.结算额 EOQ1:=CALCULATE(SUM('业务'[结算运费]),ENDOFQUARTER('日期'[Date]))
```

3.（OPENING/CLOSING）BALANCEYEAR

OPENINGBALANCEYEAR()函数用于计算当前上下文中该年份第 1 个日期的表达式,CLOSINGBALANCEYEAR()函数用于计算当前上下文中该年份最后一个日期的表达式。创建度量值,表达式如下:

```
M.结算额 CBY:=CLOSINGBALANCEYEAR(SUM('业务'[结算运费]),'日期'[Date])
M.结算额 OBY:=OPENINGBALANCEYEAR(SUM('业务'[结算运费]),'日期'[Date])
```

创建透视表,将日期表中的月拖入行标签,将年拖入列标签,勾选以上度量值,返回的值如图 7-40 所示。

ENDOFYEAR()可用作 CALCULATE()函数的筛选参数,CLOSINGBALANCEYEAR()以日期列作为参数。以下两个度量值返回的值是相同的,表达式如下:

```
M.结算额 CBY1:=CLOSINGBALANCEYEAR(SUM('业务'[结算运费]),'日期'[Date])
M.结算额 EOY1:=CALCULATE(SUM('业务'[结算运费]),ENDOFYEAR('日期'[Date]))
```

其他含有 OF 的时间智能函数与含有 BALANCE 的时间智能函数的用法类似,不再一一举例说明。

列标签 ▼					
	2020		2021		2022
行标签 ▼	M.结算额CBY	M.结算额OBY	M.结算额CBY	M.结算额OBY	M.结算额CBY	M.结算额OBY
1	102,783.00		194,135.00	102,783.00		194,135.00
2	102,783.00		194,135.00	102,783.00		194,135.00
3	102,783.00		194,135.00	102,783.00		194,135.00
4	102,783.00		194,135.00	102,783.00		194,135.00
5	102,783.00		194,135.00	102,783.00		194,135.00
6	102,783.00		194,135.00	102,783.00		194,135.00
7	102,783.00		194,135.00	102,783.00		
8	102,783.00		194,135.00	102,783.00		
9	102,783.00		194,135.00	102,783.00		
10	102,783.00		194,135.00	102,783.00		
11	102,783.00		194,135.00	102,783.00		
12	102,783.00		194,135.00	102,783.00		

图 7-40　CLOSINGBALANCEYEAR()等函数创建的度量值

7.4　日期前后

PREVIOUSDAY()、PREVIOUSMONTH()、PREVIOUSQUARTER()、PREVIOUSYEAR()是含有 PREVIOUS 的函数；NEXTDAY()、NEXTMONTH()、NEXTQUARTER()、NEXTYEAR()是含有 NEXT 的函数,其语法结构大体相同。

7.4.1　PREVIOUSDAY()/NEXTDAY()

以 PREVIOUSDAY()函数为例,返回的值为表,用于返回日期列中当前行上下文的前一天的值,语法如下：

```
PREVIOUSDAY(< dates >)
```

在业务表中创建计算列,表达式如下：

```
业.PD: = PREVIOUSDAY('业务'[接单日期])
业.PDD: = LASTDATE(NEXTDAY('业务'[接单日期]))
业.LDPD: = LASTDATE(PREVIOUSDAY('业务'[接单日期]))
业.LDPDD: = LASTDATE(PREVIOUSDAY('日期'[Date]))
业.PDLD: = PREVIOUSDAY(LASTDATE('业务'[接单日期]))

业.ND: = NEXTDAY('业务'[接单日期])
业.LDND: = LASTDATE(NEXTDAY('业务'[接单日期]))
业.NDLD: = NEXTDAY(LASTDATE('业务'[接单日期]))
```

为了方便理解,隐藏了其他列。截取前 8 行数据,返回的值如图 7-41 所示。

创建度量值 M. PD、M. ND,分别用于获取筛选的前一天、后一天的值,表达式如下：

接...	业.PD	业.PDD	业.LDPD	业.LDPDD	业.PDLD	业.ND	业.LDND	业.NDLD
1	2020/6/30				2020/6/29				
2	2020/7/2		2020/7/3		2020/7/1		2020/7/3	2020/7/3	2020/7/3
3	2020/7/2		2020/7/3		2020/7/1		2020/7/3	2020/7/3	2020/7/3
4	2020/7/2		2020/7/3		2020/7/1		2020/7/3	2020/7/3	2020/7/3
5	2020/7/2		2020/7/3		2020/7/1		2020/7/3	2020/7/3	2020/7/3
6	2020/7/2		2020/7/3		2020/7/1		2020/7/3	2020/7/3	2020/7/3
7	2020/7/3	2020/7/2	2020/7/4	2020/7/2	2020/7/2	2020/7/2	2020/7/4	2020/7/4	2020/7/4
8	2020/7/3	2020/7/2	2020/7/4	2020/7/2	2020/7/2	2020/7/2	2020/7/4	2020/7/4	2020/7/4

图 7-41　PREVIOUSDAY() 等函数创建的计算列

```
M.PD: = PREVIOUSDAY ('日期'[Date])
M.ND: = NEXTDAY('日期'[Date])
```

创建透视表,将日期表中的 Date 列拖入行标签,勾选以上度量值,截取前 5 行数据,返回的值如图 7-42 所示。

行标签	M.PD	M.ND
2020/1/1		2020/1/2
2020/1/2	2020/1/1	2020/1/3
2020/1/3	2020/1/2	2020/1/4
2020/1/4	2020/1/3	2020/1/5
2020/1/5	2020/1/4	2020/1/6

图 7-42　PREVIOUSDAY() 等函数创建的度量值

7.4.2　PREVIOUSMONTH()/NEXTMONTH()

以 PREVIOUSMONTH() 函数为例,返回的值为表,用于返回日期列中当前行上下文的前一个月的值,语法如下:

```
PREVIOUSMONTH(< dates >)
```

1. 前一月/下一月的查询表

创建查询表,表达式如下:

```
EVALUATE
PREVIOUSMONTH(LASTDATE('日期'[Date]))
```

查询返回的是日期表 Date 列介于 2022/5/1～2022/5/31 的连续日期值。

创建查询表,表达式如下:

```
EVALUATE
NEXTMONTH (FIRSTDATE('日期'[Date]))
```

查询返回的是日期表 Date 列介于 2020/2/1～2020/2/29 的连续日期值。

创建查询表,表达式如下:

```
EVALUATE
TOPN (
    5,
    FILTER (
        ADDCOLUMNS (
            SUMMARIZE ( '日期', '日期'[Date] ),
            "PM", LASTDATE ( PREVIOUSMONTH ( '日期'[Date] ) ),
            "NM", FIRSTDATE ( NEXTMONTH ('日期'[Date] ) )
        ),
        NOT ( ISBLANK ( [PM] ) )
    )
)
```

在 DAX 中,允许对多个时间智能函数进行嵌套,以上表达式的返回值如图 7-43 所示。

Date	PM	NM
2020/2/1	2020/1/31	2020/3/1
2020/2/2	2020/1/31	2020/3/1
2020/2/3	2020/1/31	2020/3/1
2020/2/4	2020/1/31	2020/3/1
2020/2/5	2020/1/31	2020/3/1

图 7-43　查询表返回的值

2. 前一月/下一月的度量值

创建度量值 M. PML、M. NML,表达式如下:

```
M.PML: = LASTDATE(PREVIOUSMONTH ('日期'[Date]))
M.NML: = LASTDATE(NEXTMONTH ('日期'[Date]))
```

创建透视表,将日期表中的月拖入行标签,将年拖入列标签,勾选以上度量值,返回的值如图 7-44 所示。

列标签					
	2020		2021		2022	
行标签	M.PML	M.NML	M.PML	M.NML	M.PML	M.NML
1		2020/2/29	2020/12/31	2021/2/28	2021/12/31	2022/2/28
2	2020/1/31	2020/3/31	2021/1/31	2021/3/31	2022/1/31	2022/3/31
3	2020/2/29	2020/4/30	2021/2/28	2021/4/30	2022/2/28	2022/4/30
4	2020/3/31	2020/5/31	2021/3/31	2021/5/31	2022/3/31	2022/5/31
5	2020/4/30	2020/6/30	2021/4/30	2021/6/30	2022/4/30	2022/6/30
6	2020/5/31	2020/7/31	2021/5/31	2021/7/31	2022/5/31	
7	2020/6/30	2020/8/31	2021/6/30	2021/8/31		
8	2020/7/31	2020/9/30	2021/7/31	2021/9/30		
9	2020/8/31	2020/10/31	2021/8/31	2021/10/31		
10	2020/9/30	2020/11/30	2021/9/30	2021/11/30		
11	2020/10/31	2020/12/31	2021/10/31	2021/12/31		
12	2020/11/30	2021/1/31	2021/11/30	2022/1/31		

图 7-44　PREVIOUSMONTH()等函数创建的度量值(1)

创建度量值 M.结算额 PM、M.结算额 NM,表达式如下:

```
M.结算额 PM: = CALCULATE(SUM('业务'[结算运费]),PREVIOUSMONTH ('日期'[Date]))
M.结算额 NM: = CALCULATE(SUM('业务'[结算运费]),NEXTMONTH ('日期'[Date]))
```

创建透视表,将日期表中的月拖入行标签,将年拖入列标签,勾选以上度量值。将日期表中的年添加为切片器,选择切片器,返回的值如图 7-45 所示。

年		列标签			
		2020		2021	
行标签		M.结算额PM	M.结算额NM	M.结算额PM	M.结算额NM
2020	1			11,500,031	3,706,888
2021	2			8,126,860	9,164,521
2022	3			3,706,888	11,408,376
	4			9,164,521	13,092,549
	5		2,870	11,408,376	12,580,476
	6		4,011,571	13,092,549	13,178,770
	7	2,870	5,694,229	12,580,476	14,262,203
	8	4,011,571	5,786,051	13,178,770	12,184,652
	9	5,694,229	5,581,293	14,262,203	6,937,841
	10	5,786,051	6,578,080	12,184,652	5,637,148
	11	5,581,293	11,500,031	6,937,841	4,691,046
	12	6,578,080	8,126,860	5,637,148	2,887,907

图 7-45 PREVIOUSMONTH()等函数创建的度量值(2)

7.4.3 PREVIOUSQUARTER()/NEXTQUARTER()

以 PREVIOUSQUARTER()函数为例,返回的值为表,用于返回日期列中当前行上下文的前一个季度的值,语法如下:

```
PREVIOUSQUARTER(< dates >)
```

1. 前一季/后一季的查询表

创建查询表,表达式如下:

```
EVALUATE
PREVIOUSQUARTER(LASTDATE('日期'[Date]))
```

或者

```
EVALUATE
PREVIOUSQUARTER(ENDOFMONTH('日期'[Date]))
```

查询返回的是日期表 Date 列为 2022/1/1—2022/3/31 的连续日期值。

创建查询表,表达式如下:

```
EVALUATE
NEXTQUARTER(FIRSTDATE('日期'[Date]))
```

或者

```
EVALUATE
NEXTQUARTER(STARTOFMONTH('日期'[Date]))
```

查询返回的是日期表 Date 列介于 2020/4/1—2020/6/30 的连续日期值。

创建度量值 M. PQL、M. NQL,表达式如下:

```
M.PQL: = LASTDATE(PREVIOUSQUARTER('日期'[Date]))
M.NQL: = LASTDATE(NEXTQUARTER('日期'[Date]))
```

创建透视表,将日期表中的月拖入行标签,将年拖入列标签,勾选以上度量值。将日期表中的年添加为切片器,选择切片器,返回的值如图 7-46 所示。

年 ≣ ▼ₓ	列标签 ▼			
	2020		**2021**	
行标签 ▼	M.PQL	M.NQL	M.PQL	M.NQL
2020	1		2020/6/30	2020/12/31	2021/6/30
2021	2		2020/6/30	2020/12/31	2021/6/30
2022	3		2020/6/30	2020/12/31	2021/6/30
	4	2020/3/31	2020/9/30	2021/3/31	2021/9/30
	5	2020/3/31	2020/9/30	2021/3/31	2021/9/30
	6	2020/3/31	2020/9/30	2021/3/31	2021/9/30
	7	2020/6/30	2020/12/31	2021/6/30	2021/12/31
	8	2020/6/30	2020/12/31	2021/6/30	2021/12/31
	9	2020/6/30	2020/12/31	2021/6/30	2021/12/31
	10	2020/9/30	2021/3/31	2021/9/30	2022/3/31
	11	2020/9/30	2021/3/31	2021/9/30	2022/3/31
	12	2020/9/30	2021/3/31	2021/9/30	2022/3/31

图 7-46　PREVIOUSQUARTER()等函数创建的度量值(1)

2. 前一季/后一季的度量值

创建度量值 M. 结算额 PQ、M. 结算额 NQ,表达式如下:

```
M.结算额 PQ: = CALCULATE(SUM('业务'[结算运费]),PREVIOUSQUARTER('日期'[Date]))
M.结算额 NQ: = CALCULATE(SUM('业务'[结算运费]),NEXTQUARTER('日期'[Date]))
```

创建透视表,将日期表中的月拖入行标签,将年拖入列标签,勾选以上度量值。将日期表中的年添加为切片器,选择切片器,返回的值如图 7-47 所示。

7.4.4　PREVIOUSYEAR()/NEXTYEAR()

以 PREVIOUSYEAR()函数为例,返回的值为表,用于返回日期列中当前行上下文的上一年的值,允许用第 2 个参数来指定年末日期,语法如下:

```
PREVIOUSYEAR(< dates >[,< year_end_date >])
```

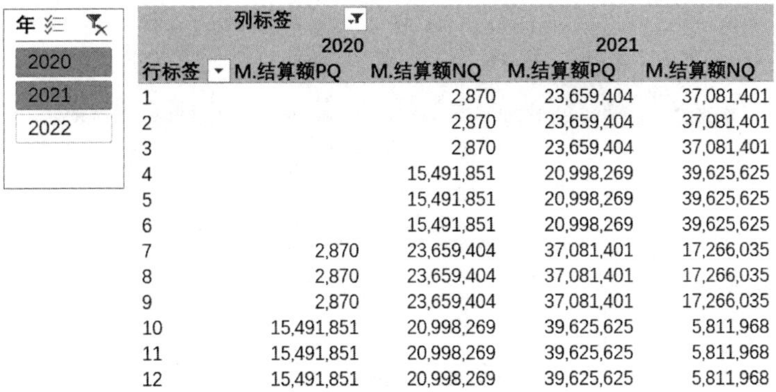

年 ⬌ 🔽	列标签 🔽			
		2020	2021	
2020	行标签 🔽	M.结算额PQ	M.结算额NQ	M.结算额PQ	M.结算额NQ
2021	1		2,870	23,659,404	37,081,401
2022	2		2,870	23,659,404	37,081,401
	3		2,870	23,659,404	37,081,401
	4		15,491,851	20,998,269	39,625,625
	5		15,491,851	20,998,269	39,625,625
	6		15,491,851	20,998,269	39,625,625
	7	2,870	23,659,404	37,081,401	17,266,035
	8	2,870	23,659,404	37,081,401	17,266,035
	9	2,870	23,659,404	37,081,401	17,266,035
	10	15,491,851	20,998,269	39,625,625	5,811,968
	11	15,491,851	20,998,269	39,625,625	5,811,968
	12	15,491,851	20,998,269	39,625,625	5,811,968

图 7-47 PREVIOUSQUARTER()等函数创建的度量值(2)

1. 上一年/下一年的查询表

创建查询表,表达式如下:

```
EVALUATE
PREVIOUSYEAR (LASTDATE('日期'[Date]))
```

或者

```
EVALUATE
PREVIOUSYEAR (ENDOFMONTH('日期'[Date]))
```

查询返回的是日期表 Date 列为 2021/1/1—2021/12/31 的连续日期值。

创建查询表,表达式如下:

```
EVALUATE
NEXTYEAR (FIRSTDATE('日期'[Date]))
```

或者

```
EVALUATE
NEXTYEAR (STARTOFMONTH('日期'[Date]))
```

查询返回的是日期表 Date 列为 2021/1/1—2021/12/31 的连续日期值。

2. 上一年/下一年的度量值

创建度量值,M.PYL、M.NYL,表达式如下:

```
M.PYL: = LASTDATE(PREVIOUSYEAR ('日期'[Date]))
M.NYL: = LASTDATE (NEXTYEAR ('日期'[Date]))
```

创建透视表,将日期表中的月拖入行标签,将年拖入列标签,勾选以上度量值,返回的值如图 7-48 所示。

列标签 ▾					
	2020		2021		2022	
行标签 ▾	M.PYL	M.NYL	M.PYL	M.NYL	M.PYL	M.NYL
1		2021/12/31	2020/12/31	2022/6/30	2021/12/31
2		2021/12/31	2020/12/31	2022/6/30	2021/12/31
3		2021/12/31	2020/12/31	2022/6/30	2021/12/31
4		2021/12/31	2020/12/31	2022/6/30	2021/12/31
5		2021/12/31	2020/12/31	2022/6/30	2021/12/31
6		2021/12/31	2020/12/31	2022/6/30	2021/12/31
7		2021/12/31	2020/12/31	2022/6/30	
8		2021/12/31	2020/12/31	2022/6/30	
9		2021/12/31	2020/12/31	2022/6/30	
10		2021/12/31	2020/12/31	2022/6/30	
11		2021/12/31	2020/12/31	2022/6/30	
12		2021/12/31	2020/12/31	2022/6/30	

图 7-48　PREVIOUSYEAR()等函数创建的度量值(1)

创建度量值,M.结算额 PY、M.结算额 NY,表达式如下:

```
M.结算额 PY:=CALCULATE(SUM('业务'[结算运费]),PREVIOUSYEAR('日期'[Date]))
M.结算额 NY:=CALCULATE(SUM('业务'[结算运费]),NEXTYEAR('日期'[Date]))
```

创建透视表,将日期表中的月拖入行标签,将年拖入列标签,勾选以上度量值。将日期表中的年添加为切片器,选择切片器,返回的值如图 7-49 所示。

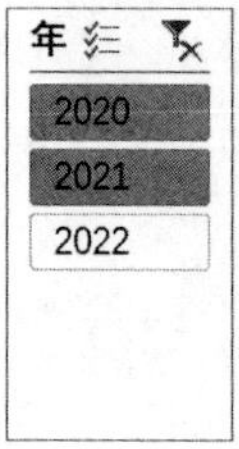

年 ▾ ▾ₓ
2020
2021
2022

列标签 ▾			
	2020		2021	
行标签 ▾	M.PYL	M.NYL	M.PYL	M.NYL
1		2021/12/31	2020/12/31	2022/6/30
2		2021/12/31	2020/12/31	2022/6/30
3		2021/12/31	2020/12/31	2022/6/30
4		2021/12/31	2020/12/31	2022/6/30
5		2021/12/31	2020/12/31	2022/6/30
6		2021/12/31	2020/12/31	2022/6/30
7		2021/12/31	2020/12/31	2022/6/30
8		2021/12/31	2020/12/31	2022/6/30
9		2021/12/31	2020/12/31	2022/6/30
10		2021/12/31	2020/12/31	2022/6/30
11		2021/12/31	2020/12/31	2022/6/30
12		2021/12/31	2020/12/31	2022/6/30

图 7-49　PREVIOUSYEAR()等函数创建的度量值(2)

7.5　日期平移

7.5.1　DATEADD()

DATEADD()返回一个表,此表包含一列日期,日期从当前上下文中的日期开始按指定的间隔数向未来推移或者向过去推移,语法如下:

```
DATEADD(
    < dates >,
    < number_of_intervals >,
    < interval >
)
```

该函数共 3 个必选参数,相关参数说明见表 7-3。

表 7-3 DATEADD()参数说明

参　　　数	定　　义
dates	数据类型为日期的列
number_of_intervals	为整数值,用于指定从 dates 列中增加或减少的数值
interval	日期偏移的间隔单位(year、quarter、month、day)

1. DATEADD()的计算列

在业务表中创建计算列业.AD、业.AM、业.AQ、业.AY,表达式如下:

```
业.AD: = DATEADD('业务'[接单日期], - 5,DAY)
业.AM: = DATEADD('业务'[接单日期], - 1,MONTH)
业.AQ: = DATEADD('业务'[接单日期],1,QUARTER)
业.AY: = DATEADD('业务'[接单日期],1,YEAR)
```

为了方便理解,隐藏了其他列。截取前 15 行数据,空白单元格表示业务表接单日期列中无对应的值,返回的值如图 7-50 所示。

	接单...	业.AD	业.AM	业.AQ	业.AY
1	2020/6/30			2020/9/30	2021/6/30
2	2020/7/2				2021/7/2
3	2020/7/2				2021/7/2
4	2020/7/2				2021/7/2
5	2020/7/2				2021/7/2
6	2020/7/2				2021/7/2
7	2020/7/3			2020/10/3	2021/7/3
8	2020/7/3			2020/10/3	2021/7/3
9	2020/7/3			2020/10/3	2021/7/3
10	2020/7/4				2021/7/4
11	2020/7/4				2021/7/4
12	2020/7/4				2021/7/4
13	2020/7/5	2020/6/30		2020/10/5	2021/7/5
14	2020/7/5	2020/6/30		2020/10/5	2021/7/5
15	2020/7/5	2020/6/30		2020/10/5	2021/7/5

图 7-50 DATEADD()函数创建的计算列

2. DATEADD()的查询表

创建查询表,表达式如下:

```
EVALUATE
DATEADD('日期'[Date], - 5,DAY)
```

查询返回的是日期表 Date 列为 2020/1/1—2022/6/25 的连续日期值。

创建查询表,表达式如下:

```
EVALUATE
DATEADD(ENDOFMONTH('日期'[Date]), - 5, DAY)
```

查询返回的是日期表 Date 列的值,此值为 2022/6/25。

创建查询表,表达式如下:

```
EVALUATE
DATEADD(STARTOFMONTH('日期'[Date]), - 5, DAY)
```

查询返回的是日期表 Date 列为空值的表。

创建查询表,表达式如下:

```
EVALUATE
DATEADD('日期'[Date], - 5, MONTH)
```

查询返回的是日期表 Date 列为 2020/1/1—2021/1/31 的连续日期值。

创建查询表,表达式如下:

```
EVALUATE
DATEADD('日期'[Date], - 5, QUARTER)
```

查询返回的是日期表 Date 列为 2020/1/1—2021/3/31 的连续日期值。

3. DATEADD()的度量值

创建度量值 M. ADSOM,表达式如下:

```
M.ADSOM: = DATEADD ( STARTOFMONTH ( '日期'[Date] ), - 1, DAY )
```

创建透视表,将日期表中的月拖入行标签,将年拖入列标签,勾选以上度量值,返回的值如图 7-51 所示。

创建度量值 M. 结算额 ADSOM,表达式如下:

```
M.结算额 ADSOM : =
CALCULATE (
    SUM ( '业务'[结算运费] ),
    DATEADD ( STARTOFMONTH ( '日期'[Date] ), - 1, DAY )
)
```

创建透视表,将日期表中的月拖入行标签,将年拖入列标签,勾选以上度量值,返回的值如图 7-52 所示。

M.ADSOM 列标签			
行标签	2020	2021	2022
1		2020/12/31	2021/12/31
2	2020/1/31	2021/1/31	2022/1/31
3	2020/2/29	2021/2/28	2022/2/28
4	2020/3/31	2021/3/31	2022/3/31
5	2020/4/30	2021/4/30	2022/4/30
6	2020/5/31	2021/5/31	2022/5/31
7	2020/6/30	2021/6/30	
8	2020/7/31	2021/7/31	
9	2020/8/31	2021/8/31	
10	2020/9/30	2021/9/30	
11	2020/10/31	2021/10/31	
12	2020/11/30	2021/11/30	

图 7-51 DATEADD()函数创建的度量值(1)

M.结算额ADSOM 列标签			
行标签	2020	2021	2022
1		102,783.00	194,135.00
2		16,951.00	
3			169,515.00
4		292,924.00	
5		235,112.00	
6		379,688.00	
7	2,870.00	743,424.00	
8		178,867.00	
9	265,302.00	1,314,652.00	
10	151,691.00	534,987.00	
11	107,366.00	180,905.00	
12	178,709.00	148,234.00	

图 7-52 DATEADD()函数创建的度量值(2)

图 7-52 中,以 2020 年为例,2020/8 表达式对应的数据为 2020/7/31,2021/3 表达式对应的数据为 2021/2/28,2022/2 表达式对应的数据为 2022/1/31,而'业务'[接单日期]中无对应的日期,故透视表对应的单元格返回空值。

创建度量值 M. ADSOQ,表达式如下:

```
M.ADSOQ: = DATEADD ( STARTOFQUARTER ( '日期'[Date] ), - 1, DAY )
```

创建透视表,将日期表中的月拖入行标签,将年拖入列标签,勾选以上度量值,返回的值如图 7-53 所示。

创建度量值 M. 结算额 ASOQ,表达式如下:

```
M.结算额 ASOQ : =
CALCULATE (
    SUM ('业务'[结算运费] ),
    DATEADD ( STARTOFQUARTER ( '日期'[Date] ), - 1, DAY )
)
```

创建透视表,将日期表中的月拖入行标签,将年拖入列标签,勾选以上度量值,返回的值如图 7-54 所示。

M.ADSOQ 列标签			
行标签	2020	2021	2022
1		2020/12/31	2021/12/31
2		2020/12/31	2021/12/31
3		2020/12/31	2021/12/31
4	2020/3/31	2021/3/31	2022/3/31
5	2020/3/31	2021/3/31	2022/3/31
6	2020/3/31	2021/3/31	2022/3/31
7	2020/6/30	2021/6/30	
8	2020/6/30	2021/6/30	
9	2020/6/30	2021/6/30	
10	2020/9/30	2021/9/30	
11	2020/9/30	2021/9/30	
12	2020/9/30	2021/9/30	

图 7-53 DATEADD()函数创建的度量值(3)

M.结算额ASOQ 列标签			
行标签	2020	2021	2022
1		102,783	194,135
2		102,783	194,135
3		102,783	194,135
4		292,924	
5		292,924	
6		292,924	
7	2,870	743,424	
8	2,870	743,424	
9	2,870	743,424	
10	151,691	534,987	
11	151,691	534,987	
12	151,691	534,987	

图 7-54 DATEADD()函数创建的度量值(4)

以 2020 年为例,图 7-54 中,表达式的返回值 2020 年第 3 季度应为 2020/6/30,该日在'业务'[结算运费]列的汇总值为 2870,因此在图 7-54 中,第 4 季度(10 月、11 月、12 月)的数据均为 151 691。其他每年各季数据的返回值以此类推。

7.5.2 SAMEPERIODLASTYEAR()

SAMEPERIODLASTYEAR()返回一个表,其中包含指定 dates 列中的日期在当前上下文中前一年的日期列,语法如下:

```
SAMEPERIODLASTYEAR(<dates>)
```

该函数看似拼写复杂,其实是由 Same、Period、Last、Year 共 4 个单词组成的,用于计算"去年同期"。该函数为 DATEADD(<dates>,−1,YEAR)的特定用法,它只有一个日期列参数,返回的值为表,常用于 CALCULATE()函数的筛选器参数。

SAMEPERIODLASTYEAR()函数的参数必须来自模型中指定的日期表的日期列,当日期列来自事实表或维度表的日期列时,将会报错。应用举例,表达式如下:

```
M.结算额 SPYF :=
CALCULATE (
    SUM ('业务'[结算运费]),
    SAMEPERIODLASTYEAR ('业务'[接单日期])
)
```

创建透视表,将日期表中的月拖入行标签,勾选以上度量值,返回的值如图 7-55 所示。

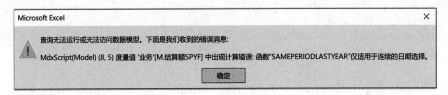

图 7-55 错误提示

1. 去年同期的查询表

SAMEPERIODLASTYEAR(<dates>)是 DATEADD(<dates>,−1,YEAR))的特定用法。创建查询表,表达式如下:

```
EVALUATE
DATEADD('日期'[DATE],−1,YEAR)
```

等效于:

```
EVALUATE
SAMEPERIODLASTYEAR('日期'[DATE])
```

查询返回的是日期表 Date 列为 2020/1/1—2021/6/30 的连续日期值。

时间智能函数允许嵌套使用。创建查询表,表达式如下:

```
EVALUATE
LASTDATE(SAMEPERIODLASTYEAR('日期'[DATE]))
```

或者

```
EVALUATE
LASTDATE(DATEADD('日期'[DATE], - 1,YEAR))
```

查询返回的是一行一列的表,表的行值为 2021/6/30。

创建查询表,表达式如下:

```
EVALUATE
DATESBETWEEN (
    '日期'[DATE],
    NEXTDAY ( SAMEPERIODLASTYEAR ( LASTDATE ('日期'[DATE] ))),
    LASTDATE ('日期'[DATE] )
)
```

查询返回的是日期表 Date 列为 2021/7/1—2022/6/30 的连续日期值。

注意:在大多数情况下,时间智能函数在嵌套过程中,函数的位置对结果无影响,但对于一些特殊段的日期(例如年头/年尾、季头/季尾、月头/月尾)在涉及一些其他运算时可能少部分会受影响,使用过程中需事先检查一下,避免出错。

2. 去年同期的度量值

创建度量值 M. LDSP、M. SPLD、M. NDSPLD,表达式如下:

```
M.LDSP: = LASTDATE(SAMEPERIODLASTYEAR('日期'[DATE]))
M.SPLD: = SAMEPERIODLASTYEAR(LASTDATE('日期'[DATE]))
M.NDSPLD: = NEXTDAY(SAMEPERIODLASTYEAR(LASTDATE('日期'[DATE])))
```

创建透视表,将日期表中的月拖入行标签,将年拖入列标签,勾选以上度量值,返回的值如图 7-56 所示。

创建度量值 M. 结算额 LDSP、M. 结算额 SPLD、M. 结算额 NDSPLD,表达式如下:

```
M.结算额 LDSP : =
CALCULATE (
    SUM ('业务'[结算运费] ),
    LASTDATE (
        SAMEPERIODLASTYEAR ('日期'[DATE] )
```

```
        )
    )

M.结算额 SPLD : =
CALCULATE (
    SUM ('业务'[结算运费]),
    SAMEPERIODLASTYEAR (LASTDATE ( '日期'[DATE] ))
)

M.结算额 NDSPLD : =
CALCULATE (
    SUM ('业务'[结算运费]),
    NEXTDAY ( SAMEPERIODLASTYEAR ( LASTDATE ('日期'[DATE] ) ) )
)
```

	列标签 ▾					
	2021			**2022**		
行标签 ▾	M.LDSP	M.SPLD	M.NDSPLD	M.LDSP	M.SPLD	M.NDSPLD
1	2020/1/31	2020/1/31	2020/2/1	2021/1/31	2021/1/31	2021/2/1
2	2020/2/29	2020/2/28	2020/2/29	2021/2/28	2021/2/28	2021/3/1
3	2020/3/31	2020/3/31	2020/4/1	2021/3/31	2021/3/31	2021/4/1
4	2020/4/30	2020/4/30	2020/5/1	2021/4/30	2021/4/30	2021/5/1
5	2020/5/31	2020/5/31	2020/6/1	2021/5/31	2021/5/31	2021/6/1
6	2020/6/30	2020/6/30	2020/7/1	2021/6/30	2021/6/30	2021/7/1
7	2020/7/31	2020/7/31	2020/8/1			
8	2020/8/31	2020/8/31	2020/9/1			
9	2020/9/30	2020/9/30	2020/10/1			
10	2020/10/31	2020/10/31	2020/11/1			
11	2020/11/30	2020/11/30	2020/12/1			
12	2020/12/31	2020/12/31	2021/1/1			

图 7-56　SAMEPERIODLASTYEAR()创建的度量值(1)

创建透视表,将日期表中的月拖入行标签,将年拖入列标签,勾选以上度量值,返回的值如图 7-57 所示。

	列标签 ▾					
	2021			**2022**		
行标签 ▾	M.结算额LDSP	M.结算额SPLD	M.结算额NDSPLD	M.结算额LDSP	M.结算额SPLD	M.结算额NDSPLD
1				16,951.00	16,951.00	154,018.00
2						529,712.00
3				292,924.00	292,924.00	399,398.00
4				235,112.00	235,112.00	
5				379,688.00	379,688.00	702,009.00
6	2,870.00	2,870.00		743,424.00	743,424.00	330,126.00
7			418,379.00			
8	265,302.00	265,302.00	60,342.00			
9	151,691.00	151,691.00				
10	107,366.00	107,366.00	38,670.00			
11	178,709.00	178,709.00	278,794.00			
12	102,783.00	102,783.00	5,105.00			

图 7-57　SAMEPERIODLASTYEAR()创建的度量值(2)

7.5.3　PARALLELPERIOD()

PARALLELPERIOD()返回一个表,此表包含一列日期,表示与当前上下文中指定的 dates 列中的日期平行的时间段,日期按间隔数向未来推移或者向过去推移,语法如下:

```
PARALLELPERIOD(<dates>,<number_of_intervals>,<interval>)
```

第 2 个参数< number_of_intervals >为 0 时代表当期,为 −1 时代表上一期;第 3 个参数< interval >的间隔为 MONTH、QUARTER、YEAR。

1. 日期平移的查询表

创建查询表:

```
EVALUATE
PARALLELPERIOD ( '日期'[Date], − 1, MONTH )
```

查询返回的是日期表 Date 列为 2020/1/1—2022/5/31 的连续日期值。
创建查询表:

```
EVALUATE
PARALLELPERIOD ( LASTDATE('日期'[Date]), 0, MONTH )
```

查询返回的是日期表 Date 列为 2022/6/1—2022/6/30 的连续日期值。
创建查询表:

```
EVALUATE
PARALLELPERIOD ( LASTDATE('日期'[Date]), − 1, MONTH )
```

查询返回的是日期表 Date 列为 2022/5/1—2022/5/31 的连续日期值。
创建查询表:

```
EVALUATE
PARALLELPERIOD ( LASTDATE('日期'[Date]), 0, QUARTER )
```

查询返回的是日期表 Date 列为 2022/4/1—2022/6/30 的连续日期值。
创建查询表:

```
EVALUATE
PARALLELPERIOD ( LASTDATE('日期'[Date]), − 1, QUARTER )
```

查询返回的是日期表 Date 列为 2022/1/1—2022/3/31 的连续日期值。

创建查询表：

```
EVALUATE
PARALLELPERIOD ( '日期'[Date], −1, YEAR )
```

查询返回的是日期表 Date 列为 2020/1/1—2021/12/31 的连续日期值。
创建查询表：

```
EVALUATE
PARALLELPERIOD ( LASTDATE('日期'[Date]), 0, YEAR )
```

查询返回的是日期表 Date 列为 2022/1/1—2022/6/30 的连续日期值。
创建查询表：

```
EVALUATE
PARALLELPERIOD ( LASTDATE('日期'[Date]), −1, YEAR )
```

查询返回的是日期表 Date 列为 2021/1/1—2021/12/31 的连续日期值。

2. 日期平移的度量值

创建度量值 M.结算额 PRPM，表达式如下：

```
M.结算额 PRPM : =
CALCULATE (
    SUM ( '业务'[结算运费] ),
    PARALLELPERIOD ( '日期'[Date], −1, MONTH )
)
```

创建透视表，将日期表中的月拖入行标签，将年拖入列标签，勾选以上度量值，返回的值如图 7-58 所示。

M.结算额PRPM 列标签			
行标签	2020	2021	2022
1		11,500,031	4,691,046
2		8,126,860	2,887,907
3		3,706,888	1,600,006
4		9,164,521	1,324,055
5		11,408,376	
6		13,092,549	
7	2,870	12,580,476	
8	4,011,571	13,178,770	
9	5,694,229	14,262,203	
10	5,786,051	12,184,652	
11	5,581,293	6,937,841	
12	6,578,080	5,637,148	

图 7-58　PARALLELPERIOD()函数创建的度量值(1)

创建度量值 M.结算额 PRPQ,表达式如下:

```
M.结算额 PRPQ : =
CALCULATE (
    SUM ( '业务'[结算运费] ),
    PARALLELPERIOD ( '日期'[Date], - 1, QUARTER )
)
```

创建透视表,将日期表中的月拖入行标签,将年拖入列标签,勾选以上度量值,返回的值如图 7-59 所示。

以 2020 年的数据为例,图 7-59 中,7—9 月的数据(2870)是数据表中 2020/4—2020/6(上一季度)数据的统计;10—12 月的数据(15 491 851)是数据表中 2020/7—2020/9(上一季度)数据的统计。

创建度量值 M.FDPRPE、M.LDPRPE,表达式如下:

```
M.FDPRPE: = FIRSTDATE(PARALLELPERIOD ( '日期'[Date], - 1, YEAR ))
M.LDPRPE: = LASTDATE(PARALLELPERIOD ( '日期'[Date], - 1, YEAR ))
```

创建透视表,将日期表中的月拖入行标签,将年拖入列标签,勾选以上度量值,返回的值如图 7-60 所示。

M.结算额PRPQ 列标签			
行标签	2020	2021	2022
1		23,659,404	17,266,035
2		23,659,404	17,266,035
3		23,659,404	17,266,035
4		20,998,269	5,811,968
5		20,998,269	5,811,968
6		20,998,269	5,811,968
7	2,870	37,081,401	
8	2,870	37,081,401	
9	2,870	37,081,401	
10	15,491,851	39,625,625	
11	15,491,851	39,625,625	
12	15,491,851	39,625,625	

图 7-59　PARALLELPERIOD()函数
创建的度量值(2)

	列标签			
	2021		2022	
行标签	M.FDPRPE	M.LDPRPE	M.FDPRPE	M.LDPRPE
1	2020/1/1	2020/12/31	2021/1/1	2021/12/31
2	2020/1/1	2020/12/31	2021/1/1	2021/12/31
3	2020/1/1	2020/12/31	2021/1/1	2021/12/31
4	2020/1/1	2020/12/31	2021/1/1	2021/12/31
5	2020/1/1	2020/12/31	2021/1/1	2021/12/31
6	2020/1/1	2020/12/31	2021/1/1	2021/12/31
7	2020/1/1	2020/12/31		
8	2020/1/1	2020/12/31		
9	2020/1/1	2020/12/31		
10	2020/1/1	2020/12/31		
11	2020/1/1	2020/12/31		
12	2020/1/1	2020/12/31		

图 7-60　PARALLELPERIOD()函数
创建的度量值(3)

创建度量值 M.结算额 PRPE,表达式如下:

```
M.结算额 PRPE : =
CALCULATE (
    SUM ( '业务'[结算运费] ),
    PARALLELPERIOD ( '日期'[Date], - 1, YEAR )
)
```

创建透视表,将日期表中的月拖入行标签,将年拖入列标签,勾选以上度量值,返回的值如图 7-61 所示。

M.结算额PRPE 列标签 ▼		
行标签 ▼	2021	2022
1	39,154,125	114,971,330
2	39,154,125	114,971,330
3	39,154,125	114,971,330
4	39,154,125	114,971,330
5	39,154,125	114,971,330
6	39,154,125	114,971,330
7	39,154,125	
8	39,154,125	
9	39,154,125	
10	39,154,125	
11	39,154,125	
12	39,154,125	

图 7-61　PARALLELPERIOD()函数创建的度量值(4)

创建度量值 M.结算额 PRM、M.结算额 PVM,表达式如下:

```
M.结算额 PRM : =
CALCULATE (
    SUM ( '业务'[结算运费] ),
    PARALLELPERIOD ( '日期'[DATE], - 1, MONTH )
)

M.结算额 PVM : =
CALCULATE (
    SUM ( '业务'[结算运费] ),
    PREVIOUSMONTH ( '日期'[DATE] )
)
```

以上两个度量返回的值相同。

7.5.4　DATESINPERIOD()

DATESINPERIOD()返回一个表,此表包含一列日期,日期以指定的开始日期开始,并按照指定的日期间隔一直持续到指定的数字,语法如下:

```
DATESINPERIOD(< dates >, < start_date >, < number_of_intervals >, < interval >)
```

第 1 个参数< dates >来自数据模型中的日期列,第 2 个参数< start_date >允许指定为某一具体的日期,第 3 个参数为整数,第 4 个参数< interval >为 DAY、MONTH、QUARTER、YEAR。此函数适合作为筛选器传递给 CALCULATE 函数。使用该函数可以按标准日期间隔(如日、月、季度或年)筛选表达式,该函数对计算移动聚合运算很有用,例如 MAT

(Moving Annual Total)移动年度总计、MAA(Moving Annual Average)移动年度平均,宜优先采用。

1. 在某期间的查询表

创建查询表,表达式如下:

```
EVALUATE
DATESINPERIOD ( '日期'[Date], DATE(2020,12,31), -3, DAY )
```

查询返回的是日期表 Date 列为 2020/12/29—2020/12/31 的连续日期值。
创建查询表,表达式如下:

```
EVALUATE
DATESINPERIOD ( '日期'[Date], LASTDATE ( '日期'[Date] ), -1, MONTH )
```

查询返回的是日期表 Date 列为 2022/6/1—2022/6/30 的连续日期值。
创建查询表,表达式如下:

```
EVALUATE
DATESINPERIOD ( '日期'[Date], DATE(2020,12,31), -3, QUARTER )
```

查询返回的是日期表 Date 列为 2020/4/1—2020/12/31 的连续日期值。
创建查询表,表达式如下:

```
EVALUATE
DATESINPERIOD('日期'[Date], LASTDATE ( '日期'[Date] ), -1, YEAR )
```

查询返回的是日期表 Date 列为 2021/7/1—2022/6/30 的连续日期值。
创建查询表,表达式如下:

```
EVALUATE
DATESINPERIOD(
'日期'[DATE],
    LASTDATE('日期'[DATE]),//此处可改用 MAX()
    -91,
    DAY
)
```

或者

```
EVALUATE
DATESINPERIOD ( '日期'[Date], LASTDATE ( '日期'[Date] ), -3, MONTH )
```

或者

```
EVALUATE
DATESINPERIOD ( '日期'[Date], LASTDATE ( '日期'[Date] ), −1, QUARTER )
```

以上 3 个查询返回的均是日期表 Date 列为 2022/4/1—2022/6/30 的连续日期值。

2. 在某期间的度量值

创建度量值,表达式如下:

```
M.结算额 DPLA : =
CALCULATE (
    SUM ( '业务'[结算运费] ),
    DATESINPERIOD ( '日期'[Date], LASTDATE ( '日期'[Date] ), −1, MONTH )
)
```

创建透视表,将日期表中的月拖入行标签,将年拖入列标签,勾选以上度量值,返回的值如图 7-62 所示。

M.结算额DPLA	列标签		
行标签	2020	2021	2022
1		8,126,860	2,887,907
2		3,706,888	1,600,006
3		9,164,521	1,324,055
4		11,408,376	
5		13,092,549	
6	2,870	12,580,476	
7	4,011,571	13,178,770	
8	5,694,229	14,262,203	
9	5,786,051	12,184,652	
10	5,581,293	6,937,841	
11	6,578,080	5,637,148	
12	11,500,031	4,691,046	

图 7-62　DATESINPERIOD()函数创建的度量值(1)

以 2020 年 7 月数据为例,图 7-62 中,对应单元格中的值为'业务'[结算运费]列、'业务'[接单日期]列为 2020/7/1—2020/7/31 的汇总数据,其他数据以此类推。

创建度量值 M.结算额 MQT,表达式如下:

```
M.结算额 MQT : =
CALCULATE (
    SUM ( '业务'[结算运费] ),
    DATESINPERIOD ( '日期'[Date], LASTDATE ( '日期'[Date] ), −1, QUARTER )
)
```

创建透视表,将日期表中的月拖入行标签,将年拖入列标签,勾选以上度量值 M.结算额 DPLA、M.结算额 MQT。将日期表中的年添加为切片器,选择切片器,返回的值如图 7-63 所示。

图 7-63　DATESINPERIOD()函数创建的度量值(2)

创建度量值 M.结算额 MAT,表达式如下:

```
M.结算额 MAT : =
CALCULATE (
    SUM ('业务'[结算运费]),
    DATESINPERIOD ('日期'[Date], LASTDATE ('日期'[Date]), -1,YEAR)
)
```

创建透视表,将日期表中的月拖入行标签,将年拖入列标签,勾选以上度量值,返回的值如图 7-64 所示。

M.结算额MAT 列标签				数据采集的区间
行标签	2020	2021	2022	
1		47,280,985	109,732,377	2021/2/1~2022/1/31
2		50,987,873	107,625,495	2021/3/1~2022/2/28
3		60,152,394	99,785,029	2021/4/1~**2022/3/14**
4		71,560,770	88,376,653	**2021/5/1~2022/3/14**
5		84,653,319	75,284,104	**2021/6/1~2022/3/14**
6	2,870	97,230,925	62,703,628	**2021/7/1~2022/3/14**
7	4,014,441	106,398,124		
8	9,708,670	114,966,098		
9	15,494,721	121,364,699		
10	21,076,014	122,721,247		
11	27,654,094	121,780,315		
12	39,154,125	114,971,330		

图 7-64　DATESINPERIOD()函数创建的度量值(3)

7.5.5　DATESBETWEEN()

DATESBETWEEN()返回一个包含一列日期的表,这些日期以指定开始日期一直持续到指定的结束日期,语法如下:

```
DATESBETWEEN(< dates >, < start_date >, < end_date >)
```

此函数适合作为筛选器传递给 CALCULATE 函数,可用它来按自定义日期范围筛选表达式。

1. 指定日期范围的查询表

创建查询表,表达式如下:

```
EVALUATE
DATESBETWEEN (
'日期'[DATE],DATE(2020,12,1),DATE(2020,12,31))
```

查询返回的是日期表 Date 列为 2020/12/1—2020/12/31 的连续日期值。

创建查询表,表达式如下:

```
EVALUATE
DATESBETWEEN (
'日期'[DATE],
    STARTOFYEAR ( LASTDATE(SAMEPERIODLASTYEAR('日期'[DATE] ))),
    ENDOFYEAR ( SAMEPERIODLASTYEAR('日期'[DATE] ))
)
```

查询返回的是日期表 Date 列为 2021/1/1—2021/12/31 的连续日期值。

创建查询表,表达式如下:

```
EVALUATE
DATESBETWEEN (
    '日期'[Date],
    NEXTDAY ( SAMEPERIODLASTYEAR ( LASTDATE ( '日期'[Date] ) ) ),
    LASTDATE ( '日期'[Date] )
)
```

查询返回的是日期表 Date 列为 2021/7/1—2022/6/30 的连续日期值。

2. 指定日期范围的度量值

创建度量值 M.MA,表达式如下:

```
M.MA : =
LASTDATE (
    DATESBETWEEN (
        '日期'[Date],
        NEXTDAY ( SAMEPERIODLASTYEAR ( LASTDATE ( '日期'[Date] ) ) ),
        LASTDATE ( '日期'[Date] )
    )
)
```

创建透视表,将日期表中的月拖入行标签,将年拖入列标签,勾选以上度量值,返回的值如图 7-65 所示。

创建度量值 M.结算额 MAT,表达式如下:

```
M.结算额 MAT: = CALCULATE(
        SUM('业务'[结算运费]),
DATESBETWEEN(
'日期'[Date],
            NEXTDAY(SAMEPERIODLASTYEAR(LASTDATE('日期'[Date]))),
            LASTDATE('日期'[Date])
        )
)
```

M.MA	列标签		
行标签	2020	2021	2022
1	2020/1/31	2021/1/31	2022/1/31
2	2020/2/29	2021/2/28	2022/2/28
3	2020/3/31	2021/3/31	2022/3/31
4	2020/4/30	2021/4/30	2022/4/30
5	2020/5/31	2021/5/31	2022/5/31
6	2020/6/30	2021/6/30	2022/6/30
7	2020/7/31	2021/7/31	
8	2020/8/31	2021/8/31	
9	2020/9/30	2021/9/30	
10	2020/10/31	2021/10/31	
11	2020/11/30	2021/11/30	
12	2020/12/31	2021/12/31	

图 7-65　DATESBETWEEN()函数创建的度量值(1)

或者,采用以下表达式:

```
M.结算额 MAT: = CALCULATE(SUM('业务'[结算运费]),
DATESINPERIOD(
'日期'[Date],
        LASTDATE('日期'[Date]),
        -1,YEAR
    )
)
```

以上两个表达式返回的值相同。创建透视表,将日期表中的月拖入行标签,将年拖入列标签,勾选以上度量值,返回的值如图 7-66 所示。

	列标签					
	2020		2021		2022	
行标签	M.结算额	M.结算额MAT	M.结算额	M.结算额MAT	M.结算额	M.结算额MAT
1			8,126,860.00	47,280,985	2,887,907.00	109,732,377
2			3,706,888.00	50,987,873	1,600,006.00	107,625,495
3			9,164,521.00	60,152,394	1,324,055.00	99,785,029
4			11,408,376.00	71,560,770		88,376,653
5			13,092,549.00	84,653,319		75,284,104
6	2,870.00	2,870	12,580,476.00	97,230,925		62,703,628
7	4,011,571.00	4,014,441	13,178,770.00	106,398,124		
8	5,694,229.00	9,708,670	14,262,203.00	114,966,098		
9	5,786,051.00	15,494,721	12,184,652.00	121,364,699		
10	5,581,293.00	21,076,014	6,937,841.00	122,721,247		
11	6,578,080.00	27,654,094	5,637,148.00	121,780,315		
12	11,500,031.00	39,154,125	4,691,046.00	114,971,330		

图 7-66　DATESBETWEEN()函数创建的度量值(2)

DATESBETWEEN()与 DATESINPERIOD()的比较说明：DATESBETWEEN()从所包含的列返回日期，在两个指定的日期之间。DATESINPERIOD()返回期间中包含的所有天数，该天数相对于为第 2 个参数传递的日期指定了偏移量。

7.6　日期累积

YTD(year-to-date)年初至今、QTD(quarter-to-date)季度至今、MTD(month-to-date)月度至今三者的用法很类似。

该类时间智能函数有 DATESYTD()、DATESQTD()、DATESMTD()、TOTALYTD()、TOTALQTD()、TOTALMTD()。这几个函数都是使用频率很高的几个时间智能函数。

其中，3 个 DATESxTD 函数的语法类似，用于 CALCULATE()的筛选参数；3 个 TOTALxTD 函数的语法类似，这 3 个函数不必借助 CALCULATE()，用法更为灵活。

7.6.1　MTD(月度至今)

DAX 中，含关键词 MTD 的函数有 DATESMTD()、TOTALMTD()，二者的语法存在差异，但实现的功能相同，语法如下：

```
CALCULATE(< expression >,DATESMTD(< dates >))
TOTALMTD(< expression >,< dates >[,< filter >])
```

DAX 中，含有 TOTAL 字母的函数的第 3 个参数为 filter(筛选器)，它可以使用 USERELATIONSHIP()作为第 3 个参数。

创建度量值 M.结算额 MTD，表达式如下：

```
M.结算额 MTD: = CALCULATE(SUM('业务'[结算运费]),DATESMTD('日期'[Date]))
M.结算额 TMTD: = TOTALMTD(SUM('业务'[结算运费]),'日期'[Date])

M.结算额 TMTDU : =
TOTALMTD (
    SUM ( '业务'[结算运费] ),
    '日期'[Date],
    USERELATIONSHIP ( '业务'[发车日期], '日期'[Date] )
)
```

创建透视表，将日期表中的月拖入行标签，将年拖入列标签，勾选以上度量值。将日期表中的年添加为切片器，选择切片器，返回的值如图 7-67 所示。

7.6.2　QTD(季度至今)

DAX 中，含关键词 QTD 的函数有 DATESQTD()、TOTALQTD()，二者的语法存在

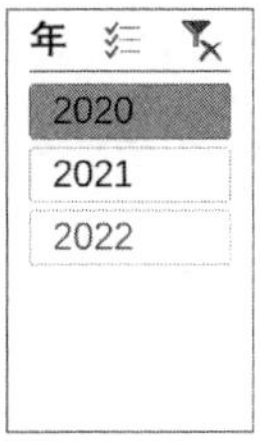

行标签	M.结算额MTD	M.结算额TMTD	M.结算额TMTDU
6	2,870	2,870	2,870
7	4,011,571	4,011,571	3,971,950
8	5,694,229	5,694,229	5,549,636
9	5,786,051	5,786,051	5,830,622
10	5,581,293	5,581,293	5,625,096
11	6,578,080	6,578,080	6,548,032
12	11,500,031	11,500,031	11,470,236
总计	**11,500,031**	**11,500,031**	**11,470,236**

图 7-67　MTD(月初至今)统计

差异,但实现的功能相同,语法如下:

```
CALCULATE(<expression>,DATESQTD(<dates>))
TOTALQTD(<expression>,<dates>[,<filter>])
```

创建度量值 M.结算额 QTD,表达式如下:

```
M.结算额 QTD: = CALCULATE(SUM('业务'[结算运费]),DATESQTD('日期'[Date]))
M.结算额 TQTD: = TOTALQTD(SUM('业务'[结算运费]),'日期'[Date])
```

创建透视表,将日期表中的月拖入行标签,将年拖入列标签,勾选以上度量值。将日期表中的年添加为切片器,选择切片器,返回的值如图 7-68 所示。

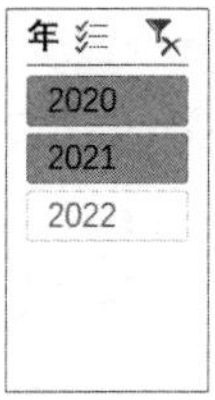

	列标签			
	2020		2021	
行标签	M.结算额QTD	M.结算额TQTD	M.结算额QTD	M.结算额TQTD
1			8126860	8,126,860
2			11833748	11,833,748
3			20998269	20,998,269
4			11408376	11,408,376
5			24500925	24,500,925
6	2870	2,870	37081401	37,081,401
7	4011571	4,011,571	13178770	13,178,770
8	9705800	9,705,800	27440973	27,440,973
9	15491851	15,491,851	39625625	39,625,625
10	5581293	5,581,293	6937841	6,937,841
11	12159373	12,159,373	12574989	12,574,989
12	23659404	23,659,404	17266035	17,266,035

图 7-68　QTD(季初至今)统计

7.6.3　YTD(年度至今)

DAX 中,含关键词 YTD 的函数有 DATESYTD()、TOTALYTD()。DATESYTD()用作 CALCULATE()函数的筛选参数,实现的功能与 TOTALYTD()相同,其中 TOTALYTD()是 DATESYTD()的语法糖。DATESYTD()函数的语法如下:

```
CALCULATE(<expression>,DATESYTD(<dates>[,<year_end_date>]))
```

TOTALYTD()函数的语法如下：

```
TOTALYTD(<expression>,<dates>[,<filter>][,<year_end_date>])
```

TOTALYTD()函数的参数说明,见表7-4。

表 7-4   TOTALYTD()函数的参数说明

参　　数	说　　明
expression	返回标量值的表达式
dates	包含日期的列
filter	(可选)指定要应用于当前上下文的筛选器的表达式
year_end_date	(可选)带有日期的文本字符串,用于定义年末日期,默认值为 12 月 31 日

1. 本年度 YTD

创建度量值 M.结算额 YTD、M.结算额 TYTD,计算本年度的 YTD,表达式如下：

```
M.结算额 YTD: = CALCULATE(SUM('业务'[结算运费]),DATESYTD('日期'[Date]))
M.结算额 TYTD: = TOTALYTD(SUM('业务'[结算运费]),'日期'[Date])
```

创建透视表,将日期表中的月拖入行标签,将年拖入列标签,勾选以上度量值。将日期表中的年添加为切片器,选择切片器,返回的值如图 7-69 所示。

行标签	2020 M.结算额YTD	2020 M.结算额TYTD	2021 M.结算额YTD	2021 M.结算额TYTD
1			8126860	8,126,860
2			11833748	11,833,748
3			20998269	20,998,269
4			32406645	32,406,645
5			45499194	45,499,194
6	2870	2,870	58079670	58,079,670
7	4014441	4,014,441	71258440	71,258,440
8	9708670	9,708,670	85520643	85,520,643
9	15494721	15,494,721	97705295	97,705,295
10	21076014	21,076,014	104643136	104,643,136
11	27654094	27,654,094	110280284	110,280,284
12	39154125	39,154,125	114971330	114,971,330

图 7-69　YTD(年初至今)统计(1)

2. 上年度 YTD

创建度量值 M.结算额 SPYTD、M.结算额 YTDSP,计算去年的 YTD,表达式如下：

```
M.结算额 SPYTD: =
CALCULATE (
    SUM ( '业务'[结算运费] ),
    SAMEPERIODLASTYEAR ( DATESYTD ( '日期'[Date] ) )
)
```

```
M.结算额 YTDSP: =
CALCULATE (
    SUM ( '业务'[结算运费] ),
    DATESYTD ( SAMEPERIODLASTYEAR ( '日期'[Date] ) )
)
```

以上两种表达式的值相同。创建透视表,将日期表中的月拖入行标签,将年拖入列标签,勾选以上度量值。将日期表中的年添加为切片器,选择切片器,返回的值如图 7-70所示。

年		列标签	
		2021	
2021	行标签 ▾	M.结算额SPYTD	M.结算额YTDSP
2022	6	2,870	2,870
2020	7	4,014,441	4,014,441
	8	9,708,670	9,708,670
	9	15,494,721	15,494,721
	10	21,076,014	21,076,014
	11	27,654,094	27,654,094
	12	39,154,125	39,154,125

图 7-70　YTD(年初至今)统计(2)

3. 财务年度 YTD

设置财务年度为 6/30,创建度量值 M.结算额 FYTD、M.结算额 TFYTD,表达式如下:

```
M.结算额 FYTD: = CALCULATE(SUM('业务'[结算运费]),DATESYTD('日期'[Date],"6/30"))
M.结算额 TFYTD: = TOTALYTD(SUM('业务'[结算运费]),'日期'[Date],"6/30")
```

创建透视表,将日期表中的月拖入行标签,将年拖入列标签,勾选以上度量值。将日期表中的年添加为切片器,选择切片器,返回的值如图 7-71 所示。

年		列标签			
		2021			
2020	行标签 ▾	M.结算额SPYTD	M.结算额YTDSP	M.结算额FYTD	M.结算额TFYTD
2021	1			47,278,115	47,278,115
2022	2			50,985,003	50,985,003
	3			60,149,524	60,149,524
	4			71,557,900	71,557,900
	5			84,650,449	84,650,449
	6	2,870	2,870	97,230,925	97,230,925
	7	4,014,441	4,014,441	13,178,770	13,178,770
	8	9,708,670	9,708,670	27,440,973	27,440,973
	9	15,494,721	15,494,721	39,625,625	39,625,625
	10	21,076,014	21,076,014	46,563,466	46,563,466
	11	27,654,094	27,654,094	52,200,614	52,200,614
	12	39,154,125	39,154,125	56,891,660	56,891,660

图 7-71　YTD(年初至今)统计(3)

7.7 综合应用

7.7.1 存在空值的情形

当某期间的最早开始或最晚结束的日期中存在空值情况时，需要使用 FIRSTNONBLANK()或 LASTNONBLANK()函数获取可用数据的日期，并结合其他函数获取数据中可用的开始或结束日期。创建度量值 M.结算额 LNBCR，表达式如下：

```
M.结算额 LNBCR: = CALCULATE (
    SUM ( '业务'[结算运费] ),
    LASTNONBLANK (
'日期'[Date],
        COUNTROWS (RELATEDTABLE ( '业务' ))
    )
)
```

创建透视表，将日期表中的月拖入行标签，将年拖入列标签，勾选度量值 M.结算额 UD（参考图 7-21）、M.结算额 LNBCR，返回的值如图 7-72 所示。

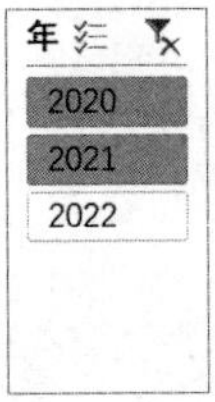

年 ⊟ ▼	列标签 ▼			
	2020		2021	
行标签 ▼	M.结算额UD	M.结算额LNBCR	M.结算额UD	M.结算额LNBCR
1			16,951	16,951
2020				
2021				
2022				
2			421,459	
3			292,924	292,924
4			235,112	235,112
5			379,688	379,688
6	2,870	2,870	743,424	743,424
7		390,961	178,867	178,867
8	265,302	265,302	1,314,652	1,314,652
9	151,691	151,691	534,987	534,987
10	107,366	107,366	180,905	180,905
11	178,709	178,709	148,234	148,234
12	102,783	102,783	194,135	194,135

图 7-72 使用 LASTNONBLANK()函数考虑可用数据(1)

创建度量值 M.结算额 LDQ、M.结算额 LNBCP，表达式如下：

```
M.结算额 LDQ : =
CALCULATE (
    SUM ('业务'[结算运费] ),
    ENDOFQUARTER (
        LASTDATE ('日期'[DATE] )
    )
)

M.结算额 LNBCP: = CALCULATE (
```

```
       SUM ('业务'[结算运费]),
    CALCULATETABLE (
       LASTNONBLANK ('日期'[Date], COUNTROWS ( RELATEDTABLE( '业务'))),
       PARALLELPERIOD ( '日期'[Date], 0, QUARTER )
    )
)
```

创建透视表,将日期表中的月拖入行标签,将年拖入列标签,勾选以上度量值。将日期表中的年添加为切片器,选择切片器,返回的值如图 7-73 所示。

年	列标签			
	2020		2021	
行标签	M.结算额LDQ	M.结算额LNBCP	M.结算额LDQ	M.结算额LNBCP
1			292,924	292,924
2			292,924	292,924
3			292,924	292,924
4	2,870	2,870	743,424	743,424
5	2,870	2,870	743,424	743,424
6	2,870	2,870	743,424	743,424
7	151,691	151,691	534,987	534,987
8	151,691	151,691	534,987	534,987
9	151,691	151,691	534,987	534,987
10	102,783	102,783	194,135	194,135
11	102,783	102,783	194,135	194,135
12	102,783	102,783	194,135	194,135

图 7-73 使用 LASTNONBLANK()函数考虑可用数据(2)

7.7.2 环比与同比分析

1. 环比(MOM)

MOM 是环比 month-on-month 的缩写,是本月数据与上月数据的比较。

创建度量值 M. 结算额 PMMTD、M. MOM、M. MOM%,表达式如下:

```
M.结算额 PMMTD :=
CALCULATE (
    SUM ('业务'[结算运费]),
    DATESMTD (
        PREVIOUSMONTH ('日期'[Date] )
    )
)

M.MOM := [M.结算额 MTD] - [M.结算额 PMMTD]

M.MOM % := DIVIDE([M.结算额 MTD] - [M.结算额 PMMTD],[M.结算额 PMMTD])
```

创建透视表,将日期表中的月拖入行标签,将年拖入列标签,勾选以上度量值。将日期表中的年添加为切片器,选择切片器,返回的值如图 7-74 所示。

2. 同比(YOY)

YOY 是同比 year-over-year 的缩写,是本期数据与上年同期数据的比较。YOY 计算

列标签			
2021			
行标签 ▾	M.结算额PMMTD	M.结算额MTD	M.MOM	M.MOM%
1	11,500,031	8,126,860	-3,373,171	-29.33%
2	8,126,860	3,706,888	-4,419,972	-54.39%
3	3,706,888	9,164,521	5,457,633	147.23%
4	9,164,521	11,408,376	2,243,855	24.48%
5	11,408,376	13,092,549	1,684,173	14.76%
6	13,092,549	12,580,476	-512,073	-3.91%
7	12,580,476	13,178,770	598,294	4.76%
8	13,178,770	14,262,203	1,083,433	8.22%
9	14,262,203	12,184,652	-2,077,551	-14.57%
10	12,184,652	6,937,841	-5,246,811	-43.06%
11	6,937,841	5,637,148	-1,300,693	-18.75%
12	5,637,148	4,691,046	-946,102	-16.78%

图 7-74　环比值

公式为"今年当期－去年同期"。YOY%(同比增长率)是管理中常用的管理分析方法,其计算公式为"(今年当期－去年同期)/去年同期",用于获取今年数据较去年同期的变动情况。

创建度量值 M.结算额 YOY、M.结算额 YOY%,表达式如下:

```
M.结算额 YOY:=[M.结算额 YTD]-[M.结算额 SPYTD]
M.结算额 YOY%:=DIVIDE([M.结算额 YTD]-[M.结算额 SPYTD],[M.结算额 SPYTD])
```

创建透视表,将日期表中的月拖入行标签,将年拖入列标签,勾选以上度量值。将日期表中的年添加为切片器,选择切片器,返回的值如图 7-75 所示。

列标签			
2021			
行标签 ▾	M.结算额SPYTD	M.结算额YTD	M.结算额YOY	M.结算额YOY%
1		8126860	8,126,860	
2		11833748	11,833,748	
3		20998269	20,998,269	
4		32406645	32,406,645	
5		45499194	45,499,194	
6	2,870	58079670	58,076,800	2,023,581.88%
7	4,014,441	71258440	67,243,999	1,675.05%
8	9,708,670	85520643	75,811,973	780.87%
9	15,494,721	97705295	82,210,574	530.57%
10	21,076,014	104643136	83,567,122	396.50%
11	27,654,094	110280284	82,626,190	298.78%
12	39,154,125	114971330	75,817,205	193.64%

图 7-75　同比值

7.8　本章回顾

时间智能在 DAX 数据分析中十分重要。DAX 中的时间智能函数引用的列是日期表中的日期列。本章对 DAX 中的 35 个时间智能函数进行了系统、全面介绍。这 35 个函数中,应优先掌握的有 TOTAL＊TD()系列、DATES＊TD()系列、DATEADD()、SAMEPERIODLASTYEAR()、PARALLELPERIOD()、LASTDATE()、FIRSTNONBLANK()等。

进 阶 篇

第 8 章

Power BI 简介

8.1　Power BI

Power BI Desktop 的下载与安装主要有两种方式：通过网上搜索 Power BI Desktop 进入微软官网下载与安装；通过 Windows 系统中的 Microsoft Store 下载与安装。关于 Power BI Desktop 的下载与安装、注册账号等基础内容本章不进行讲解。本章侧重讲解 Power BI Desktop 的应用及其与 Excel 中的 Power Query、Power Pivot 的差异、技术演化的相关路线及一些日常使用的小技巧。讲解中会适当援引一些来自微软官方网站的内容。

8.1.1　什么是 Power BI

援引微软官方网站，Microsoft Power BI 是一系列的软件服务、应用和连接器，这些软件服务、应用和连接器协同工作，将不相关的数据源转化为合乎逻辑、视觉上逼真的交互式见解。无论你的数据是简单的 Microsoft Excel 工作簿，还是基于云的数据仓库和本地混合数据仓库的集合，Power BI 都可让你轻松连接到数据源、对数据进行清理、建模而不影响基础源、可视化（或发现）的重要信息，并与所需的任何人共享这些信息，如图 8-1 所示。

图 8-1　什么是 Power BI

8.1.2　Power BI 的组成

援引微软官方网站，Power BI 由名为 Power BI Desktop 的 Microsoft Windows 桌面应

用程序、名为 Power BI Service 的联机 SaaS(软件即服务)及可用于手机和平板计算机上的 Power BI Mobile 组成。(Desktop、Service、Mobile Apps)这 3 个要素旨在让用户根据提供业务见解的方式或角色最有效地创建、共享和使用这些见解。

Power BI 中的一个常见工作流：在 Power BI Desktop 中创建一个报表，将其发布到 Power BI Service 创建新的可视化效果或构建仪表板进行共享，在 Power BI Mobile 应用中查看共享仪表板和报表并与之交互，如图 8-2 所示。

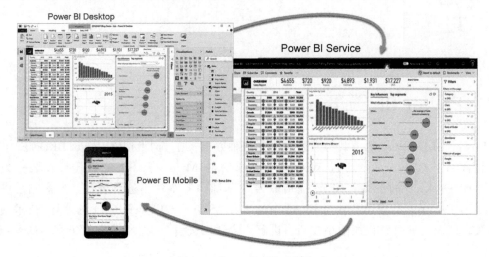

图 8-2　Power BI 的工作流

除了这 3 个元素之外，Power BI 还提供了两个其他元素：①Power BI 报表生成器，用于创建要在 Power BI 服务中共享的分页报表；②Power BI 报表服务器，这是一个本地报表服务器。在 Power BI Desktop 中创建 Power BI 报表后，可以在该服务器中发布报表。

8.1.3　Power BI 的启用

1. Power BI 启动的对话框

启动 Power BI Desktop 时，将显示"入门"对话框，其中提供了有关论坛、博客和介绍性视频的有用链接，如图 8-3 所示。

如果不打算每次启动 Power BI 时看到此启动界面，可取消勾选"在启动时显示此屏幕"。

2. 选择对话框中的"获取数据"

此时可在图 8-3 中单击左侧的"获取数据"按钮，首先进行数据源的选择，然后进入 Power Query 的导航器窗格，进行相关数据的获取。Power BI 支持市面上各类主流的数据库，例如 SQL Server、Oracle、MySQL、DB2 等；支持市面上各类主流的文件，例如 Excel、CSV、XML、JSON、PDF、Hadoop 等；支持网页抓取、R 脚本及 Python 脚本的调用等，如图 8-4 所示。

在 Power BI 中，数据获取的方式还可以通过在 Power BI 主界面的空白报表区，单击"从另外一个源获取数据"，如图 8-5 所示。

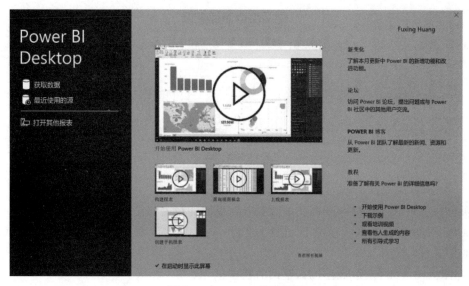

图 8-3　Power BI 的对话框

图 8-4　Power BI 的数据获取

图 8-5　从另一个源获取数据

单击图 8-5 中的"从另一个源获取数据"后,返回的视窗与图 8-4 相同。

在尚未加载任何数据的情况下,也可以从 Power BI 主界面右侧的字段区单击"获取数据",如图 8-6 所示。

单击图 8-6 中的"获取数据"后,返回的视窗也与图 8-4 相同。

或者,通过"主页"→"获取数据"→"更多"获取数据,返回的视窗同样为图 8-4。在 Power BI 操作过程中,可依据个人使用习惯灵活地进行数据获取。

3. 选择对话框中的"最近使用的源"

或者在图 8-3 中单击左侧的"最近使用的源"按钮,选择最近使用的源(如 DEMO.xlsx),单击"连接"按钮,然后进入 Power Query 的导航器窗格,如图 8-7 所示。

图 8-6　获取数据

图 8-7　Power BI 最近使用的源

4. 选择对话框中的"打开其他报表"

或者在图 8-3 中单击左侧的"打开其他报表"按钮,在"打开"对话框中选择最近使用的报表(如 HFX.pbix),如图 8-8 所示。单击"打开"按钮,然后进入 Power BI Desktop 的主界面。

如果不准备采用以上打开方式,则可直接单击图 8-3 右侧的关闭按钮;如果不准备在后续的使用中出现此对话框,则可取消勾选图中的"在启动时显示此屏幕";如果打算学习

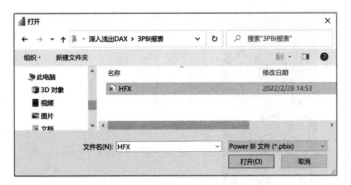

图 8-8　Power BI 打开其他报表

新变化,如访问论坛、博客、教程等,则可单击对应的按钮。

5. 进入 Power BI Desktop 主界面

单击图 8-3 右侧的关闭按钮,直接进入 Power BI Desktop 的主界面。Power BI Desktop 的主界面由 8 部分组成:标题区、功能区、视图区、报表区、筛选区、可视化区、字段区、报表分页区,如图 8-9 所示。

图 8-9　Power BI Desktop 的主界面

如图 8-9 所示,当 Power BI Desktop 未导入数据时,报表区显示的是各类"向报表中添加数据"的方式,例如从 Excel 导入数据、从 SQL Server 导入数据、从另一个源获取数据等。

6. 从 Power BI Desktop 中导入 Excel BI 数据模型

在 Power BI Desktop 功能区,选择"文件"→"导入"→Power Query、Power Pivot、Power View,如图 8-10 所示。

图 8-10   导入 Excel BI 对象(1)

在"打开"对话框中,选择要导入的"DEMO. xlsx"工作簿,单击"打开"按钮。在"导入 Excel 工作簿内容"弹窗中,单击"启动"按钮,如图 8-11 所示。

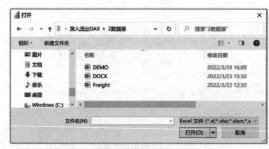

(a) 打开工作簿

(b) 导入Excel工作簿内容

图 8-11   导入 Excel BI 对象(2)

继续导入 Excel 工作簿的内容,如图 8-12 所示。

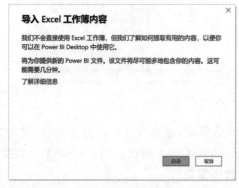

(a) 导入Excel工作簿内容(1)

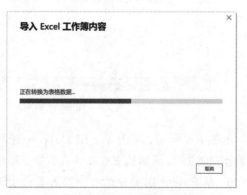

(b) 导入Excel工作簿内容(2)

图 8-12   导入 Excel BI 对象(3)

完成 Excel 工作簿的导入后单击"关闭"按钮,如图 8-13 所示。

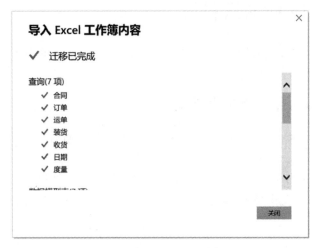

图 8-13 导入 Excel BI 对象(4)

7. 查看导入的数据模型

单击左侧的"模型视图"按钮,查看导入的数据模型,如图 8-14 所示。

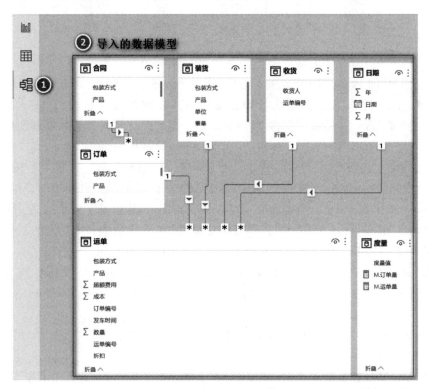

图 8-14 导入的数据模型

8.2　Power BI 中的黑科技

Power BI 中引入了较多的黑科技，例如 AI（人工智能）技术的引入。本章以 Python 脚本、智能问答的应用进行举例。

8.2.1　Power BI 的进化说明

在 Excel 中，通过 Power Query 或 Power Pivot 获取数据后，在 Power Pivot 中创建数据模型，然后通过 Power View（已逐渐退出 Excel Power 组件）或 Power Map 可视化呈现，形成一套完整的 Excel BI。在 Power BI Desktop 中，将获取的数据进行转换与加载、创建数据模型，完成报表的可视化呈现，然后在线发布与共享。二者的使用流程与比较如图 8-15 所示。

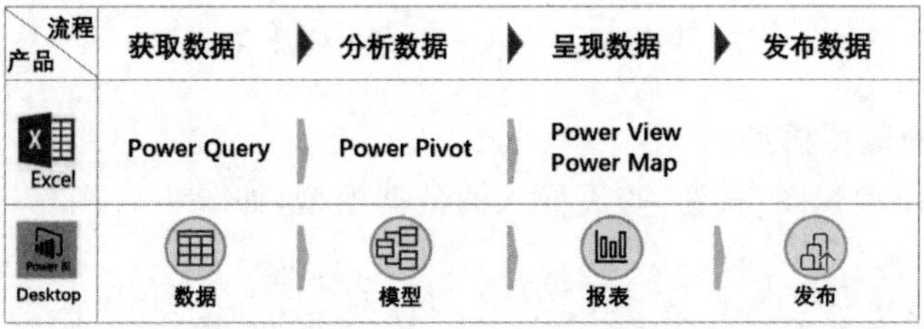

图 8-15　Excel BI 与 Power BI 的使用流程

在 Excel BI 向 Power BI 演化的过程中，涌现了大量的新技术、新方法和新功能。近几年以来 Power BI 的 AI 化、自动化趋势愈发明显。在数据获取阶段，Power BI 在 Excel Power Query 的基础上，新增了很多 M 函数以适应更为广泛的数据获取渠道及数据清洗与转换的需要。在数据建模阶段，Power BI 在 Excel Power Pivot 的基础上，允许在数据模型中有双向关系、多对多关系的存在，新增了很多独有的 DAX 函数。在报表阶段，添加了大量的 AI 视觉对象（如智能问答、智能叙述）及 Power Platform 的组件集成与应用（如 Power Apps、Power Automate）。允许将桌面版的报表发布到云端，这是 Excel BI 所不具备的。

在 Power BI 中单击"发布"按钮，将数据发布到 Power BI Service 指定的工作区。在发布的过程中，Power BI 会要求选择对应的工作区，如图 8-16 所示。

选择"深入浅出 DAX"，单击"选择"按钮。完成数据发布，如图 8-17 所示。

单击图 8-17 中的"在 Power BI 中打开 demo. pbix"，进入 Power BI Service，如图 8-18 所示。

如果此时想结合 Power Automate 创建自动化云端工作流，则可通过"新建"→"流数据集"，如图 8-19 所示。

在接下来的"新建流数据集"各步骤中，采用 Power Automate 提供的工作流模板，完成相关触发器及动作的设置，实现组织所需相关流程（例如业务流、审批流）的自动化。

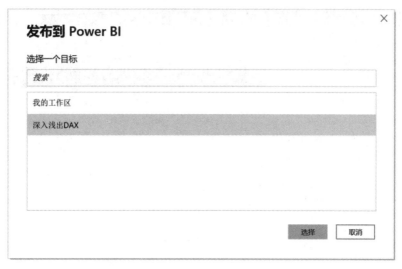

图 8-16　发布到 Power BI 指定工作区

图 8-17　发布到 Power BI

图 8-18　Power BI 在线版工作区

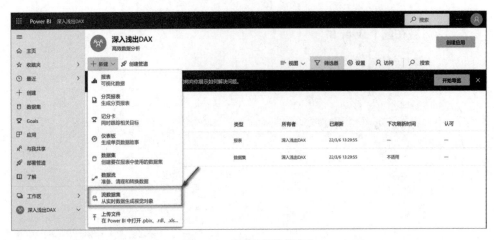

图 8-19　创建"流数据集"

8.2.2　在 Power Query 中运行 Python 脚本

在 Power BI 的查询编辑器中允许运行"R 脚本、Python 脚本",允许在可视化中运行"R脚本、Python 脚本"。

以在 Power Query 中运行 Python 脚本为例。在不破坏现有数据模型的前提下,通过运单表以左外部连接的方式获取订单表中的"订单来源、接单时间、数量"的数据,然后以合并查询表中的"订单来源"为分组依据拆分到同一工作簿的不同工作表中并保存到指定文件夹下的工作簿中。由于 Power BI 无法直接导出数据模型中的数据源,所以对于简单的查询可借助 DAX Studio 用 DAX 查询语句来完成,但对于分组拆分并存储到同一工作簿中的不同工作表,利用 DAX Studio 是无法完成的。此时,在 Power BI 中利用 Power Query 来运行 Python 脚本能够轻松地解决问题,并且代码相当简洁。

在 Power BI 主界面,选择"主页"→"获取数据"→"空白查询",进入 Power Query 查询编辑器。在 Power Query 编辑器中,为了便于后期管理,将查询的名称更改为"合并与导出",然后单击"主页""高级编辑器"按钮,进入 Power Query 的高级编辑器,如图 8-20所示。

在 Power Query 高级编辑器中完成相关 M 语句后,单击"完成"按钮,如图 8-21 所示。

在 Power Query 编辑器中选择"转换"→"运行 Python 脚本",如图 8-22 所示。

在"运行 Python 脚本"对话框中的"脚本"文本框输入的代码如下:

```python
import pandas as pd
ws = pd.ExcelWriter(r'D:\深入浅出 DAX\4 查询导出\按订单来源拆分表.xlsx')
for n, g in dataset.groupby('订单来源'):
    g.to_excel(ws, n, index = False)
ws.save()
```

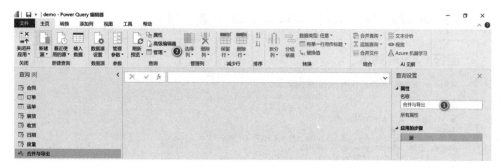

图 8-20　更改查询名称并进入高级编辑器

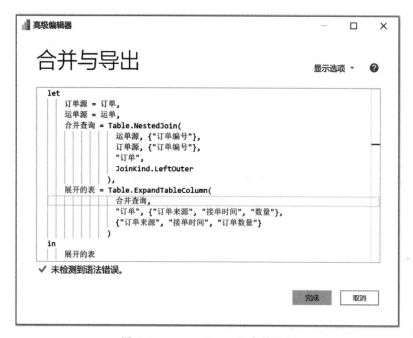

图 8-21　Power Query 的合并查询

图 8-22　运行 Python 脚本(1)

运行 Python 脚本相关设置，单击"确定"按钮，如图 8-23 所示。

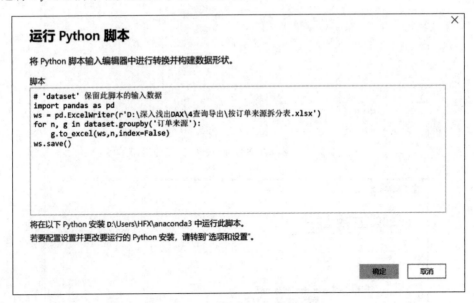

图 8-23　运行 Python 脚本(2)

在"D:\深入浅出 DAX\4 查询导出"中可找到已导出的"按订单来源拆分表.xlsx"工作簿，如图 8-24 所示。

图 8-24　运行 Python 脚本(3)

打开按订单来源拆分表.xlsx 工作簿，查看工作簿中的数据。导出与拆分的结果如图 8-25 所示。

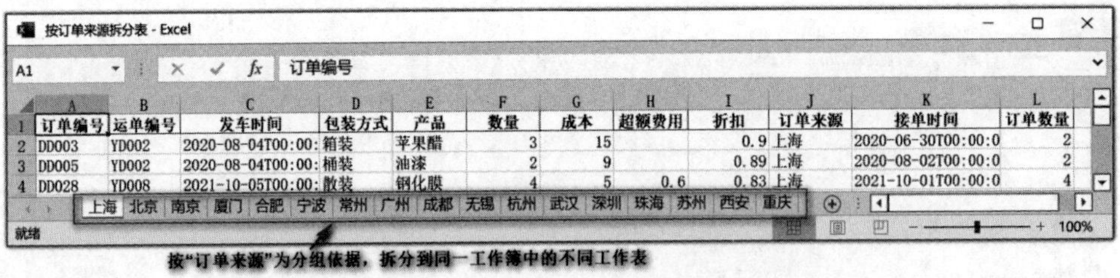

图 8-25　运行 Python 脚本(4)

为了便于理解，对 Power Query 高级编辑器中 M 语言进行适当格式化，完整代码如下：

```
let
    订单源 = 订单,
    运单源 = 运单,
    合并查询 = Table.NestedJoin(
    运单源, {"订单编号"},
    订单源, {"订单编号"},
                    "订单",
                    JoinKind.LeftOuter
                ),
    展开的表 = Table.ExpandTableColumn(
    合并查询,
                    "订单", {"订单来源", "接单时间", "数量"},
                    {"订单来源", "接单时间", "订单数量"}
                ),
    运行 Python = Python.Execute(
    "♯'dataset' 保留此脚本的输入数据♯(lf)
    import pandas as pd♯(lf)
    ws = pd.ExcelWriter(r'D:\深入浅出 DAX\4 查询导出\按订单来源拆分表.xlsx')♯(lf)
    for n, g in dataset.groupby('订单来源'):♯(tab)♯(lf)
        g.to_excel(ws,n,index = False)♯(lf)ws.save()"
            ,[dataset = 展开的表])
in
    运行 Python
```

在以上代码中：Power BI 的 dataset（数据集）对应的是 Pandas 的 DataFrame，代表的是当前的查询表。Power Query 通过 Python.Execute() 函数来调用 Python 访问当前查询表的数据时是通过 dataset 变量访问的。

8.2.3　在可视化区域运行 Python 脚本

在运单表中创建计算列，表达式如下：

```
实际成本 = '运单'[成本] + '运单'[超额费用]
```

在当前计算机 Python 及相关库已安装的前提下，单击 Power BI 可视化区域的"Python 视觉对象"。此时在 Power BI 的报表区域会同时出现灰色的"Python 视觉对象"和"Python 脚本编辑器"，如图 8-26 所示。

将运单表中的"成本、实际成本、数量"字段拖入值区域。查看 Python 脚本编辑器中所显示的 Python 代码与提示，如图 8-27 所示。

在 Python 脚本编辑器中导入 matplotlib 库并创建一个 2×3（2 行 3 列）子图集，分别以常见的散点图、折线图、箱线图、柱形图、条形图、堆积柱形图为视觉对象，完整代码如下：

图 8-26　启动 Python 脚本视觉对象(1)

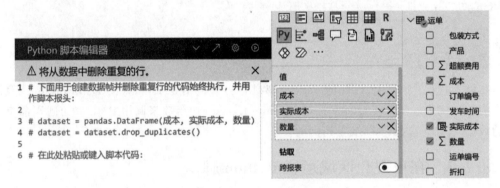

图 8-27　启动 Python 脚本视觉对象(2)

```python
import matplotlib.pyplot as plt
#(一)定义变量
x = dataset.实际成本
y = dataset.成本
y1 = dataset.数量

#(二)添加内容
plt.subplot(2,3,1)
plt.scatter(x,y)

plt.subplot(2,3,2)
plt.plot(x,y)
```

```
plt.subplot(2,3,3)
plt.boxplot(x)

plt.subplot(2,3,4)
plt.bar(x,y)

plt.subplot(2,3,5)
plt.barh(x,y)

plt.subplot(2,3,6)
plt.bar(x,y)
plt.bar(x,y1,bottom = y,color = 'r')

#(三)显示
plt.show()
```

单击 Python 脚本编辑器右侧的运行按钮（▷）。返回（2×3 子图集）视觉对象，如图 8-28 所示。

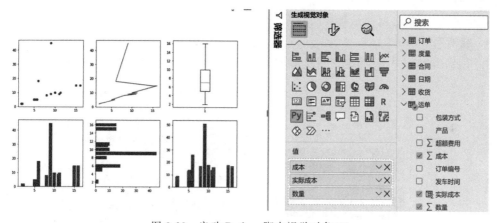

图 8-28　启动 Python 脚本视觉对象(3)

更多有关 Python 数据分析及相应可视化用法，可参阅本书配套的《Pandas 通关实战》。

8.2.4　智能"问答"

鉴于 Power BI 快捷迭代过程中有出现图标新增或变更的可能性。出于本章智能问答讲解的需要，现列出 Power BI 现有可视化图标及其对应的英文，如图 8-29 所示。

在数据分析过程中，可视化是极其重要且高效的方法。在 Power BI 中，可通过以下两种方式实现可视化。①单击相应可视化图标，然后将对应的数据字段拖到数据框中，完成数据的可视化；②通过 Power BI 的智能问答功能完成数据的可视化。Power BI 的智能问答能依据关键字快速地生成可视化图表。图 8-29 中，所有字体加粗的英文名称均可用于智能

图 8-29　Power BI 可视化按钮及对应的英文名称

Stacked bar chart	Stacked column chart	Clustered bar chart	Clustered column chart	100% stacked bar chart	100% stacked column chart
. Line chart	Area chart	Stacked area chart	Line and stacked column chart	Line and clustered column chart	Ribbon chart
Waterfall chart	Funnel	Scatter chart	Pie chart	Donut chart	Treemap
Map	Filled map	Gauge	Card	Multi-row card	KPI
Slicer	Table	Matrix	R script visual	Python visual	Key influencers
Decomposition tree	Q&A	Smart narrative	Paginated report	ArcGIS maps for Power BI	Power Apps for Power BI
Power Automate for Power BI	Get more visuals				

问答中，如 Bar、Column、Line、Waterfall、Funnel、Scatter、Pie、Donut、Treemap、Map、Gauge、Card、KPI、Table、Matrix 等（智能问答对字母的大小写不敏感）。

　　在使用 Power BI 的过程中，当面对各类临时性分析需求或初步的探索性需求时，使用者可通过在问答栏输入问题触发自然语言配置引擎，然后在问答栏不断地调试对问题的问法及条件的指定，最终返回最想要的答案。

1. 智能问答基础

　　在可视化区域，单击"问答"按钮，启动自然语言问答功能（智能问答），如图 8-30 所示。

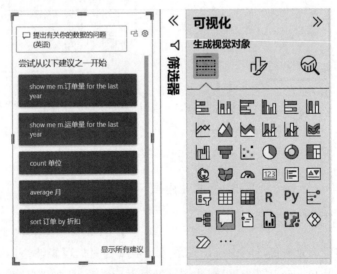

图 8-30　启动自然语言问答功能

　　在报表区域，拖动如图 8-30 所示的视觉对象的边框，将视觉对象调整为合适的尺寸，也可单击图中"显示所有建议"按钮，查看是否有更多可供选择的建议。选择系统提示的建议或在问答栏手动输入相关数据问题，例如，输入某度量值"M. 运单量"，如图 8-31 所示。

在问答栏,最佳的提问方式为英语。在 Power BI 中进行英文问答时,其问话方式可像聊天般自然且智能高效,但这个智能问答方式并不完全适合中文环境。在中文 Power BI 环境中,读者可尝试应用以下规则并创建适合自己的中式智能问答。

图 8-31　自然语言问答功能(1)

1）影响智能问答结果的关键字词

（1）与图表相关的名词,例如 matrix、table、donut、line 和 bar 等。

（2）与日期、时间相关的名词,例如 day、week、month、quarter、year、hour、second、minute 和 second 等。

（3）与日期时间相关的介词,例如 before、after、during、between 和 from 等。

（4）与数值相关的形容词或副词,例如 top、bottom、highest、greater、later 和 earlier 等。

（5）聚合函数,例如 total、sum、average 和 max 等。

（6）与逻辑判断相关的连词,例如 and、or。在智能问题过程中,这些关键字必须用英文拼写且正确表述,或将其中相关的形容词或副词转换为对应的数值比较运算($>$、$>=$、$<>$…)。

2）不影响智能问答结果的字词

英文中的冠词(a、an、the)、代词(he、him、his、she、wh * 、each of 等)、动词(show、tell、do、sort 等)、介词(by、with 等),这些字词写与不写并不影响提问的结果。在进行中式智能问答时,这些词能省则省,反正 Power BI 不能识别这些字词的中文。

3）数据模型中的表、字段、行值条件或列的属性值、度量值

Power BI 在该部分支持中文,是问答功能的数据来源,相关中文一定要拼写正确。可采用个人习惯的模块化提问方式,例如采用"哪里的、谁的? 什么时间的? 什么数据? 什么图表?"的智能问答方式。例如订单来源 北京/上海/广州/深圳,top 4 产品,> 2019 and < 2021,m. 运单量,bar。

在智能问答栏,Power BI 对不能识别的中文、存在错误的表名或列名会标识为红色的双下画线。当错误来自不能识别的中文时,可先单击此未能识别的文字,然后单击问题栏右侧蓝色高亮显示的"定义",进入"问答设置"→"教导 Q&A",对 Power BI 不能理解的术语进行事先定义。当错误来自模型中表名或字段时,可移除或替换该表名或字段。

在智能问答栏,Power BI 对数据模型中存在重名的数据字段会用红色虚线表示。对于这些字段,Power BI 会告知其在问答过程中所采用的表名和列名。如果系统推荐的表名不是所准备采用的表名,则在问答过程中需对其引用的表名做具体的引用限制。

2．智能问答使用

在如图 8-31 所示的问答栏,在"M. 运单量"度量值前面或后面添加"订单来源"字段,智能问答会返回簇状条形图。在返回的簇状条形图中:①模型表中的字段与度量值的位置及

先后顺序不影响问答的输出;②不输入、漏写或不写"show me、by、as、请显示、按、作为"等修饰性词语并不影响提问的结果,如图 8-32 所示。

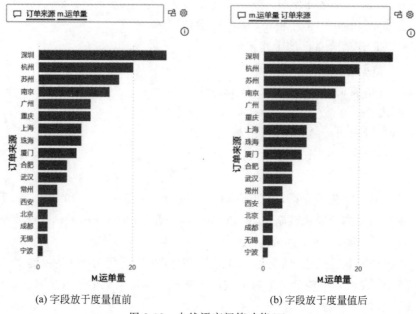

(a) 字段放于度量值前　　　　　　　　　　(b) 字段放于度量值后

图 8-32　自然语言问答功能(2)

在智能问答的问答栏中,当 Power BI 的关键字、修饰词、数据模型中的数据(表、列、度量值等)能起作用时,相关文本或数值下面会有蓝色的下画线。当文本或数值不起作用时,Power BI 会用红色下画线进行提示,例如将 bar(条形图)、map(地图)用中文表示时该文本会出现红色下画线,如图 8-33 所示。

图 8-33　自然语言问答功能(3)

图 8-33 中,"条形图、地图"关键词不起作用,图 8-32 的可视化对象未发生变化。

将图 8-33 中的默认的条形图更改为 columns(柱形图),返回的可视化如图 8-34 所示。

以同样的方法,如果将图 8-33 中的默认的地图更改为 map,则可返回可视化地图。这是因为 columns、map 为 Power BI 问答功能的内置关键字,问答栏中文本的下画线为蓝色,视觉对象显色正常。

如果打算将当前智能问答结果转换为标准视觉对象,则可单击问答栏右则的转换按钮,如图 8-35 所示。

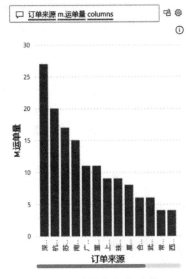

图 8-34 自然语言问答功能(4)

图 8-35 自然语言问答功能(5)

转换后的标准视觉对象及 Power BI 自动完成的相关字段设置如图 8-36 所示。

3. 智能问答的中式使用法

在缺乏英文语境的情况下,采用一套适合自己的中式问答方式可提高问答的效率。在中文版 Power BI 中,可供参考的使用方式:①以目标为导向。减少修饰词的使用,在问答栏中只放置 Power BI 支持的文本或数值;②为 Power BI 支持的文本或数值设置一套自己习惯的写法(例如采用"哪里的? 谁的? 什么时间的? 什么数据? 什么图表?"结构来编辑问答栏中的问答内容)。

1) 什么数据?

以目标为导向,先问什么数据。例如,"sum 数量"或"sum of 数量",如图 8-37 所示。

图 8-36 自然语言问答功能(6)

图 8-37 中式智能问答法(1)

图 8-37 中,在右侧的问答栏中输入"sum of 数量",其中 of 为修饰词,可省略。数量被标识为红色虚线,并有注明:"显示以下对象的结果:sum of 订单 数量",数量的汇总值来自订单表的数量列。

2）哪里的?

在智能问答使用过程中,首先要确保 Power BI 能正确地识别数据源,正确的输入才能返回正确的输出。若需获取运单表中各订单来源的数量和,则可采用以下两种方式来指定数量的来源:在问答栏中指定数量列对应的表名,或对字段进行同义词管理。指定数量列的来源,如图 8-38 所示。

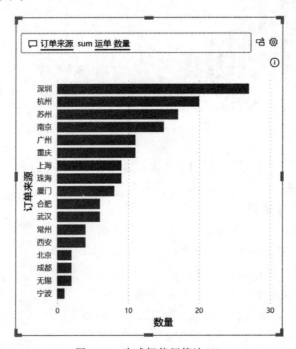

图 8-38　中式智能问答法(2)

图 8-38 中,"数量"列前添加表名"运单",表列之间用空隔分开,或者直接套用度量值,如图 8-39 所示。

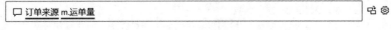

图 8-39　中式智能问答法(3)

由于度量值 M. 运单量(= SUM('运单'[数量]))中事先指定了数量列的来源,所以图 8-38 与图 8-39 的视觉返回值是相同的。

单击问答栏右侧的"术语管理"图标,如图 8-40 所示。

进入"问答设置"→"字段同义词"设置,如将运单表中的数量与运单数量设置为同义,将产品与运单产品设置为同义,如图 8-41 所示。

图 8-40　术语管理(1)

图 8-41　术语管理(2)

返回图 8-40,将其中的数量改为运单数量,此时运单数量为红色点画线。返回的视图同"订单来源 M.运单量"。更改后的问答框如图 8-42 所示。

图 8-42　中式智能问答法(1)

图 8-42 返回的可视化值同图 8-38。

3) 谁的?

将图 8-42 的数据来源限定为"北京、上海、广州、深圳"的数据,如图 8-43 所示。

图 8-43 中,将"北京/上海/广州/深圳"置于"订单来源"前或后,不影响输出的值。为规范管理,可采用"订单来源北京/上海/广州/深圳"集合由大到小的方式。将"北京/上海/广州/深圳"中"/"换成空格也不影响输出的值。为了便于阅读,建议在各维度间用逗号分隔。

在图 8-43 的基础上继续增加探索的维度,新增产品字段,如图 8-44 所示。

图 8-44 中显示并提示"产品"字段来源于合同表,来自数据模型中的一端。

取数量汇总值前 4 的产品(top 4 必须置于产品表前),提问的语句为"订单来源　北京/上海/广州/深圳,top 4 产品,m.运单量",返回的视图如图 8-45 所示。

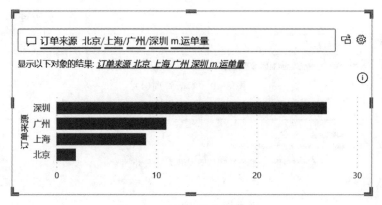

图 8-43　中式智能问答法(2)

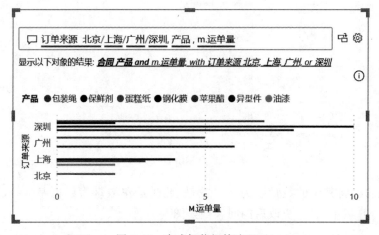

图 8-44　中式智能问答法(3)

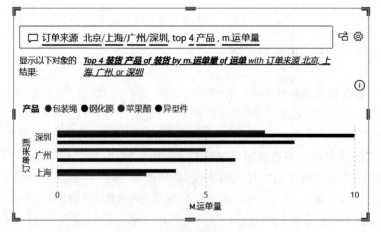

图 8-45　中式智能问答法(4)

图 8-45 中显示并提示"产品"字段来源于装货表,同样来自数据模型中的一端。如果装货表中的产品未能涵盖运单表中的产品,则需要在产品字段前添加"合同"表限制,如图 8-46 所示。

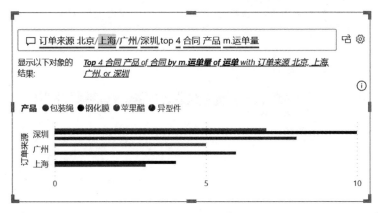

图 8-46　中式智能问答法(5)

4)什么时间的?

限定时间的表达式可以用介词修饰,例如 after 2020-9,between 2020-11 and 2021-11。可直接用运算符(例如> 2020-9),也可采用介词与运算符相结合的方式,例如 year greater 2019 and < 2021 等。继续以图 8-45 为例,添加时间限制,如图 8-47 所示。

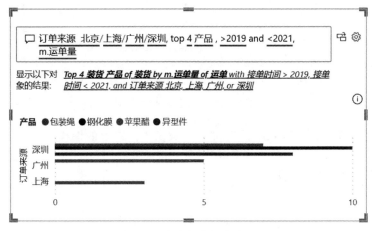

图 8-47　中式智能问答法(6)

5)什么图表?

如果打算将 8-46 的簇状条形图改为堆积条形图,则可增加 stacked bar(堆积条形图)视图类型限定,如图 8-48 所示。

将图 8-48 的智能问答转换为标准视图,查看 Power BI 自动完成的字段设置,如图 8-49 所示。

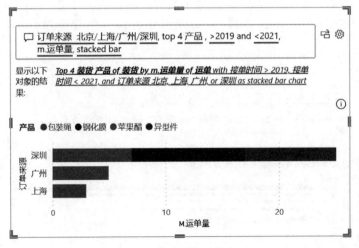

图 8-48　中式智能问答法(7)

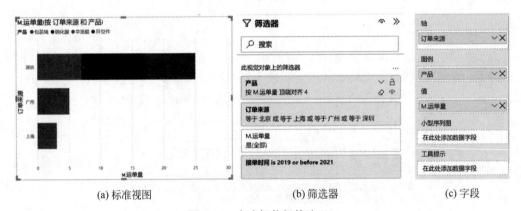

(a) 标准视图　　　　　　　　　(b) 筛选器　　　　　　　　(c) 字段

图 8-49　中式智能问答法(8)

相比 Excel 中的 BI 而言,Power BI 增加了大量类似以上的黑科技,本书不再一一举例。

8.3　使用 Power BI

Power BI 近乎以月为单位在快速迭代,其中一些更新涉及 UI 界面。读者在阅读本章及后续章节时,可能会存在可视化内容与书本中略存差异的情形。

8.3.1　新建表

在 Power BI 中,可通过单击报表视图中的"建模"→"新建表"或数据视图中的"主页"→"新建列""表工具"→"新建表"创建新表,如图 8-50 所示。

在 Power BI 中,可通过在公式栏编写相关 DAX 表达式完成表的创建,表达式的样式

(a) 通过报表视图新建表　　　　　　　　(b) 通过数据视图新建表

图 8-50　新建表(1)

为"表名＝表达式"。在 Power BI 中新建表的步骤更为简洁高效,可省略 Power Pivot 中"添加到数据模型"的步骤。应用举例,表达式如下:

```
可视化格式 =
VAR A =
    SELECTCOLUMNS ( { "行", "列", "值" }, "对象", [Value] )
VAR B =
    SELECTCOLUMNS ( { "标题", "小计" }, "属性", [Value] )
VAR C =
    CROSSJOIN ( A, B )
VAR D =
    ADDCOLUMNS ( C, "对象属性", [对象] & [属性] )
RETURN
    D
```

返回的值如图 8-51 所示。

图 8-51　新建表(2)

8.3.2　新建列

在 Power BI 中,可通过单击报表视图中的"建模"→"新建列"或数据视图中的"主页"→

"新建列""表工具"→"新建列"创建新列。以数据视图中新建列为例,如图 8-52 所示。

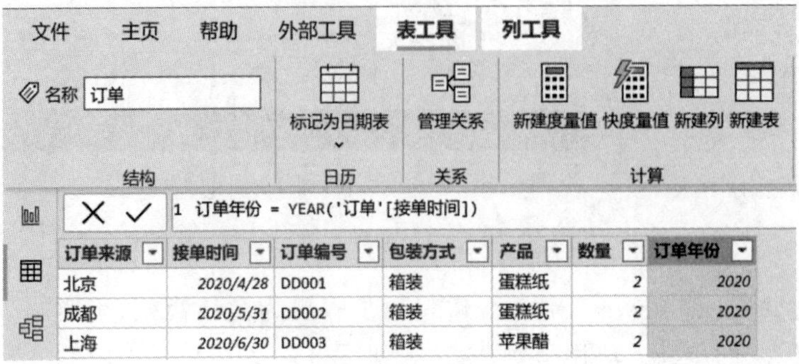

图 8-52　新建列(1)

Power BI 新建列的表达式为"列名＝表达式"。与 Power Pivot 中新建列的区别在于: 等号(＝)前的冒号(;)可以省略。

在 Power BI 中,也可采用右击并选择的方式新建列。选择订单表,右击,在弹出的菜单中选择"新建列"。或者单击字段右侧的"更多选项(...)",选择"新建列",如图 8-53 所示。

图 8-53　新建列(2)

图 8-53 中,右击,可选择的操作还有"新建度量值、刷新数据、编辑查询、管理关系、复制表"等。

对于创建或修改完成的列,可在"列工具"功能区进行"结构、格式化、属性"相关设置。可以对列的数据类型进行设置,例如将订单来源列的数据类型由未分类更改为城市,如

图 8-54 所示。

图 8-54　列工具(1)

设置为"城市"数据类型的"订单来源"列,可在地图中直接使用,如图 8-55 所示。

图 8-55　列工具(2)

8.3.3　新建数据组

在数据分析过程中,经常会将连续型数据进行离散化,例如对数据进行分组分区。在

Power BI 中,选择所需分组的列,通过单击报表视图或数据视图中的"列工具"→"数据组"→"新建数据组"实现,如图 8-56 所示。

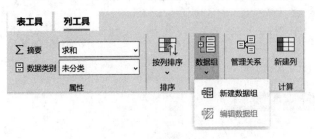

图 8-56　新建数据组(1)

以订单表的数量列分组为例,在"组"弹窗中,设置数据组的名称、装箱类型、装箱大小,单击"确定"按钮,如图 8-57 所示。

图 8-57　新建数据组(2)

在新增的"订单组(区间为 3)"列中,数据以"数量"列为依据,以 3 为区隔递增。该列后续可作为透视表的行、列标签或切片器的字段,新增字段如图 8-58 所示。

图 8-58　新建数据组(3)

在 Power BI 中,也可采用右击并选择的方式进行数据组的新建。选择订单表中的数量列,右击,在弹出的菜单中,选择"新建组"。或者单击字段右侧的"更多选项(...)",选择"新建组",如图 8-59 所示。

完成如图 8-59 所示的操作后,然后对数据组的名称、装箱类型、装箱大小等进行设置,如图 8-57 所示。在图 8-59 中,右击,可选择的操作还有"创建层次结构""新建度量值"等。

图 8-59 新建数据组(4)

8.3.4 新建度量值

在 Power BI 中,可通过单击报表视图中的"主页"→"新建度量值""建模"→"新建度量"或数据视图中的"主页"→"新建度量""表工具"→"新建度量"创建新列。

对于创建或修改完成的度量值,可在"度量工具"功能区进行"结构、格式化、属性"相关设置。可以对度量值的名称进行修改、修改度量值所存的位置、对度量值进行格式化设置(例如小数点保留两位),可以对数据的类型进行设置,如图 8-60 所示。

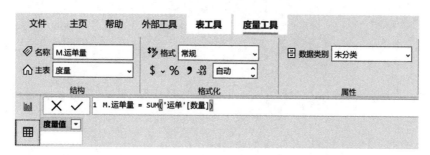

图 8-60 度量工具

8.3.5 度量值分组

在 Power BI 中,为了便于管理数据模型中的所有度量值,建议采用一个单独的空白表来存放度量值,并且随着度量值的日益增多,宜在空白表中对所有度量值进行分门别类、分区管理。以管理第 7 章的所有度量值为例,在 Power BI 中,单击"文件"→"导入"→Power Query、Power Pivot、Power view,从"D:\深入浅出 DAX\2 数据源"文件夹中选择"第 7 章日期度量.xlsx"文件,单击"打开"按钮,并依据系统后续的相关提示,完成所有度量值的导入。

在 Power BI 中,新建"0 度量 量"空表(表名加 0 前缀,该表将置顶于模型中其他表之前),用于存放模型中所有的度量值。单击视图按钮,按住 Shift 键,将模型中的所有度量移到"0 度量 量"空表中,选择"0 度量 量"表,在 0 度量 量表中,选择需要进行分组的度量值(当涉及多个连续区域的度量值时,可在按 Shift 键的同时单击度量值的起止区域;当为不连续的多个度量值时,可在按 Ctrl 键的同时,逐一单击所需选择的度量值)。在"属性"弹窗中,在"显示文件夹"中填入需新创建的文件夹名"日期结算额"。按 Enter 键,完成排名类文件夹的创建,如图 8-61 所示。

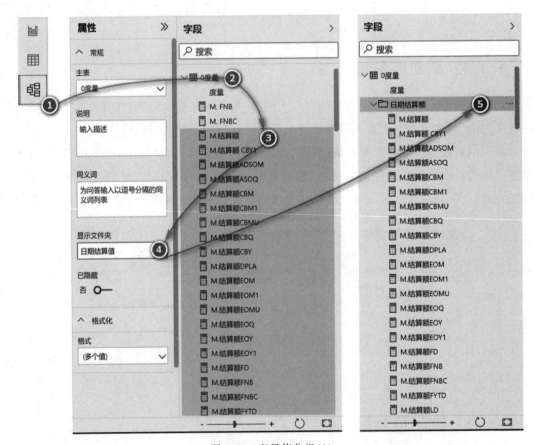

图 8-61　度量值分组(1)

图 8-61 中,完成"日期结算额"文件夹的创建后,可以继续其他文件夹及子文件夹的创建,文件夹与子文件夹之间用"\"进行区隔。允许对度量值采用拖曳方式从一个文件夹移动到另一个文件夹变。创建"TOTAL"子文件夹,如图 8-62 所示。

图 8-62　度量值分组(2)

8.4　计算组

通过在 Tabular Editor 中新建计算组,可以节省 Power BI 报表的页面空间及便于度量值的管理。当报表越复杂、所用的度量值越多时,计算组的优势愈明显。

8.4.1　创建计算组

在时间智能函数计算 YTD、QTD、MTD 等数据的过程中,其常采用的两种模式如下:

```
CALCULATE([度量值],DATES * TD('日期'[Date]))
TOTAL * TD([度量值], '日期'[Date])
```

创建以下基础度量值,表达式如下:

```
M.订单数 = COUNTROWS('业务')
M.结算运费额 = SUM('业务'[结算运费])
M.条件结算运费额 = CALCULATE([M.结算运费额],'业务'[结算运费]>=5000)
```

后续可在计算项中通过 SELECTEDMEASURE() 函数实现对基础度量值的引用。

Tabular Editor 和 DAX Studio 是 Power BI 中常用的两个外部工具。在已安装 Tabular Editor 外部工具的前提下，从 Power BI 功能区选择"外部工具"→Tabular Editor，如图 8-63 所示。

图 8-63　选择外部工具 Tabular Editor

在 Tabular Editor 主界面，单击左侧的 Tables，右击，选择菜单中的 Create New→ Calculation Group（计算组），如图 8-64 所示。

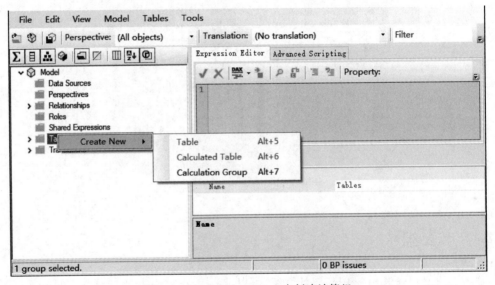

图 8-64　在 Tabular Editor 中创建计算组

对 New Calculation Group 进行规范化命名，新名称为"第一组"，如图 8-65 所示。

可以在窗口的左侧修改计算组的名称，也可以在右侧 Name 栏修改计算组的名称。

选择新创建的"第一组"，右击，选择菜单中的 Create New→Calculation Item（计算项），如图 8-66 所示。

在 Basic 区域，完成计算项的命名规范化。在 Expression Editor 区域，完成计算项表达式。单击 Accept changes 按钮，如图 8-67 所示。

图 8-67 中，在编辑表达式时不需要另行加等号（＝），将 Ordinal 的顺序设置为从 0 开始。当计算组中存在多个计算项时，可以通过指定 Ordinal 值或直接用鼠标计算项来设定计算项在 Power BI 中的显示顺序。当需要调整数据的显示格式时，可以在 Format String Expression（需要加双引号）进行设置，例如 00.00％。

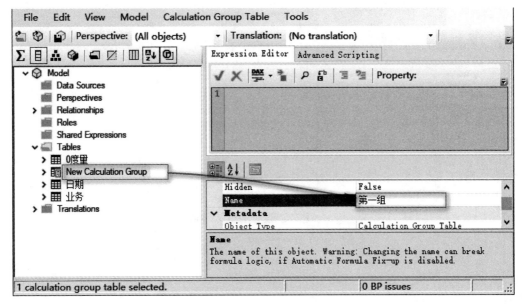

图 8-65　对计算组进行规范化命名

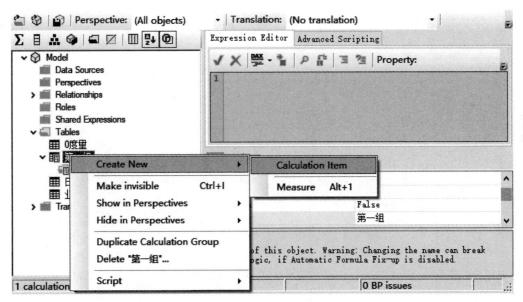

图 8-66　在计算组中新建计算项(1)

SELECTEDMEASURE()函数用于在计算项中引用上下文中的度量值,语法如下:

```
SELECTEDMEASURE()
```

函数的返回值是对计算计算项时当前在上下文中的度量值的引用。

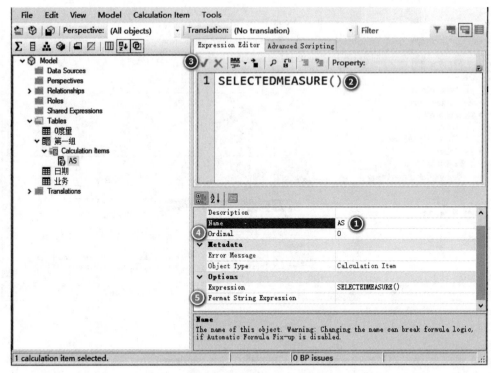

图 8-67　在计算组中新建计算项(2)

依次完成 AS、YTD、SPLY、PQ、QTD、MTD 计算项的创建,表达式如下:

```
//AS,当前度量值
SELECTEDMEASURE()


//YTD
CALCULATE(
SELECTEDMEASURE(),
DATESYTD('日期'[Date])
)


//SPLY
CALCULATE(
SELECTEDMEASURE(),
SAMEPERIODLASTYEAR('日期'[Date])
)
//PQ
CALCULATE(
SELECTEDMEASURE(),
DATEADD('日期'[Date],-1,QUARTER)
)
```

```
//QTD
CALCULATE(
SELECTEDMEASURE(),
DATESQTD('日期'[Date])
)

//MTD
CALCULATE(
SELECTEDMEASURE(),
DATESMTD('日期'[Date])
)
```

如果需要更改,则可单击左上角 Show/Hide columns 图标,将字段名称 Name 更改为"时间计算",如图 8-68 所示。

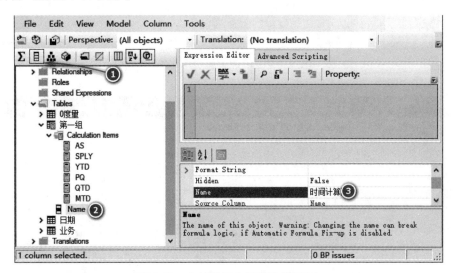

图 8-68　在计算组中新建计算项(3)

单击 save the changes to connected database 按钮,将创建的计算组连接到 Power BI,如图 8-69 所示。

返回 Power BI,此时系统会提示"需要手动刷新一个或多个计算组",单击"立即刷新"按钮,如图 8-70 所示。

单击可视化区域的切片器,将字段区域"第一组"中的"时间计算"拖入字段区域,如图 8-71 所示。

单击可视化区域的切片器,将日期表中的 Date 拖入字段区域。单击可视化区域的"矩阵"图标,将日期表中的月拖入行区域,将度量值 M.订单数、M.结算运费额、M.条件结算运费额拖入值区域。通过切片器中年、计算组中计算项的选择来多维度地查看计算的结果,如图 8-72 所示。

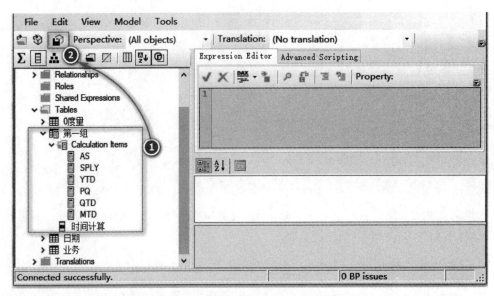

图 8-69　在计算组中新建计算项(4)

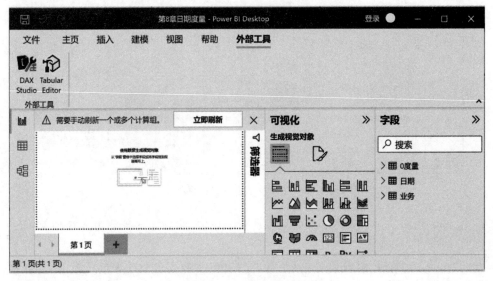

图 8-70　立即刷新计算组

图 8-71 中,若选择的可视化对象为表,则数据的呈现方式会有所不同。

8.4.2　应用计算组

图 8-72 中,列值中的 3 个度量值是通过——拖入实现的。以上完全可以通过一个计算组来完成。依据上面的步骤,创建计算组"第二组"及计算项"运单数、结算运费额、条件结算

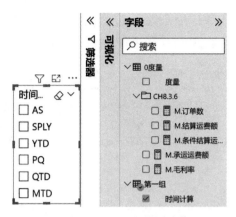

图 8-71　在 Power BI 中使用计算组(1)

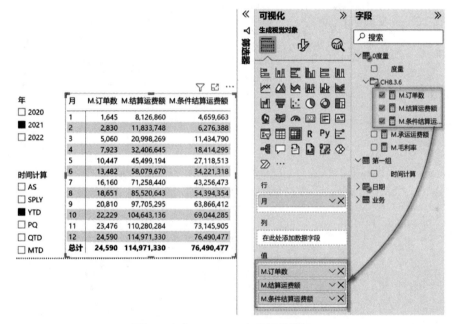

图 8-72　在 Power BI 中使用计算组(2)

运费额"并将规范字段名称为"聚合运算"。以上 3 个计算项的表达式如下：

```
//运单数
[M.运单数]

//结算运费额
[M.结算运费额]

//条件结算运费额
[M.条件结算运费额]
```

计算项的表达式可以直接引用度量值，也可以采用DAX编辑的公式。

创建并完成第2个计算组，然后保存单击Saves按钮，如图8-73所示。

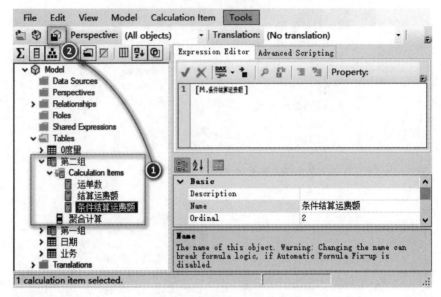

图8-73　创建第2个计算组(1)

在Power BI报表区域，移除图8-72中值区域的M.结算运费额、M.条件结算运费额这两个度量值，保留计算组中Ordinal为0的度量值M.订单数。将计算组"第二组"中的"聚合计算"拖入列区域，相关设置及返回的值如图8-74所示。

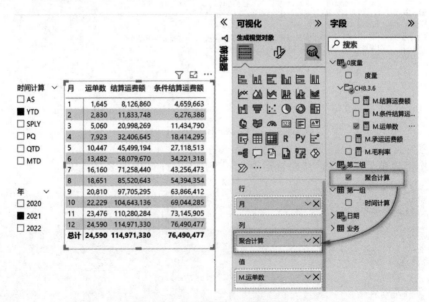

图8-74　创建第2个计算组(2)

图 8-74 中的两个计算组,第一组用于切片,第二组用于数据的呈现。如果将第一组用于数据呈现,将第二组用于切片也是允许的。

8.5　可视化

8.5.1　可视化内容

在 Power BI 中,可视化由以下主要板块组成,如图 8-75 所示。

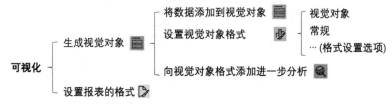

图 8-75　Power BI 的可视化

8.5.2　搜索与格式设置

创建矩阵,将订单表中的包装方式拖入行区域,选择度量值 M.订单数,如图 8-76 所示。

在实际使用过程中,经常需要对行、列、值进行各类设置,例如文本、高度、宽度、小计、颜色、渐变等。在 Power BI 的可视化区域,可通过单击"设置页面格式"按钮进行设置。在设置页面格式的搜索栏,通过关键字进行搜索,如图 8-77 所示。

依次单击图 8-76 的矩阵及图 8-77 的页面格式按钮,在页面搜索栏通过关键字搜索方式对可视化对象进行快速设置,以下对一些常用设置进行举例。

包装方式	M.订单数
袋	13
捆	40
膜	24
散装	32
桶装	58
箱装	6
扎	32
总计	**205**

图 8-76　创建矩阵

1. 字体

在 Power BI 中,矩阵的行标题、行小计、列标题、列小计、值的默认字号均为 10。在页面格式的搜索栏输入"字体",将所有字体的字号调整为 20。设置完成后可发现,在 Power BI 的报表区域,图 8-76 所有字号均已被调整。

2. 小计

在矩阵中有行小计、列小计等,在设置视觉对象格式的搜索栏输入"行小计",关闭行小计,相关设置与对比如图 8-78 所示。

3. 缩进、渐变

在图 8-78 中,继续将订单表中的产品拖入行标签,返回的值及视觉对象显示模式的说明如图 8-79 所示。

单击图 8-79 中的"展开层次结构中的所有下移级别"按钮,在页面格式的搜索栏输入"缩进""渐变",设置后的显示对比如图 8-80 所示。

(a) 视觉对象   (b) 页面格式

图 8-77　可视化

包装方式	M.订单数
袋	13
捆	40
膜	24
散装	32
桶装	58
箱装	6
扎	32
总计	**205**

包装方式	M.订单数
袋	13
捆	40
膜	24
散装	32
桶装	58
箱装	6
扎	32

(a) 矩阵中存在行小计   (b) 搜索并关闭行小计   (c) 已关闭行小计

图 8-78　关闭行小计

包装方式	M.订单数
⊞ 袋	13
⊞ 捆	40
⊞ 膜	24
⊞ 散装	32
⊞ 桶装	58
⊞ 箱装	6
⊞ 扎	32
总计	**205**

视觉对象的显示模式

↑　向上钻取

↓　向下钻取

↓↓　转至层次结构中的下一级别

⼉　展开层次结构中的所有下移级别

▽　影响此视觉对象的筛选器和切片器

⊡　聚焦模式

⋯　更多选项

图 8-79　视觉对象的显示模式

包装方式	M.订单量
⊟ 袋	13
保鲜剂	2
劳保手套	2
老陈醋	9
⊟ 捆	40
钢材	11
木材	29
⊟ 膜	24
异型件	24
⊟ 散装	32
钢化膜	32
⊟ 桶装	58
油漆	58
⊟ 箱装	6
蛋糕纸	4
苹果醋	2
⊟ 扎	32
包装绳	32
总计	205

(a) 当前显示

包装方式	M.订单量
⊟ 袋	13
保鲜剂	2
劳保手套	2
老陈醋	9
⊟ 捆	40
钢材	11
木材	29
⊟ 膜	24
异型件	24
⊟ 散装	32
钢化膜	32
⊟ 桶装	58
油漆	58
⊟ 箱装	6
蛋糕纸	4
苹果醋	2
⊟ 扎	32
包装绳	32
总计	205

(b) 缩进显示

包装方式	产品	M.订单量
袋	保鲜剂	2
	劳保手套	2
	老陈醋	9
	总计	13
⊟ 捆	钢材	11
	木材	29
	总计	40
⊟ 膜	异型件	24
	总计	24
⊟ 散装	钢化膜	32
	总计	32
⊟ 桶装	油漆	58
	总计	58
⊟ 箱装	蛋糕纸	4
	苹果醋	2
	总计	6
⊟ 扎	包装绳	32
	总计	32
总计		205

(c) 渐变显示

图 8-80 缩进行标题及渐变布局显示

4. 换行

将图 8-80 中的产品字段移入列标签。在设置视觉对象格式的搜索栏输入"换行",关闭换行显示按钮。随意拖动并将列宽最小化,实现 Power BI 中的列隐藏功能。

通过关键字的搜索实现报表中各视觉对象面页格式的快速设置,减少 Power BI 在快速迭代过程中因 UI(用户界面)频繁变更而带来的不适应,其他关键字搜索不再一一举例。

8.5.3 获取更多视觉对象

在日常 Power BI 使用过程中,除了可用使用内置的可视化对象,也可以通过可视化区域的"获取更多视觉对象"进行其他视觉对象的获取,如图 8-81 所示。

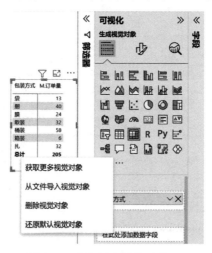

图 8-81 获取更多视觉对象(1)

单击可视化区域的"获取更多视觉对象",进入网页版"Power BI 视觉对象"页面。通过网页浏览或手动搜索方式获取更多视觉对象,以搜索 Infographic Designer 为例,如图 8-82 所示。

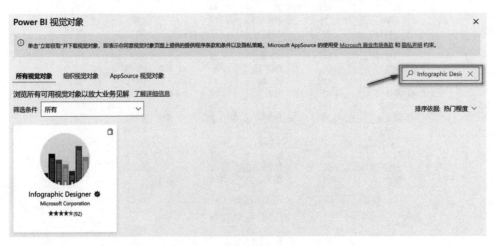

图 8-82　获取更多视觉对象(2)

单击图 8-82 中的 Infographic Designer 图标。在 AppSource 网页中,单击"添加"按钮,如图 8-83 所示。

图 8-83　获取更多视觉对象(3)

完成添加后,在内置可视化对象的下方会出现对应的图标,并提示"已成功导入"。单击"确定"按钮,如图 8-84 所示。

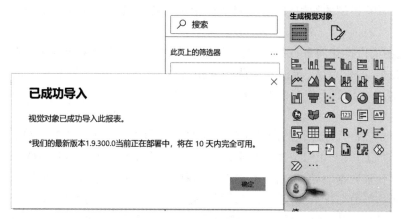

图 8-84　获取更多视觉对象(4)

选择 Infographic Designer,将"包装方式"拖入 Category 栏,将度量值 M. 订单量拖入 Measure 栏。单击 Edit Mark 图标,进行相应设置及可视化格式设置。以插入 Milk Box 图案为例,完成后的效果如图 8-85 所示。

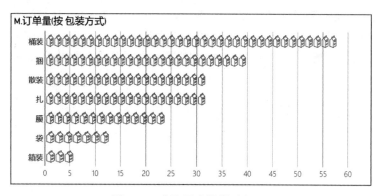

图 8-85　获取更多视觉对象(5)

8.6　本章回顾

本章主要对 Power BI 的一些常用功能及相对于 Power Pivot 而言的一些特色功能进行了介绍。在 Power BI 中,同一功能的实现大都有 2～3 种不同的操作路径,然而,在可供选择增多的情况下,到底是采用鼠标的随意选择还是采用最优的操作路径完全取决于个人平时的习惯,但是,IE(工业工程)在面向微观管理时要求所有工作与流程必须遵循"简单化(Simplification)、专业化(Specialization)、标准化(Standardization)"这 3 个原则。

爱因斯坦一贯推崇简单。对简单的理解，他有过很多至理名言，例如"凡事应尽量简单，直到不能再简单为止"，以至于他那闻名于世的 $E=mc^2$ 公式都是如此简单。在 DAX 建模过程中，减少雪花模型的使用、使用时间智能函数等操作能够使 DAX 表达式变得简单、易维护。

让专业的人做专业的事、用专业的工具做专业的事能极大地提升效率。在 Power BI 使用过程中，数据获取、清洗、转换及加载的工作交由 Power Query 及其背后的 M 语言来完成；数据建模及分析的工作交由 Power Pivot 及其背后的 DAX 来完成便是对专业化的最好诠释。

在工作与生活中，标准化的产品是极易于推广与复制的，也极易于后期的维护。在 IE（工业工程）的 ECRS 与 ESIA 改善四原则中，极为注重标准化的应用并强调"标准化是改善的基线"。在日常数据的导入过程中，对友好名称的命名标准化，对查询表、计算列、各类变量、度量值名称等命名标准化及书写格式标准化等，既易于后期的维护，又易于问题的查找。对数据分析者而言，从一开始就养成标准化的意识是很重要的，数据的标准化程度越高则在数据清洗工作上所花的时间就愈短，甚至无须数据清洗工作。

相比 Excel 与 Power BI 的 UI 操作界面：在 Excel 中，高频单击与选择的按钮多位于功能区的左上角及右击菜单中，而在 Power BI 中，高频单击与选择的按钮多位于功能区的右上角可视化、字段区域及其对应的右击菜单中。基于两者操作路径的差异，通过适当的动作调整与优化能极大地提升学习与使用的效率。对于动作的改善，在 IE（工业工程）有着很成熟的方法论与应用体系，而对于 Power BI 使用者来讲只需记住其中的动作经济原则"减少动作数量、缩短动作距离、双手对称反向并同时进行、使动作保持轻松自然的状态"。

第9章

筛 选 调 节

9.1　层次结构

层次结构讲解将用到的演示数据源如下(表的名称为PK),见表9-1。

表 9-1　数据源(PK)

子　级	父　级	子　级	父　级
包装	包装	桶装	规则包装
规则包装	包装	散装	不规则包装
不规则包装	包装	捆	不规则包装
箱装	规则包装	扎	不规则包装

9.1.1　PATH()

PATH()函数用于返回一个带分隔符的文本字符串,其中包含当前标识符的所有父级的标识符,从最早的父级开始,一直持续到当前,语法如下:

```
PATH(< ID_columnName >, < parent_columnName >)
```

在 PK 表中新建列包.PATH,表达式如下:

```
包.PATH = PATH(PK[子级],PK[父级])
```

返回的值如图 9-1 所示。

9.1.2　PATHITEM()

PATHITEM()函数用于从 PATH()函数的计算结果得到字符串,并返回指定位置处的项,位置按从左到右的顺序对位置进行计数,语法如下:

```
PATHITEM(< path >, < position >[, < type >])
```

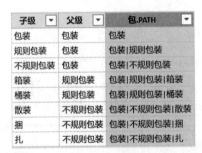

图 9-1　利用 PATH() 函数创建计算列

在 PK 表中新建列包.一级目录、包.二级目录、包.三级目录,表达式如下:

```
包.一级目录 = PATHITEM(PK[包.PATH],1)

包.二级目录 = PATHITEM(PK[包.PATH],2)

包.三级目录 = PATHITEM(PK[包.PATH],3)
```

返回的值如图 9-2 所示。

子级 ▼	父级 ▼	包.PATH ▼	包.一级目录 ▼	包.二级目录 ▼	包.三级目录 ▼
包装	包装	包装	包装		
规则包装	包装	包装|规则包装	包装	规则包装	
不规则包装	包装	包装|不规则包装	包装	不规则包装	
箱装	规则包装	包装|规则包装|箱装	包装	规则包装	箱装
桶装	规则包装	包装|规则包装|桶装	包装	规则包装	桶装
散装	不规则包装	包装|不规则包装|散装	包装	不规则包装	散装
捆	不规则包装	包装|不规则包装|捆	包装	不规则包装	捆
扎	不规则包装	包装|不规则包装|扎	包装	不规则包装	扎

图 9-2　利用 PATHITEM() 函数创建计算列

9.1.3　PATHLENGTH()

PATHLENGTH() 函数用于返给定 PATH() 结果中指定项的父项数目(包括自身),语法如下:

```
PATHLENGTH(<path>)
```

在 PK 表中新建列包.目录级数,表达式如下:

```
包.目录级数 = PATHLENGTH('PK'[包.PATH])
```

返回的值如图 9-3 所示。

图 9-3　利用 PATHLENGTH() 函数创建计算列

9.1.4 PATHCONTAINS()

PATHCONTAINS() 函数用于判断,如果指定的路径中存在指定的项,则返回值为 TRUE,语法如下:

```
PATHCONTAINS(<path>,<item>)
```

参数 item 是指在路径结果中要查找的文本表达式。如果 item 是一个整数数字,则将其转换为文本,然后查找。如果转换失败,则该函数将返回错误。

在 PK 表中新建列包.判定(1)和包.判定(2),表达式如下:

```
包.判定(1) = PATHCONTAINS('PK'[包.PATH],"不规则")
```

```
包.判定(2) = PATHCONTAINS('PK'[包.PATH],"不规则包装")
```

返回的值如图 9-4 所示。

图 9-4　利用 PATHCONTAINS() 函数查找文本

9.1.5 PATHITEMREVERSE()

PATHITEMREVERSE() 函数用于从 PATH() 函数的计算结果得到字符串,并返回指定位置处的项,位置按从右到左的顺序向后计数,语法如下:

```
PATHITEMREVERSE(<path>,<position>[,<type>])
```

参数 position 是指要返回的项的位置的整数表达式。位置按从右到左的顺序向后计数。参数 type 为可选项,用于定义结果的数据类型的枚举(默认值为 0,代表文本;值为 1 代表的是整数)。

在 PK 表中新建列包.倒数第 1 项、包.不确定层级中的项查找,表达式如下:

```
包.倒数第 1 项 = PATHITEMREVERSE(PK[包.PATH],1)

包.不确定层级中的项查找 =
PATHITEMREVERSE (
    PK[包.PATH],
    PATHLENGTH ( PK[包.PATH] ) - 2
)
```

返回的值如图 9-5 所示。

子级	父级	包.PATH	包.倒数第1项	包.不确定层级中的项查找
包装	包装	包装	包装	
规则包装	包装	包装|规则包装	规则包装	
不规则包装	包装	包装|不规则包装	不规则包装	
箱装	规则包装	包装|规则包装|箱装	箱装	箱装
桶装	规则包装	包装|规则包装|桶装	桶装	桶装
散装	不规则包装	包装|不规则包装|散装	散装	散装
捆	不规则包装	包装|不规则包装|捆	捆	捆
扎	不规则包装	包装|不规则包装|扎	扎	扎

图 9-5　利用 PATHITEMREVERSE() 函数创建计算列

9.2　查找与匹配

9.2.1　CONTAINS()

CONTAINS() 函数用于判断,如果所有引用列的值存在或包含在这些列中,则返回值为 TRUE,否则该函数的返回值为 FALSE,语法如下:

```
CONTAINS(
    < table >,
    < columnName >,          //列名必须属于指定的表,只能是现有的列名,不能是表达式
    < value >                //列、值必须成对出现
    [, < columnName >, < value >]…
)
```

在功能区选择"建模"→"新建表",表名为 T 产品包装结果,表达式如下:

```
T 产品包装结果 =
ROW (
    "结果",
        CONTAINS (
            DK,
            DK[产品], "油漆",
            DK[包装方式], "桶装"
        )
)
```

返回的值如图 9-6 所示。

9.2.2 CONTAINSROW( )

CONTAINSROW( )函数用于判断,如果表中存在或包含一行

图 9-6 创建单行的表

值,则返回值为 TRUE,否则返回值为 FALSE,语法如下:

```
CONTAINSROW(
    < tableExpr >,
    < scalarExpr >
    [, < scalarExpr >, … ]
)
```

在功能区选择"建模"→"新建表",表名为 T 规则包装,表达式如下:

```
T 规则包装 =
FILTER (
    DK,
    CONTAINSROW (
        { "桶装", "箱装", "散装" },
        DK[包装方式]
    )
)
```

返回的值如图 9-7 所示。

日期	产品	包装方式	入库	出库	方数	吨数	等级
2020/9/2 0:00:00	钢化膜	散装	76	35	56	18.86	A
2020/9/27 0:00:00	蛋糕纸	箱装	32	12	85	21.27	A
2020/11/2 0:00:00	油漆	桶装	55	23	72	20.89	B
2021/9/29 0:00:00	净化剂	桶装	93	42	59	20.89	B
2021/10/11 0:00:00	苹果醋	箱装	78	36	65		B

图 9-7 创建新表(1)

IN、CONTAINS()、CONTAINSROW()的比较：

（1）IN 是逻辑运算符，CONTAINS()、CONTAINSROW()是函数。

（2）IN 表达式与 CONTAINSROW()表达式的功能与效果相同，但 IN 更为便捷。

（3）CONTAINS()是 IN 和 CONTAINSROW()的早期版本，效率不如后两者。

9.2.3　CONTAINSSTRING()

含有 CONTAINS 字母的函数返回值多为 TRUE 或 FALSE。CONTAINSSTRING()
的语法如下：

```
CONTAINSSTRING ( < WithinText >, < FindText > )
```

CONTAINSSTRING()支持通配符，不区分大小写，可以执行模糊匹配。

新建表（T 是否包含相关内容），表达式如下：

```
T 是否包含相关内容 =
ADDCOLUMNS (
    SUMMARIZE ( DK, DK[产品], DK[包装方式], DK[等级] ),
    "产品 A", CONTAINSSTRING ([产品] ,"钢 * "),
    "包装 A", CONTAINSSTRING ([包装方式], "纸皮装" ),
    "等级 A", CONTAINSSTRING ([等级], "a" )
)
```

返回的值如图 9-8 所示。

产品	包装方式	等级	产品A	包装A	等级A
钢化膜	散装	A	TRUE	FALSE	TRUE
蛋糕纸	箱装	A	FALSE	FALSE	TRUE
包装绳	扎	A	FALSE	FALSE	TRUE
苹果醋	箱装	B	FALSE	FALSE	FALSE
油漆	桶装	B	FALSE	FALSE	FALSE
净化剂	桶装	B	FALSE	FALSE	FALSE
	捆	C	FALSE	FALSE	FALSE

图 9-8　创建新表（2）

9.2.4　CONTAINSSTRINGEXACT()

CONTAINSSTRINGEXACT()函数用于判断，返回值为 TRUE 或 FALSE，指示一个
字符串是否包含另一个字符串，语法如下：

```
CONTAINSSTRINGEXACT(< within_text >, < find_text >)
```

CONTAINSSTRING()与CONTAINSSTRINGEXACT(),二者的语法及主要的功能是相同的。这两个函数的区别之处在于CONTAINSSTRINGEXACT()不支持通配符,区分大小写。CONTAINSSTRING()支持通配符,不区分大小写,可以执行模糊匹配。

新建表(T是否包含EXACT),表达式如下:

```
T是否包含EXACT =
ADDCOLUMNS (
    SUMMARIZE ( DK, DK[产品], DK[包装方式], DK[等级] ),
    "产品 A", CONTAINSSTRINGEXACT ( "钢 * ", [产品] ),
    "包装 A", CONTAINSSTRINGEXACT ( "纸皮装", [包装方式] ),
    "等级 A", CONTAINSSTRINGEXACT ( "a", [等级] )
)
```

返回的值如图9-9所示。

产品	包装方式	等级	产品A	包装A	等级A
钢化膜	散装	A	FALSE	FALSE	FALSE
蛋糕纸	箱装	A	FALSE	FALSE	FALSE
包装绳	扎	A	FALSE	FALSE	FALSE
苹果醋	箱装	B	FALSE	FALSE	FALSE
油漆	桶装	B	FALSE	FALSE	FALSE
净化剂	桶装	B	FALSE	FALSE	FALSE
	捆	C	FALSE	FALSE	FALSE

图9-9 创建新表(3)

CONTAINSSTRING()/CONTAINSTRINGEXACT()与FIND()/SEARCH()的差异说明如下:

(1) 如果要查找字符串在文本中所在的位置,则可用FIND()及SEARCH()函数。

(2) 如果需判断文本中是否包含某字符串,则可用CONTAINSSTRING()和CONTAINSSTRINGEXACT()。

9.2.5 TREATAS()

TREATAS()函数用于表格之间虚拟连接,该函数目前不能在Power Pivot中使用。TREATAS()的第1个参数为表表达式,其他参数为列引用。TREATAS()函数由英文TREAT AS(中文含义为"把……看作")组合而成,意思是把第1个参数返回的值看作其他的一个或多个列。用于将表表达式的结果作为筛选器应用于无关联表中的列,并采用目标列标记每列,语法如下:

```
TREATAS(
    table_expression,
    < column >
    [, < column >[, < column >[, … ]]]
)
```

1．TREATAS()的基础语法

在 Power BI 中新建以下两个表，表达式如下：

```
T无标题表 = {"包装绳","钢化膜"}

T关联合同表 = TREATAS({"包装绳","钢化膜"},'合同'[产品])
```

把 A 看作 B，最终展示的名称是 B，返回的值如图 9-10 所示。

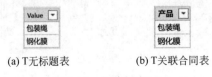

(a) T无标题表   (b) T关联合同表

图 9-10　创建新表(4)

新建表(T产品表1、T产品表2、T产品表1和2)，表达式如下：

```
T产品表1 = DATATABLE("产品A",STRING,{{"包装绳"},{"钢化膜"},{"苹果醋"}})

T产品表2 = DATATABLE("产品B",STRING,{{"包装绳"},{"钢化膜"},{"油漆"}})

T产品表1和2 = TREATAS('T产品表1','T产品表2'[产品B])
```

以上 T产品表1和2 表达式等同以下 T产品表1表2 中 INTERSECT()的用法：

```
T产品表1表2 = INTERSECT('T产品表2','T产品表1')
```

把 A 看作 B，故返回的列名称是 B，而返回的数据则是二者的交集($B \cap A$)，返回的值如图 9-11 所示。

(a) T产品表1   (b) T产品表2   (c) T产品表1和2

图 9-11　创建新表(5)

继续新建表(T产品包装表)，表有多列，匹配的列来自不同的表，表达式如下：

```
T产品包装表 =
TREATAS (
    {
        ( "箱装", "蛋糕纸" ),
        ( "箱装", "苹果醋" ),
```

```
        ("箱装","咖啡")
    },
    '订单'[包装方式],
    '订单'[产品]              //用'运单'[产品]也是允许的,视实际需要而定
)
```

以上表达式类似于多条件表达式的应用,表达式如下:

```
= FILTER(
        ALL('订单'[包装方式],'订单'[产品]),
        '订单'[包装方式] = "箱装"
          ||'订单'[产品] IN {"蛋糕","苹果","咖啡"}
```

返回的值如图9-12所示。

包装方式	产品
箱装	蛋糕纸
箱装	苹果醋

图 9-12　创建新表(6)

新建表(T表1、T表2、T表3),表达式如下:

```
T 表 1 = VALUES('合同'[产品])
```

```
T 表 2 = VALUES('运单'[产品])
```

```
T 表 3 = TREATAS(VALUES('合同'[产品]),'运单'[产品])
```

以上 T 表 3 表达式等同于 T 表 4 中 INTERSECT()的用法,表达式如下:

```
T 表 4 = INTERSECT(VALUES('运单'[产品]),VALUES('合同'[产品]))
```

返回的值如图 9-13 所示。

从返回的值来看,返回的值是两个无关系列的交集,返回值的列名来自第二参数中目标列的列名。

继续举例,采用 TREATAS()函数生成的例,作为 CALCULATETABLE()筛选的条件列,表达式如下:

```
T 动态关系表 =
VAR A =
    SELECTCOLUMNS (
        FILTER (
            '运单',
            '运单'[包装方式] IN {"扎","捆"}
        ),
```

```
        "订单编号", '运单'[订单编号]
    )
VAR B =
CALCULATETABLE(
        '订单',
        TREATAS (
            A,
            '订单'[订单编号]
        )
    )
RETURN
    B
```

(a) T表1　　　　　　(b) T表2　　　　　　(c) T表3

图 9-13　创建新表(7)

在以上表达式中,TREATAS()的第 1 个参数为筛选条件,其他参数为被第 1 个参数所筛选的列。变量 B 中的数据来源于订单表,返回的值是订单表中与变量 A 的订单编号存在交集的子集数据,返回的值如图 9-14 所示。

'订单' 表数据的子集

订单编号
DD008
DD010
DD016
DD017
DD019
DD021
DD025
DD026

订单来源	接单时间	订单编号	包装方式	产品	数量
广州	2020/9/3	DD008	扎	包装绳	5
深圳	2020/10/4	DD010	扎	包装绳	7
苏州	2021/6/30	DD016	扎	包装绳	3
苏州	2021/7/2	DD017	捆	木材	16
杭州	2021/7/28	DD019	扎	包装绳	4
杭州	2021/8/3	DD021	捆	木材	13
重庆	2021/8/29	DD025	扎	包装绳	13
北京	2021/9/30	DD026	捆	钢材	11

(a) 变量A的返回值　　　　　　(b) 变量B的返回值

图 9-14　创建新表(8)

在以上表达式中，如果将 RETURN 之后的 CALCULATETABLE（）函数替换为 FILTER（）函数，则返回的报错提示为"提供了含多个值的表，但表中应该具有单个值"。

2. TREATAS（）用作参数

将数据模型中订单与运单的关系删除，现有数据模型的关系如图 9-15 所示。

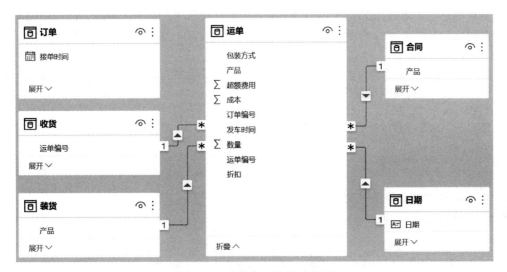

图 9-15　数据模型与关系说明

将 TREATAS（）用作 CALCULATE（）的第 2 个参数，表达式如下：

```
M.动态数量计算 =
CALCULATE (
    SUM ( '运单'[数量] ),
    TREATAS(VALUES('合同'[产品]),'运单'[产品])
)
```

TREATAS（）第 1 个参数表表达式的列一般来源于维度表，第 2 个参数的列来源于事实表。在可视化区域选择表（或矩阵），以在可视化区域选择表为例，选择运单表中的包装方式，勾选 M.动态数量计算度量值，返回的值如图 9-16 所示。

TREATAS（）函数的适用场景如下：

（1）两表之间没有关联的列或存在多对多关系无法直接关联时。

（2）数据模型非常复杂，需要减少表格之间物理连接的依赖时。

包装方式	M.动态数量计算
袋	11
捆	24
膜	20
散装	30
桶装	37
箱装	7
扎	25
总计	**154**

图 9-16　利用 TREATAS（）进行计算

9.3 条件判断

在 DAX 中,由 IS 字母开头的函数大多是信息类函数,IS 代表是否。例如 ISINSCOPE()表示是否在层次结构内,ISFILTERED()表示是否被直接筛选。是为 TRUE,否为 FALSE。信息类函数返回的值为 TRUE 或 FALSE,常用于 IF()或 SWITCH()函数中,例如位于 IF()函数的第 1 个参数。

9.3.1 ISINSCOPE()

ISINSCOPE()表示当指定的列在级别的层次结构内时,返回值为 TRUE,语法如下:

```
ISINSCOPE(<columnName>)
```

1. ISINSCOPE()语法基础

创建度量值 M.是否层级内,表达式如下:

```
M.是否层级内 = IF(ISINSCOPE(DK[包装方式]),SUM(DK[入库]),BLANK())
```

单击可视化区域的"矩阵"图标,勾选 DK 表中的产品字段和度量值 M.是否层级内。因行区域的产品字段不在包装区域的层级内,矩阵返回的值为空值。单击可视化区域的"切片器"图标,将 DK 表中的包装方式拖入字段区域。因 ISINSCOPE()不受外部切片器的影响,所以矩阵返回的值依旧为空值,如图 9-17 所示。

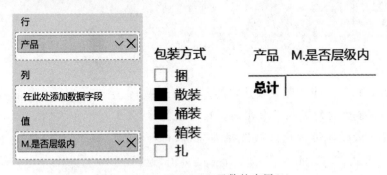

图 9-17 ISINSCOPE()函数的应用(1)

保持现有切片器,将矩阵中的"行"标签更换为包装方式。因包装方式在包装方式字段的层级内,选择切片器,返回的值如图 9-18 所示。

图 9-18 中,因为总计不在包装方式层级内,所以总计值未被显示。

保持矩阵选择,将切片器字段更改为产品,返回的值如图 9-19 所示。

图 9-19 中,包装方式在层级内,外部切片器为有效的外部筛选器之一。

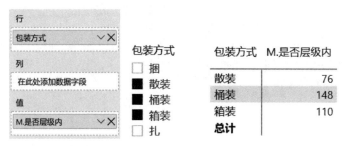

图 9-18 ISINSCOPE()函数的应用(2)

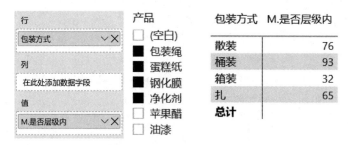

图 9-19 ISINSCOPE()函数的应用(3)

2. ISINSCOPE()层次占比分析

以年和月层级为例,创建计算列库.年和库.月,表达式如下:

```
库.年 = year(DK[日期])

库.月 = month(DK[日期])
```

为了便于比较层级占比与总体占比、分类占比的区别,创建度量值 M. 总体占比、M.分类占比,表达式如下:

```
M.入库量 = SUM(DK[入库])
M.入库量 A = CALCULATE(SUM(DK[入库]),ALL(DK))

M.总体占比 = DIVIDE([M.入库量],CALCULATE([M.入库量],ALL(DK)))
M.分类占比 = DIVIDE([M.入库量],CALCULATE([M.入库量],ALL(DK[库.月])))
```

创建度量值 M. 层级占比 A,表达式如下:

```
M.层级占比 A =
VAR A = CALCULATE ([M.入库量],ALL(DK[库.月]))
VAR B = CALCULATE ([M.入库量],ALL(DK[库.年]))
RETURN
```

```
SWITCH (
    TRUE (),
    ISINSCOPE ( DK[库.月] ), DIVIDE ([M.入库量],A),
    ISINSCOPE ( DK[库.年] ), DIVIDE ([M.入库量],B),
    DIVIDE ([M.入库量],A)
)
```

创建度量值 M.层级占比 AS,表达式如下:

```
M.层级占比 AS =
VAR A = CALCULATE ([M.入库量],ALLSELECTED(DK[库.月]))
VAR B = CALCULATE ([M.入库量],ALLSELECTED (DK[库.年]))
RETURN
SWITCH (
    TRUE (),
    ISINSCOPE ( DK[库.月] ), DIVIDE ([M.入库量],A),
    ISINSCOPE ( DK[库.年] ), DIVIDE ([M.入库量],B),
    DIVIDE ([M.入库量],A)
)
```

在可视化区域单击"矩阵"图标,将库.年和库.月拖入"行",勾选度量值 M.入库量、M.入库量 A、M.总体占比、M.分类占比、M.层级占比 A、M.层级占比 AS。单击矩阵"展开层次结构中的所有下移级别"按钮,返回的值如图 9-20 所示。

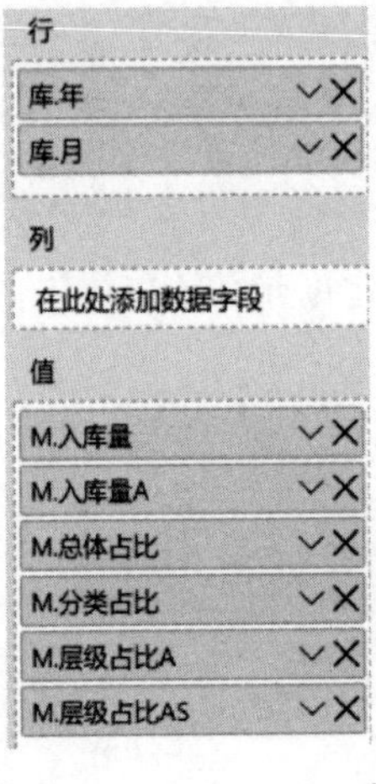

库年		M.入库量	M.入库量A	M.总体占比	M.分类占比	M.层级占比A	M.层级占比AS
□ 2020		163	486	33.54%	100.00%	33.54%	33.54%
	9	108	486	22.22%	66.26%	66.26%	66.26%
	11	55	486	11.32%	33.74%	33.74%	33.74%
□ 2021		323	486	66.46%	100.00%	66.46%	66.46%
	9	180	486	37.04%	55.73%	55.73%	55.73%
	10	78	486	16.05%	24.15%	24.15%	24.15%
	11	65	486	13.37%	20.12%	20.12%	20.12%
总计		486	486	100.00%	100.00%	100.00%	100.00%

图 9-20　ISINSCOPE()函数的应用(4)

在可视化区域单击"切片器"按钮,将库.月拖入字段。将切片器的显示方式由滑块显示改为列表显示。勾选切片器,对比返回值的结果,如图 9-21 所示。

如果将度量中的 ISINSCOPE()替换为 HASONEVALUE(),对比二者的用法差异。创建度量值 M.层级占比 HV,表达式如下:

库.年	M.入库量	M.入库量A	M.总体占比	M.分类占比	M.层级占比A	M.层级占比AS
⊟ 2020	163	486	33.54%	100.00%	39.95%	39.95%
9	108	486	22.22%	66.26%	66.26%	66.26%
11	55	486	11.32%	33.74%	33.74%	33.74%
⊟ 2021	245	486	50.41%	75.85%	60.05%	60.05%
9	180	486	37.04%	55.73%	55.73%	73.47%
11	65	486	13.37%	20.12%	20.12%	26.53%
总计	408	486	83.95%	83.95%	83.95%	100.00%

图 9-21 ISINSCOPE()函数的应用(5)

```
M.层级占比 HV =
VAR A = CALCULATE ([M.入库量],ALLSELECTED(DK[库.月]))
VAR B = CALCULATE ([M.入库量], ALLSELECTED (DK[库.年]))
RETURN
SWITCH (
    TRUE (),
    HASONEVALUE( DK[库.月] ), DIVIDE ([M.入库量],A),
    HASONEVALUE( DK[库.年] ), DIVIDE ([M.入库量],B),
    DIVIDE ([M.入库量],A)
)
```

在图 9-21 中,勾选 M.层级占比 HV 度量值,返回的值如图 9-22 所示。

库.年	M.入库量	M.入库量A	M.总体占比	M.分类占比	M.层级占比A	M.层级占比AS	M.层级占比HV
⊟ 2020	163	486	33.54%	100.00%	39.95%	39.95%	39.95%
9	108	486	22.22%	66.26%	66.26%	66.26%	66.26%
11	55	486	11.32%	33.74%	33.74%	33.74%	33.74%
⊟ 2021	245	486	50.41%	75.85%	60.05%	60.05%	60.05%
9	180	486	37.04%	55.73%	55.73%	73.47%	73.47%
11	65	486	13.37%	20.12%	20.12%	26.53%	26.53%
总计	408	486	83.95%	83.95%	83.95%	100.00%	100.00%

图 9-22 ISINSCOPE()函数的应用(6)

结合 CALCULAT()、ALL()、ALLSELECTED()、ISINSCOPE()、HASONEVALUE()函数,体会图 9-22 中返回值的差异。

9.3.2 ISFILTERED()

ISFILTERED()函数用于筛选判断,如果直接筛选 columnName,则返回值为 TRUE。如果列上没有筛选器,或者如果出现筛选的原因是正在筛选相同表或相关表中的不同列,则此函数的返回值为 FALSE,语法如下:

```
ISFILTERED(< columnName >)
```

在 DT 表中创建计算列日.年月,表达式如下:

```
日.年月 = DT[年] * 100 + DT[月]
```

创建度量值 M.屯货量,采用 DT[日期]被选择与未选择的场景下如何计算 DTC 表的屯货量,表达式如下:

```
M.屯货量 =
IF (
    NOT (ISFILTERED ( DT[日期] ) ),
    CALCULATE (
        SUM ( DTC[屯货] ),
        FILTER (
            ALL ( DTC[年月] ),
            CONTAINS (
                VALUES ( DT[日.年月] ),
              DT[日.年月], DTC[年月]
            )
        )
    )
)
```

在可视化区域,单击"矩阵"图标(等同于 Excel 中的透视表),将 DT 表中的年、月放入"行"标签,将度量值 M.屯货量放入"值"区域。用 DT 表中的年和月创建两个"切片器"。切片器选择及矩阵对应的返回值如图 9-23 所示。

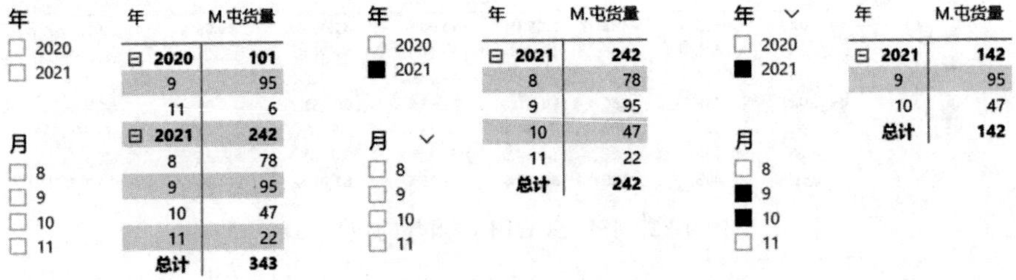

(a) 未被筛选时　　　(b) 仅年份被筛选时　　　(c) 年、月同时被筛选时

图 9-23　ISFILTERED( )函数的应用

9.3.3　ISCROSSFILTERED( )

ISCROSSFILTERED( ),如果参数列、同一表中其他列或扩展中的列被筛选,则返回值为 True,语法如下:

```
ISCROSSFILTERED(<columnName>)
```

1. 筛选来自切片器

创建度量值 M.是否被筛选,表达式如下:

```
M.是否被筛选 = ISCROSSFILTERED(DK[等级])
```

在可视化区域,选择"卡片图",将度量值 M.是否被筛选放入"字段"。单击"切片器"图标,将 DK 表中的等级拖入"字段"。切片器选择及卡片图对应的返回值如图 9-24 所示。

(a) 未筛选时　　(b) A被筛选时　　(c) B被筛选时　　(d) C被筛选时

图 9-24　ISCROSSFILTERED( )函数的应用(1)

2. 来自行的筛选

在图 9-23 的基础上,继续新增可视化图表。在可视化区域,选择"表",将 DK 表中的等级、度量值 M.是否被筛选和 M.入库量拖入"值"区域,返回的对比如图 9-25 所示。

等级	M.是否被筛选	M.入库量
A	TRUE	173
B	TRUE	226
C	TRUE	87
总计	FALSE	486

(a) 表格返回的值　　　　　(b) 切片器未筛选时卡片图返回的值

图 9-25　ISCROSSFILTERED( )函数的应用(2)

在 DAX 中:表格中的行、列、筛选器及切片器都是从外部筛选上下文,切片器只是筛选的方式之一。图 9-24 中,尽管切片器未作选择,但行标签中的等级仍被 ISFILTERED( )所识别。

3. 来自参数列的筛选

创建度量值 M.是否被等级筛选,表达式如下:

```
M.是否被等级筛选 = ISCROSSFILTERED(DK[等级])
```

在可视化区域,单击"卡片图",将度量值 M.是否被等级筛选放入"字段"。选择"切片器",将 DK 表中的等级拖入"字段",切片器选择及卡片图对应的返回值如图 9-26 所示。

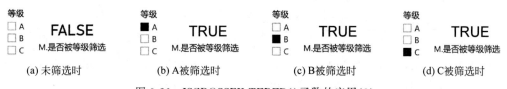

(a) 未筛选时　　　(b) A被筛选时　　　(c) B被筛选时　　　(d) C被筛选时

图 9-26　ISCROSSFILTERED( )函数的应用(3)

当切片器没有选中任何值时,DK 表中的等级列没有被交叉筛选,返回的值为 FALSE。当切片器选择 A、B、C 时,度量值的返回值为 TRUE,DK 表中的等级列被交叉筛选。

4. 来自同一表中其他列的筛选

将图 9-26 中的"切片器"的"字段"更换为包装方式,"卡片图"中的度量值仍采用 M.是否被等级筛选,切片器选择及卡片图对应的返回值如图 9-27 所示。

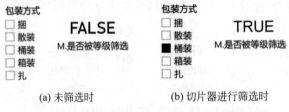

(a) 未筛选时　　　　　　　　(b) 切片器进行筛选时

图 9-27　ISCROSSFILTERED()函数的应用(4)

当切片器没有选中任何值时,DK 表中的等级列没有被交叉筛选,返回的值为 FALSE。当切片器选择任选意包装方式时,度量值的返回值为 TRUE,DK 表中的包装方式列被交叉筛选。

5. 来自数据模型中其他表的筛选

在 Power BI 中,对 DT 表中的日期列与 DK 表的日期列创建关系。将图 9-27 中的切片器的字段更换为 DT 表中的年,卡片图中的度量值仍采用 M. 是否被等级筛选,切片器选择及卡片图对应的返回值如图 9-28 所示。

年	FALSE
☐ 2020	M.是否被等级筛选
☐ 2021	

(a) 切片器未进行筛选时

年	TRUE
■ 2020	M.是否被等级筛选
☐ 2021	

(b) 切片器进行筛选时

图 9-28　ISCROSSFILTERED()函数的应用(5)

在数据模型中,关系是从一端流向多端的。如果将图 9-28 中的度量值 M. 是否被等级筛选改为一端的列(例如＝ISCROSSFILTERED(DT[年])),然后将切片器的字段换成多端的列(例如 DK[等级]),则交叉筛选会失效。无论切片器如何筛选,返回的值则总为FALSE。

9.3.4　HASONEFILTER()

HASONEFILTER(),如果 columnName 上的直接筛选值的数目为一个,则返回值为TRUE；否则,返回值为 FALSE,语法如下:

```
HASONEFILTER(< columnName >)
```

在 DAX 中,HASONEFILTER()等价于 COUNTROWS (FILTERS (< columnName >))＝1,HASONEVALUE()等价于 COUNTROWS (VALUES (< columnName >))＝1。

HASONEFILTER()与 HASONEVALUE()类似,其差异在于 HASONEVALUE()考虑交叉筛选而 HASONEFILTER()则被直接筛选影响。

创建度量值 M. 筛选 HF,表达式如下:

```
M.筛选 HF = IF(HASONEFILTER(DK[等级]),[M.入库量])
```

在可视化区域,单击"切片器",将 DK 表等级列拖入"字段"区域。单击"卡片图",将度量值 M.筛选 HF 放入"字段",切片器选择及对应的返回值如图 9-29 所示。

图 9-29 HASONEFILTER()函数的应用(1)

图 9-29 中,当等级未被筛选时,返回的值为空白。

创建度量值 M.等级筛选 HF,表达式如下:

```
M.等级筛选 HF =
IF (
        HASONEFILTER ( DK[等级] ),
        SUM ( DK[入库] ),
        CALCULATE (
            SUM ( DK[入库] ),
            DK[等级] = "A"
        )
    )
```

在可视化区域,单击"切片器",将 DK 表等级列拖入"字段"区域。单击"卡片图",将度量值 M.等级筛选 HF 放入"字段",切片器选择及对应的返回值如图 9-30 所示。

图 9-30 HASONEFILTER()函数的应用(2)

图 9-30 中,当等级未被筛选时,返回的值为等级 A 的入库量。

9.3.5 SELECTEDVALUE()

SELECTEDVALUE(),如果筛选 columnName 的上下文后仅剩下一个非重复值,则返回该值。否则返回 alternateResult,语法如下:

```
SELECTEDVALUE(
    <columnName>
    [, <alternateResult>]
)
```

当仅选择某一列时,可用 SELECTEDVALUE()函数去替换 IF()＋HASONEVALUE(),

该函数的第2个参数为可省参数。当SELECTEDVALUE()置于分母中时,建议将第2个参数指定为1。

以下为SELECTEDVALUE()函数的常见应用场景。

1. 单位转换

加载DEMO.xlsx文件中的装货表,创建度量值M.装载量,表达式如下:

```
M.装载量 =
SUMX (
    '装货',
    '装货'[质量]
        * SWITCH (
            TRUE (),
            '装货'[单位] = "吨",'装货'[质量] * 1000,
            '装货'[单位] = "克",'装货'[质量] / 1000
        )
)
```

单击可视化区域的"卡片图",选择"字段"按钮,将M.装载量放入"值"区域,返回的值如图9-31所示。

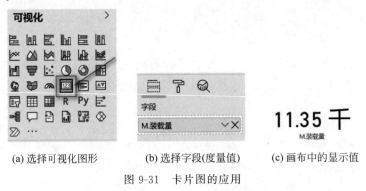

(a) 选择可视化图形　　　(b) 选择字段(度量值)　　　(c) 画布中的显示值

图9-31　卡片图的应用

Power BI默认的显示单位为无、千、百万、十亿、万亿,这些显示方式在日常识别时显得很别扭。手动创建辅助表(表名:单位表),将单位设置为"一、万、亿"三档,表达式如下:

```
单位表 =
DATATABLE (
    "索引", INTEGER,
    "单位", STRING,
    "单位值", INTEGER,
    {
        { 1, "1", 1 },                //"1",出于解决中文排序问题考虑的
        { 2, "万", 10000 },
        { 3, "亿", 100000000 }
    }
)
```

该表无须与数据模型创建关系,如图 9-32 所示。

索引 ▾	单位 ▾	单位值 ▾
1	1	1
2	万	10000
3	亿	100000000

图 9-32　创建的单位表

创建度量值 M.装载量转换,表达式如下:

```
M.装载量转换 = [M.装载量]/SELECTEDVALUE('单位表'[单位值],1)
```

以上度量值等价于度量值 M.装载量转换 A,表达式如下:

```
M.装载量转换 A =
[M.装载量]
    / IF (
        HASONEVALUE ( '单位表'[单位值] ),
        VALUES ( '单位表'[单位值] ),
        1
    )
```

单击可视化区域的"卡片图",选择"字段"按钮,将度量值 M.装载量转换放入"值"区域。选择"格式"按钮,将"显示单位"设置为无。复制该卡片图,将其中的"字段"更改为 M.装载量转换 A,返回的值如图 9-33 所示。

11,349.40　　**11,349.40**　　**11349.40**
M.装载量　　　　M.装载量转换　　　M.装载量转换A

图 9-33　装载量的显示单位(1)

单击可视化区域的"卡片图",选择"字段"为单位表中的单位字段。单击"切片器"中的单位万,返回的值如图 9-34 所示。

11,349.40　　**1.13**　　**1.13**　　　单位
M.装载量　　　M.装载量转换　　M.装载量转换A　　☐ 1
　　　　　　　　　　　　　　　　　　　　　　　■ 万
　　　　　　　　　　　　　　　　　　　　　　　☐ 亿

图 9-34　装载量的显示单位(2)

图 9-34 中,SELECTEDVALUE()及其类似功能函数会根据切片器的选择而动态地更换分母,因而卡片 M.装载量转换和 M.装载量转换 A 中的值会根据外部上下文的环境进行动态匹配运算。当未做切片器选择时,会对 M.装载量的值除以 1。

2.动态指标分析

创建表 T 出入库,表达式如下:

```
T出入库 = DATATABLE("分类",STRING,{{"入库量"},{"出库量"}})
```

返回的值如图 9-35 所示。

图 9-35　新创建的表

创建度量值 M.出入库切换,表达式如下:

```
M.出入库切换 =
SWITCH (
    SELECTEDVALUE ( 'T出入库'[分类] ),
    "入库量", SUM ( DK[入库] ),
    "出库量", SUM ( DK[出库] )
)
```

在可视化区域,单击"切片器",将 T 出入库表的分类拖入"字段"。单击"卡片图",将度量值 M.出入库切换放入"字段",切片器选择及对应的返回值如图 9-36 所示。

图 9-36　依据度量值的切换显示不同的值(1)

如果将图 9-36 的"卡片图"换成"簇状柱形图",则可将 DK 表的产品拖入"轴",将度量值 M.出入库切换放入"值",切片器选择及对应的返回值如图 9-37 所示。

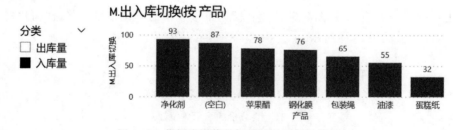

图 9-37　依据度量值的切换显示不同的值(2)

3.动态图表标题

创建度量值 M.包装选择,表达式如下:

```
M.包装选择 = SELECTEDVALUE(DK[包装方式])
```

在可视化区域,单击"切片器","字段"为 M.包装选择。在可视化区域,单击"簇状柱形图","轴"为产品,"值"为 M.入库量。在格式选项卡的格式栏,单击"常规"→"标题"→"文本"→fx。在"标题文本-标题"视窗中,选择"格式样式"为字段值,应用的字段为 M.包装选择,单击"确定"按钮,如图 9-38 所示。

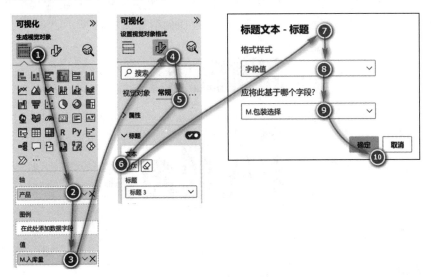

图 9-38 自定义标题文本(1)

选择切片器,"簇状柱形图"的标题可动态调整,如图 9-39 所示。

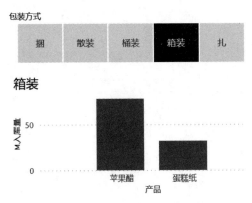

图 9-39 自定义标题文本(2)

SELECTEDVALUE()仅适用于单选的场景。若涉及切片器中的多筛选场景,则可采用 IF()+HASONEVALUE()与 SELECTEDVALUE()的嵌套,表达式如下:

```
M.包装选择 IF =
IF (
    HASONEVALUE ( DK[包装方式] ),
```

```
    SELECTEDVALUE ( DK[包装方式] ),
    IF ( ISFILTERED ( DK[包装方式] ), "多种包装", "所有包装" )
)
```

如图 9-38 所示,在"标题文本-标题"视窗中,将应用的字段更改为 M.包装选择 IF,单击 "确定"按钮。在切片器中选择更多的包装方式,返回的值如图 9-40 所示。

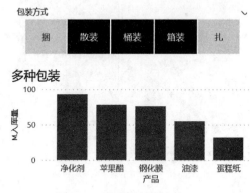

图 9-40　自定义标题文本(3)

4. 动态图表配色

创建度量值 M.出入库 2 倍比和 M.配色方案,表达式如下:

```
M.出入库 2 倍比 =
DIVIDE (
    SUM ( DK[入库] ) - 2 * SUM ( DK[出库] ),
    SUM ( DK[出库] )
)

M.配色方案 =
SWITCH (
    TRUE (),
    [M.出入库 2 倍比] > 0.6, "RED",
    [M.出入库 2 倍比] > 0.3, "YELLOW",
    "GREEN"
)
```

在可视化区域,单击"簇状柱形图"。选择"字段"按钮,将 DK 表中的产品字段放入 "轴"区域,将度量值 M.出入库 2 倍比放入"值"区域。单击"视觉对象格式"→"视觉对象"→"列"→"颜色"按钮,单击"默认值"下方的 fx(函数)图标,进行柱形图的样式设置。将"格式样式"选择为"字段值",应用的字段为"M.配色方案",单击"确定"按钮,如图 9-41 所示。

柱形图的颜色已自动配色,返回的值如图 9-42 所示。

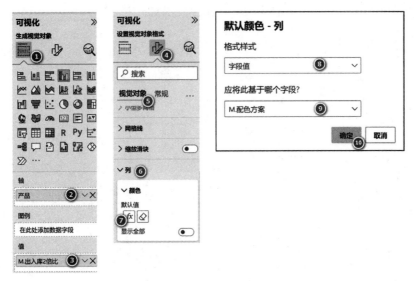

图 9-41 自定义视觉对象的颜色(1)

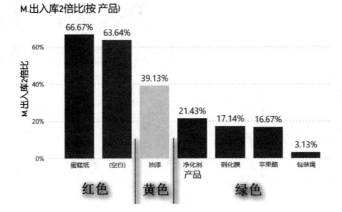

图 9-42 自定义视觉对象的颜色(2)

9.4 筛选调节器

9.4.1 REMOVEFILTERS()

REMOVEFILTERS()用于从指定表或列中清除筛选器,语法如下:

```
REMOVEFILTERS(
    [<table> | <column>[, <column>[, <column>[, … ]]]]
)
```

创建度量值 M. 产品包装 RM1 和 M. 产品包装 RM2，表达式如下：

```
M.产品包装 RM1 =
CALCULATE (
    SUM ( DK[入库] ),
    REMOVEFILTERS ( DK[产品] )
)

M.产品包装 RM2 =
CALCULATE (
    SUM ( DK[入库] ),
    REMOVEFILTERS (
        DK[产品],
        DK[包装方式]
    )
)
```

返回的对比值如图 9-43 所示。

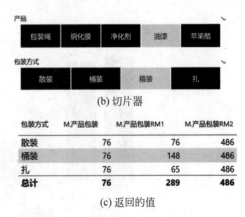

(a) 数据源及统计说明   (b) 切片器   (c) 返回的值

图 9-43　清除筛选(1)

图 9-43 中，表的行值数据受切片器的影响，随切片器的变化而变化；列值受 CALCULATE() 函数的筛选条件的固定值或调节器的影响而变化。

在 CALCULATE() 中当 ALL() 作为参数时，ALL() 函数为调节器，用于移除筛选。创建度量值 M. 产品包装 A 和 M. 产品包装 A2，表达式如下：

```
M.产品包装 A = CALCULATE(SUM(DK[入库] ),ALL(DK[产品]))

M.产品包装 A2 = CALCULATE(SUM(DK[入库] ),ALL(DK[产品],DK[包装方式]))
```

将以上两个度量值放于图 9-44 的筛选环境，观测 ALL() 与 REMOVEFILTERS() 二者在 CALCULATE() 中筛选后的返回值，如图 9-43 所示。

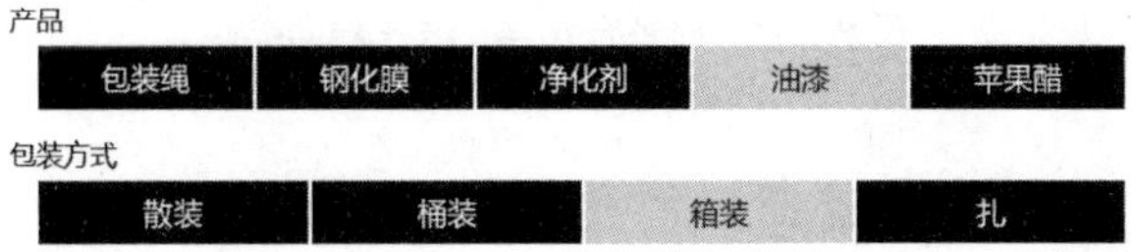

产品

| 包装绳 | 钢化膜 | 净化剂 | 油漆 | 苹果醋 |

包装方式

| 散装 | 桶装 | 箱装 | 扎 |

包装方式	M.产品包装RM1	M.产品包装A	M.产品包装RM2	M.产品包装A2
散装	76	76	486	486
桶装	148	148	486	486
扎	65	65	486	486
总计	**289**	**289**	**486**	**486**

图 9-44 清除筛选（2）

在图 9-44 中，当 ALL()与 REMOVEFILTERS()作为 CALCULATE()的筛选参数时，二者的返回值是相同的。

9.4.2 KEEPFILTERS()

KEEPFILTERS()用在 CALCULATE()或 CALCULATETABLE()的筛选器参数中，用于保留外部筛选上下文，语法如下：

```
KEEPFILTERS(< expression >)
```

在 DAX 中，CALCULATE()函数会创建一个新的筛选上下文，以强制覆盖当前列上与其相同的外部筛选上下文。如果在内部筛选上下文的基础上嵌套 KEEPFILTERS()，则可保留外部筛选上下文不被覆盖。创建 M.产品包装和 M.产品包装 K 度量值，表达式如下：

```
M.产品包装 =
CALCULATE (
    SUM ( DK[入库] ),
DK[包装方式] = "散装"                //内部筛选上下文
)

M.产品包装 K =
CALCULATE (
    SUM ( DK[入库] ),
KEEPFILTERS(DK[包装方式] = "散装")     //保持外部筛选上下文
)
```

单击可视化区域的"表"图标，勾选包装方式、M.产品包装、M.产品包装 K，返回的对比值如图 9-45 所示。

图 9-45 中，度量值 M.产品包装 K 公式中内部筛选上下文和保留外部筛选上下文共同影响，当前列中外部筛选上下文未被覆盖。

继续创建度量值 M.产品包装 I 和 M.产品包装 IK，表达式如下：

包装方式	M.产品包装	M.产品包装K
捆	76	
散装	76	76
桶装	76	
箱装	76	
扎	76	
总计	**76**	**76**

图 9-45　保留外部筛选(1)

```
M.产品包装 I =
CALCULATE (
    SUM ( DK[入库] ),
    DK[包装方式] = "散装",
    DK[产品] IN { "钢化膜", "油漆" }
)


M.产品包装 IK =
CALCULATE (
    SUM ( DK[入库] ),
    DK[包装方式] = "散装",
    KEEPFILTERS ( DK[产品] IN { "钢化膜", "油漆" } )          //保持外部筛选上下文
)
```

单击可视化区域的"表"图标,勾选包装方式、产品、M.产品包装 I、M.产品包装 IK,返回的对比值如图 9-46 所示。

包装方式	产品	M.产品包装I	M.产品包装IK
捆		76	
散装	钢化膜	76	76
桶装	净化剂	76	
桶装	油漆	76	
箱装	蛋糕纸	76	
箱装	苹果醋	76	
扎	包装绳	76	
总计		**76**	**76**

图 9-46　保留外部筛选(2)

创建度量值 M. 包装计算 B,表达式如下:

```
M.包装计算 B: = CALCULATE (
    CALCULATE (
        COUNTROWS(DK),
        KEEPFILTERS(DK[入库]> 70)
```

```
    ),
        DK[入库] < 80
)
```

该度量值返回的值来自内部 CALCULATE() 与外部 CALCULATE() 数据交集的统计,在不考虑外部筛选上下文的情况下,返回的值为 2。

9.4.3 CROSSFILTER()

CROSSFILTER() 函数用于调整存在关系的两计算列之间的交叉筛选方向,语法如下:

```
CROSSFILTER(
    < columnName1 >,        //位于多端的固定列名,不可由表达式生成
    < columnName2 >,        //位于一端的固定列名,不可由表达式生成
    < direction >           //ONEWAY, BOTH, NONE
)
```

CROSSFILTER() 只能用于将筛选器用作参数的函数中,函数本身不返回任何值,只改变参数内的关系。

在 Power BI 中,单击左侧"模型"视图,选择订单表与运单表的关系连线,右击,选择"属性",如图 9-47 所示。

图 9-47　数据模型的属性设置

在"编辑关系"弹窗中,查看订单表与运单表的关系,如图 9-48 所示。

在图 9-48 中,在基数的下拉菜单中有"多对一(＊:1)、一对一(1:1)、一对多(1:＊)、多对多(＊:＊)"4 种,在交叉筛选器方向的下拉菜单中有"单一、两种"2 种。基于数据从一端向多端传递的特性。

创建度量值 M.运单量,表达式如下:

```
M.运单量 = SUM('运单'[数量])

M.订单量 = SUM('订单'[数量])
```

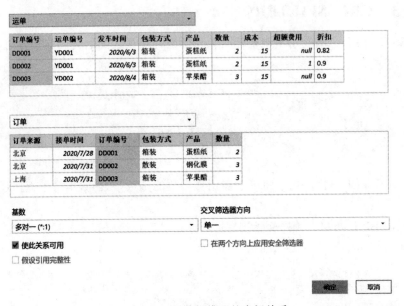

图 9-48　编辑数据模型的表间关系

在可视化区域选择"切片器","字段"为订单表的包装方式。在可视化区域选择"表"，"字段"为运单表中的产品及度量值 M.运单量。选择切片器，返回的值如图 9-49 所示。

包装方式		产品	M.运单量
☐ 袋			
☐ 捆		蛋糕纸	4
☐ 膜		钢化膜	30
■ 散装		苹果醋	3
■ 桶装		油漆	37
■ 箱装		**总计**	**74**
☐ 扎			

图 9-49　切片与统计

现利用 Power BI 从多端筛选一端的数据。在"编辑关系"弹窗中，在交叉筛选器方向的下拉菜单中选择"两种"并勾选"在两个方向上应用安全筛选器"，单击"确定"按钮，如图 9-50 所示。

现尝试从多端筛选一端的数据。在可视化区域选择"切片器","字段"为运单表的包装

编辑关系

选择相互关联的表和列。

图 9-50 编辑数据模型的表间关系

方式。单击可视化区域的"表"图标,"字段"为订单表中的产品及度量值 M. 订单量。选择切片器,返回的值如图 9-51 所示。

图 9-51 交叉筛选及切片器的应用(1)

从图 9-51 的返回值来看,在"编辑关系"视窗的交叉筛选器方向的下拉菜单中选择"两种"并勾选"在两个方向上应用安全筛选器"后,数据可以从多端筛选一端的数据。

注意:在一对一关系的情况下,设置为单向和双向的效果并无任何区别。出于运行性能考虑及双向关系返回值的复杂性,不建议在模型中将关系的筛选方向设置为双向。如果确实需要使用双向关系,则最佳选择是在公式中使用 CROSSFILTER()函数。

CROSSFILTER()函数对关系的处理在本度量值之内生效且没有改变原始关系模型。

将"编辑关系"中的"交叉筛选器方向"重新设置为"单一"。在 Power BI 中,为订单表和运单表两表创建关系。创建度量值 M.订单量 CSF,表达式如下:

```
M.订单量 CSF = CALCULATE (
SUM('订单'[数量]),
    CROSSFILTER ( '运单'[订单编号], '订单'[订单编号], BOTH )
)
```

将图 9-51 中的度量值 M.订单量更换为 M.订单量 CSF,其他项不变更,返回的值如图 9-52 所示。

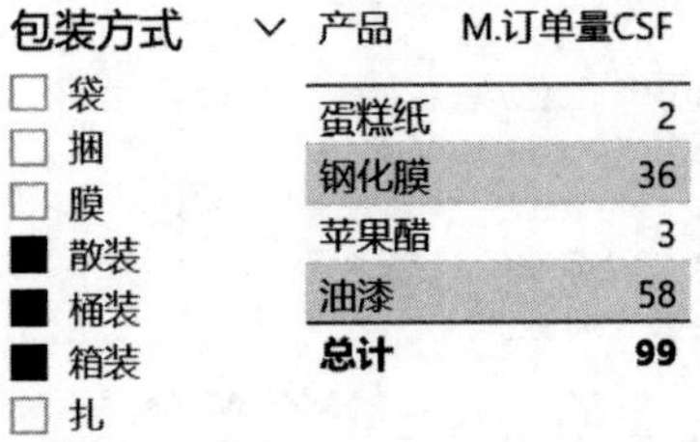

包装方式 ∨	产品	M.订单量CSF
☐ 袋	蛋糕纸	2
☐ 捆	钢化膜	36
☐ 膜	苹果醋	3
■ 散装	油漆	58
■ 桶装	总计	99
■ 箱装		
☐ 扎		

图 9-52　交叉筛选及切片器的应用(2)

在度量值 M.订单量 CSF 中,CROSSFILTER()的方向为 BOTH,故图 9-51 中 M.订单量返回的值与图 9-52 中 M.订单量 CSF 返回的值完全相同。

9.4.4　ALLCROSSFILTERED()

ALLCROSSFILTERED()函数只能作为 CALCULATE()函数的调节器,用于清除应用于表的所有筛选器,不能作为表函数。ALLCROSSFILTERED()函数在一般情况下可以使用 ALL()函数来代替,语法如下:

```
ALLCROSSFILTERED(< table >)
```

ALLCROSSFILTERED()删除了扩展表上的所有筛选器(与 ALL()函数的效果相同),也会删除由于在直接或间接连接到扩展表的关系上设置了双向交叉筛选而被交叉筛选的列和表上的所有筛选器。应用举例,表达式如下:

```
M.运单量 ACF =
CALCULATE (
    SUM ( '运单'[数量] ),
    ALLCROSSFILTERED ( '运单' )
)
```

单击可视化区域"表"图标,将运单表中的包装方式、度量值 M.运单量和 M.运单量 ACF 拖入值区域,返回的值如图 9-53 所示。

包装方式	M.运单量	M.运单量ACF
袋	11	154
捆	24	154
膜	20	154
散装	30	154
桶装	37	154
箱装	7	154
扎	25	154
总计	**154**	**154**

图 9-53　ALLCROSSFILTERED()函数的应用

9.5　快度量值

在 Power BI 中,可通过"主页"→"快度量值"或"建模"→"快度量值"进行快度量值的创建,或者在字段中右击,然后选择"新建快度量值"。快度量值的最大优点在于:在不知道如何编写某 DAX 公式时,可在"快度量值"视窗中以拖曳的方式由后台来完成相关 DAX 公式的编写,并且由后台完成的 DAX 度量值可在公式栏中显示。

9.5.1　快度量值的计算类型

在现阶段,Power BI 的快度量值有聚合、筛选器、时间智能、总数、数学运算、文本 6 类,具体的计算类型及计算如下。

1. 每个类别的聚合

(1)每个类别的平均值。

(2)每个类别的差异。

(3)每个类别的最大值。

(4)每个类别的最小值。

(5)每个类别的加权平均。

2. 筛选器

(1)已筛选的值。

(2)与已筛选值的差异。

(3)与已筛选值的百分比差异。

(4)新客户的销售额。

3. 时间智能

(1)本年至今总计。

(2)本季度至今总计。

(3)本月至今总计。

(4)年增率变化。

（5）季度增率变化。

（6）月增率变化。

（7）移动平均。

4．总数

（1）汇总。

（2）类别总数（应用筛选器）。

（3）类别总数（未应用筛选器）。

5．数学运算

（1）相加。

（2）减法。

（3）乘法。

（4）除法。

（5）百分比差异。

（6）相关系数。

6．文本

（1）星级评分。

（2）值连接列表。

9.5.2　快度量值的应用

以创建快度量值"已筛选的值"为例，通过"主页"→"快度量值"创建"每个类别的平均值"，如图 9-54 所示。

图 9-54　新建快度量值(1)

在快度量值弹窗中，在计算栏中选择"已筛选的值"。将 DK 表中的入库拖入基值（在基值中显示为入库的总和），将 DK 表中的包装方式拖入筛选器，在多选中选择"散装、桶装、箱装"，单击"确定"按钮，返回的值如图 9-55 所示。

图 9-55 返回的度量值如下：

```
桶装、箱装或散装的入库  =
CALCULATE (
    SUM ( 'DK'[入库] ),
    'DK'[包装方式] IN { "桶装", "箱装", "散装" }
)
```

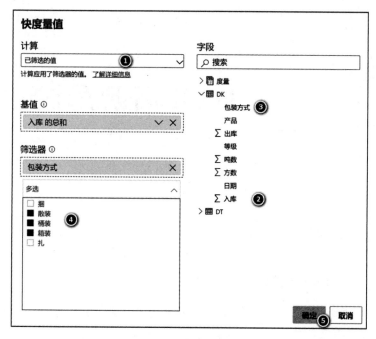

图 9-55 新建快度量值(2)

单击可视化区域"表"图标,将 DK 表中的产品、度量值桶装、箱装或散装的入库拖入"值"区域,返回的值如图 9-56 所示。

产品	桶装、箱装或散装的入库
蛋糕纸	32
钢化膜	76
净化剂	93
苹果醋	78
油漆	55
总计	**334**

图 9-56 快度量值的应用

9.6 本章回顾

本章知识是第 6 章度量值知识的进阶,主要对层次结构、查找与匹配、条件判断、筛选调节器等进行了讲解与应用。

本章对一些信息函数进行了重点介绍。函数名包含 IS、HAS、CONTAINS 单词的多为信息类函数,返回的值为 TRUE 或 FALSE;不管是包含 IS 还是包含 HAS 的函数,因其返回的值为 TRUE 或 FALSE,所以此类函数多放于 IF() 函数的第 1 个参数处,作为判断条件。当涉及多条件判断时,可优先选用 SWITCH()。

第 10 章

DAX 高阶用法

10.1 DAX 函数进阶

10.1.1 CALCULATE()进阶

在 Power BI 中,允许在 CALCULATE()内直接完成多列条件的判断。在 Excel Power Pivot 中,此类任务需借助 FILTER()才能完成。应用举例,表达式如下:

```
M.入库量 = SUM('DK'[入库])

M.多条件计算 = CALCULATE(
    [M.入库量],
    KEEPFILTERS(
        DK[包装方式] IN {"箱装","盒装"}
            || DK[产品] IN {"咖啡","可乐","苹果醋","包装绳"}
    )
)
```

在可视化区域,选择切片器,将 DK 表中的产品拖入字段区域。单击可视化区域的"表"图标,勾选 DK 表中的包装方式及度量值 M.多条件计算,返回的值如图 10-1 所示。

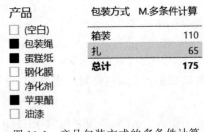

图 10-1　产品包装方式的多条件计算

图 10-1 中,切片器中所选的这 3 个产品可影响表的返回值,其他产品多选或少选不会影响表的返回值。

10.1.2 UNICHAR()

UNICHAR()函数用于返回由数值引用的 UNICODE 字符,函数所引用的数字来自数字与字符所对应的 UNICODE 表,语法如下:

```
UNICHAR(number)
```

该函数可以理解为 UNI 与 CHAR 的组合。UNI 是代表的是 UNICODE 国际编码,UNICHAR()与 CHAR()函数的区别在于所查询的代码表。在 Power Pivot 中只有 UNICODE()函数而没有 UNICHAR()函数,Power BI 支持 UNICHAR()函数。常见的 UNICHAR()符号及对应的数字如箭头(8593、8595、8599、8600;9650、9660)、虚实五角星(9733、9734)、对错(10004、10006)等。更多的 UNICHAR()符号与数字的对应表可到相关网站查询。

1. UNICHAR()的基础应用

应用举例,将 DK 表中包装方式为箱装、桶装、盒装的产品标识为实五角星,将其他包装方式的产品标识为虚五角星,表达式如下:

```
M.条件格式 C =
IF (
    HASONEVALUE ( DK[包装方式] ),
    IF (
        SELECTEDVALUE ( DK[包装方式] ) IN { "箱装", "桶装", "盒装" },
        UNICHAR ( 9733 ),
        UNICHAR ( 9734 )
    )
)
```

在可视化区域单击"表"图标,勾选 DK 表中的包装方式及产品,勾选度量值 M.条件格式 C,返回的值如图 10-2 所示。

2. UNICHAR()的进阶应用

结合 REPT()函数,对 UNICHAR()值进行重复显示。在 DK 表中创建计算列库.余数,表达式如下:

```
库.余数 = MOD(DK[入库],6)
```

创建度量值 M.余数星级,表达式如下:

包装方式	产品	M.条件格式C
扎	包装绳	☆
箱装	蛋糕纸	★
箱装	苹果醋	★
桶装	净化剂	★
桶装	油漆	★
散装	钢化膜	☆
捆		☆
总计		

图 10-2 产品包装方式的标识

```
M.余数星级 =
IF (
    HASONEVALUE ( DK[等级] ),
```

```
            REPT ( UNICHAR ( 9733 ), 8 - AVERAGE ( DK[库.余数] ) )
                & REPT ( UNICHAR ( 9734 ), AVERAGE ( DK[库.余数] ) )
        )
```

单击可视化区域的"表"图标,将 DK 表中的等级、
M.余数星级拖入"值"区域,返回的值如图 10-3 所示。

3. 值的条件格式设置

创建度量值 M.次数、M.入库平均,表达式如下:

```
M.次数 = COUNTROWS(DK)
M.入库平均 = AVERAGE(DK[入库])
```

等级	M.余数星级
A	★★★★☆☆☆☆
B	★★★★★★★☆
C	★★★★★☆☆☆
总计	

图 10-3　计算等级的余数星级

在 Power BI 中,可以做到对 UNICHAR 的图标进行颜色区隔。创建度量值 M.箭头方
向,表达式如下:

```
M.箭头方向 =
IF (
    AVERAGE ( DK[入库] ) >= 65,
    UNICHAR ( 9650 ),               //箭头向上
    UNICHAR ( 9660 )                //箭头向下
)
```

创建度量值 M.箭头颜色,表达式如下:

```
M.箭头颜色 =
VAR A =
    AVERAGE ( DK[入库] )
VAR B =
    SWITCH (
        TRUE (),
        A > 90, "GREEN",
        A > 80, "GREENYELLOW",
        A > 70, "CYAN",
        A >= 65, "BLUE",
        "RED"
    )
RETURN
    B
```

单击 Power BI 可视化区域的"表"图标,将 DK 表中的包装方式、度量值 M.入库量、M.
次数、M.入库平均、M.箭头方向拖入"值"区域,如图 10-4 所示。

单击图 10-4 中的 M.箭头方向,右击,选择"条件格式"→"字体颜色",如图 10-5 所示。

在"字体颜色"弹窗中,选择"格式样式"为字段值,应用的字段为 M.箭头颜色,单击"确
定"按钮,如图 10-6 所示。

图 10-4　值字段设置

图 10-5　显示值的颜色设置(1)

图 10-6　显示值的颜色设置(2)

返回的值如图 10-7 所示。

包装方式	M.入库量	M.次数	M.入库平均	M.箭头方向	
捆	87	1	87.00	▲	—— 黄绿
散装	76	1	76.00	▲	—— 蓝绿
桶装	148	2	74.00	▲	
箱装	110	2	55.00	▼	—— 红色
扎	65	1	65.00	▲	—— 蓝色
总计	486	7	69.43		

图 10-7　显示值的颜色设置(3)

10.1.3　CONVERT()

CONVERT()函数用于将表达式转换为指定的数据类型,语法如下:

```
CONVERT（<表达式>, <数据类型>）
```

应用举例,在 DK 表中创建计算列,将日期列的数据类型由日期转换为文本型日期,表达式如下:

```
库.文本日期 = CONVERT('DK'[日期],STRING)
```

返回的值如图 10-8 所示。

图 10-8　创建文本日期的计算列

10.2　筛选前 N 个

10.2.1　筛选器中的前 N 个

在 Power BI 中,有报告级、页面级、视觉级三类筛选器。报告级筛选器可对当前报表中的所有页面的可视化对象起作用,页面级筛选器可对当前页面中所有的可视化对象起作用,视觉级筛选器仅对当前可视化对象起筛选作用,如图 10-9 所示。

单击 Power BI 可视化区域的“表”图标,将 DK 表中的包装方式及度量值 M.入库量拖入“值”区域。将此视觉对象上的筛选器的筛选类型设置为“前 N 个”,显示项为“上、3”,筛选的依据为“按值”M.入库量,单击“应用筛选器”,相关设置及返回的值如图 10-10 所示。

10.2.2　应用 TOPN

创建度量值,进行 TOPN 的占比分析,表达式如下:

图 10-9　筛选器的分类

```
M.入库量 A = CALCULATE([M.入库量],ALL(DK))

M.入库 TOP3 = CALCULATE(
    [M.入库量],
    TOPN(3,ALL(DK[包装方式]),[M.入库量],DESC)
)

M.TOP3 占比 = DIVIDE([M.入库 TOP3],[M.入库量 A])
```

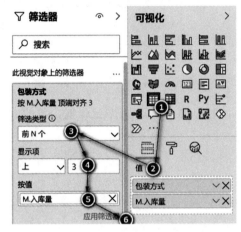

包装方式	M.入库量
捆	87
桶装	148
箱装	110
总计	345

(a) 筛选器的设置　　　　　　(b) 表的返回值

图 10-10　视觉级筛选器的应用

单击 Power BI 可视化区域的"表"图标,勾选包装方式、M.入库量 A、M.入库 TOP3、M.TOP3 占比,返回的值如图 10-11 所示。

包装方式	M.入库TOP3	M.入库量A	M.TOP3占比
捆	345	486	70.99%
散装	345	486	70.99%
桶装	345	486	70.99%
箱装	345	486	70.99%
扎	345	486	70.99%
总计	345	486	70.99%

图 10-11　计算包装方式的 TOP3 的占比

图 10-11 是静态返回的值,如果 TOPN 能够动态地调整,则效果会更佳。

10.2.3　模拟参数

在 Power BI 中,选择"报表"(视图)→"建模"→"新建参数"。在"模拟参数"弹窗中,设置参数的名称、最小值、最大值和增量,单击"确定"按钮,如图 10-12 所示。

此时在 Power BI 画布区域会生成滑动切片器,在右侧的字段面板区域生成表 TOP5,

(a) 新建参数的选择 　　　　　　　　　　(b) 模拟参数

图 10-12　创建模拟参数

内含 TOP5 及 TOP5 值两个度量值。此时可通过滑动切片器调整参数的数值,如图 10-13
所示。

图 10-13　动态 TOP5

在 Power BI 右侧的"字段"区域,单击表名称 TOP5。此时,在编辑栏显示的表达式
如下:

```
TOP5 = GENERATESERIES(0, 5, 1)
```

由此推断,滑动切片器其实是通过 GENERATESERIES()创建的表。出于度量值命名
规范的考虑,将度量值 TOP5 值改名为 M. TOPN,实现对滑动切片器的调用,表达式如下:

```
M.TOPN = SELECTEDVALUE(TOP5[TOP5])
```

利用 M. 入库 TOP3 的表达式,修改并创建新的度量值,表达式如下:

```
M.入库 TOPN = CALCULATE(
    [M.入库量],
    TOPN([M.TOPN],ALL(DK[包装方式]), [M.入库量])
)

M.TOPN 占比 = DIVIDE([M.入库 TOPN],[M.入库量 A])
```

先后两次单击可视化区域的"卡片图"，分别将度量值 M. 入库 TOPN 和 M. TOPN 占比放入值区域。滑动切片器，返回的值如图 10-14 所示。

图 10-14　动态 TOPN 的应用

10.3　动态图表

10.3.1　自定义参数表

在 Power BI 中，经常会用到自定义参数表。在使用过程中，以下是几种常用的创建方式：从 Excel 中导入（利用 Power Query 加载的方式、在 Power Pivot 中利用添加到数据模型的方式、在 Power Pivot 中利用粘贴的方式）、在 Power BI 中添加（输入数据、新建表），然后利用辅助表作为参数表进行相关计算与分析。本次采用 Power BI 添加方式，选择"主页"→"添加数据"，添加换算表。创建度量值 M. 数量和换算，表达式如下：

```
M.数量和换算 :=
IF (
    HASONEVALUE ( '换算'[换算] ),
    SUM ( 'DK'[入库] ) * VALUES ( '换算'[换算] ),
    SUM ( 'DK'[入库] )
)
```

将换算表中的换算率作为切片字段。单击 Power BI 可视化区域的"表"图标，勾选包装方式、度量值 M. 数量和换算，返回的值如图 10-15 所示。

单位	换算
磅	0.455
市斤	0.62
公斤	1

换算 ∨
☐ 0.46
■ 0.62
☐ 1.00

包装方式	M.数量和换算	M.入库量
捆	54	87
散装	47	76
桶装	92	148
箱装	68	110
扎	40	65
总计	301	486

图 10-15　度量值的换算(1)

如果去除筛选并将各换算数据放到透视表的列标签，则返回的值如图 10-16 所示。

单位 ▼	换算 ▼
磅	0.455
市斤	0.62
公斤	1

换算
☐ 0.46
☐ 0.62
☐ 1.00

包装方式	M.数量和换算	M.入库量
捆	87	87
散装	76	76
桶装	148	148
箱装	110	110
扎	65	65
总计	**486**	**486**

图 10-16　度量值的换算(2)

10.3.2　动态纵坐标

本节内容是对 9.3.5 节 SELECTEDVALUE()内容的回顾。在 Power BI 中创建切换表,表达式如下:

```
切换表 = DATATABLE (
    "序号", string,
    "名称", string,
    {
        {"1", "入库"},
        {"2", "出库"}
    }
)
```

创建度量值 M.入库量、M.出库量、M.出入库,表达式如下:

```
M.入库量 = SUM(DK[入库])
M.出库量 = SUM(DK[出库])

M.出入库 =
SWITCH(TRUE(),
    SELECTEDVALUE('切换表'[名称]) = "入库",[M.入库量],
    SELECTEDVALUE('切换表'[名称]) = "出库",[M.出库量],
    [M.入库量]
)
```

在 Power BI 可视化区域,选择"切片器"图标,将切换表中的名称拖入字段区域。选择"簇状柱形图",将 DK 表的包装方式拖入轴区域,将度量值 M.出入库拖入值区域。在视觉对象格式设置中,打开数据标签,如图 10-17 所示。

通过对切片器的不同操作,返回的值如图 10-18 所示。

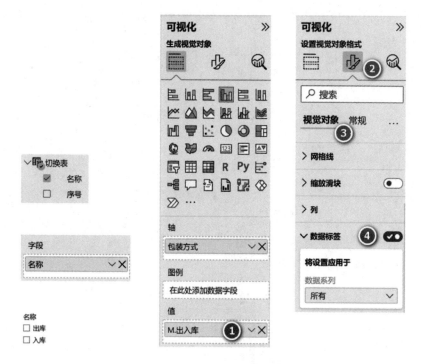

(a) 切片器设置　　　　　　　　　　(b) 簇状柱形图设置

图 10-17　打开数据标签

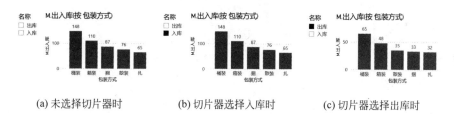

(a) 未选择切片器时　　　(b) 切片器选择入库时　　　(c) 切片器选择出库时

图 10-18　通过切片器来选择度量值

10.3.3　动态横坐标

横轴明细若为动态表,则可采用的表达式如下:

```
横轴表 =
VAR A =
    FILTER (
        SELECTCOLUMNS (
            ADDCOLUMNS ( VALUES ( DK[产品] ), "轴", "PRS" ),
            "轴", [轴],
```

```
            "明细", [产品]
        ),
        NOT ISBLANK([明细]) //也可用[明细] <> BLANK ()
    )
VAR B =
    SELECTCOLUMNS (
        ADDCOLUMNS ( VALUES ( DK[包装方式] ), "轴", "PKS" ),
        "轴", [轴],
        "明细", [包装方式]
    )
VAR C =
    UNION ( A, B )
RETURN
    C
```

横轴表返回的值如图 10-19 所示。

轴	明细
PRS	钢化膜
PRS	蛋糕纸
PRS	油漆
PRS	净化剂
PRS	苹果醋
PRS	包装绳
PKS	散装
PKS	箱装
PKS	桶装
PKS	捆
PKS	扎

图 10-19 横轴表返回的值

创建度量值 M.横轴数据，表达式如下：

```
M.横轴数据 =
IF (
    HASONEFILTER ( '横轴表'[轴] ),
    SWITCH (
        TRUE (),
        SELECTEDVALUE ( '横轴表'[轴] ) = "PRS",
            CALCULATE (
                [M.入库量],
                TREATAS (
```

```
                VALUES ( '横轴表'[明细] ),
                    DK[产品]
                )
            ),
        SELECTEDVALUE ( '横轴表'[轴] ) = "PKS",
            CALCULATE (
                [M.入库量],
                TREATAS (
                VALUES ( '横轴表'[明细] ),
                    DK[包装方式]
                )
            )
        ),
    ERROR ( "切片器请用单选方式" )
)
```

在 Power BI 可视化区域,选择"切片器"图标,将横轴表中的轴拖入字段区域。选择"簇状柱形图",将横轴表的明细拖入轴区域,将度量值 M. 横轴数据拖入值区域,如图 10-20 所示。

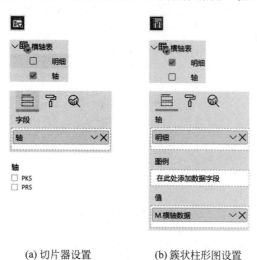

(a) 切片器设置　　　　　(b) 簇状柱形图设置

图 10-20　将数据添加到视觉对象

通过切片器的选择,完成横轴的动态调整,返回的值如图 10-21 所示。

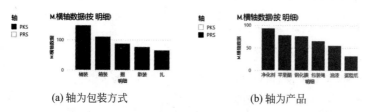

(a) 轴为包装方式　　　　　(b) 轴为产品

图 10-21　生成的视觉对象

10.3.4　动态度量值

现有度量值 M. 入库量、M. 出库量、M. 出入库占比，表达式如下：

```
M.入库量 = SUM(DK[入库])
M.出库量 = SUM(DK[出库])
M.出入库占比 = DIVIDE([M.出库量],[M.入库量])
```

如果通过切片器来控制度量值，则可实现度量值的动态化。方法如下：先创建 M 表，再创建 DK 表的包装方式列与 M 表的笛卡儿乘积表。创建 M 表，表达式如下：

```
M 表 = DATATABLE (
    "序号", string,
    "度量值", string,
    {
        {"1", "入库量"},
        {"2", "出库量"},
        {"3", "出入库占比"}
    }
)
```

返回的值如图 10-22 所示。

序号	度量值
1	入库量
2	出库量
3	出入库占比

图 10-22　M 表的返回值

创建 DK 表的包装方式列与 M 表的笛卡儿乘积表，表达式如下：

```
度量包装表 = CROSSJOIN(VALUES('M 表'[度量值]),VALUES(DK[包装方式]))
```

返回的值如图 10-23 所示。

创建度量值 M. 包装度量值，表达式如下：

```
M.包装度量值 =
SWITCH (
    TRUE (),
    SELECTEDVALUE ( 'M 表'[度量值] ) = "入库量", [M.入库量],
    SELECTEDVALUE ( 'M 表'[度量值] ) = "出库量", [M.出库量],
    SELECTEDVALUE ('M 表'[度量值] ) = "出入库占比",
```

```
        FORMAT ([M.出入库占比],"0.00%")
    )
```

　　以下是未使用切片器时的静态用法。在可视化区域选择"矩阵图"，在"字段"选项中，将 DK 表中的包装方式拖入"行"区域，将 M 表中的度量值字段拖入"列"区域，将度量值 M.包装度量值拖入"值"区域。在"设置视觉对象格式"选项中，在"小计"中将"行小计、列小计"设置为关，相关设置及返回的值如图 10-24 所示。

　　以下是度量值切片器的动态用法。在可视区区域选择切片器，在"字段"选项中，将 M 表中的度量值拖入"字段"区域，如图 10-25 所示。

　　选择切片器，返回的值如图 10-26 所示。

度量值	包装方式
入库量	散装
出库量	散装
出入库占比	散装
入库量	箱装
出库量	箱装
出入库占比	箱装
入库量	桶装
出库量	桶装
出入库占比	桶装
入库量	捆
出库量	捆
出入库占比	捆
入库量	扎
出库量	扎
出入库占比	扎

图 10-23　度量包装表的返回值

包装方式	出库量	出入库占比	入库量
捆	33	37.93%	87
散装	35	46.05%	76
桶装	65	43.92%	148
箱装	48	43.64%	110
扎	32	49.23%	65

(a) 生成视觉对象　　　　　(b) 设置视觉对象格式　　　　　(c) 矩阵的返回值

图 10-24　添加与设置视觉对象

度量值 ∨
■ 出库量
□ 出入库占比
■ 入库量

包装方式	出库量	入库量
捆	33	87
散装	35	76
桶装	65	148
箱装	48	110
扎	32	65

图 10-25　添加切片器　　　　　　图 10-26　选择切片器

10.4 数据分析

10.4.1 区间分析

1. 数据区间分析

在 Power BI 中,选择"主页"→"输入数据",创建"区间辅助表",如图 10-27 所示。

区间	起始值	结束值
差	0	59
中	60	79
良	80	89
优	90	100

图 10-27 区间辅助表

创建度量值 M.区间次数,表达式如下:

```
M.区间次数 =
VAR A =
    SELECTEDVALUE ( '区间辅助表'[起始值] )
VAR B =
    SELECTEDVALUE ( '区间辅助表'[结束值] )
VAR C =
    CALCULATE (
        COUNT ( DK[包装方式] ),
        FILTER ( DK, DK[入库] > A && DK[入库] <= B )
    )
RETURN
    C
```

在可视化区域选择"表",将区间辅助表的区间、起始值、结束值及度量值 M.区间次数拖入"值"区域,相关设置及返回的值如图 10-28 所示。

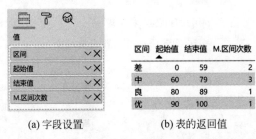

(a) 字段设置　　　　　(b) 表的返回值

图 10-28 统计入库量在各所属区间内出现的次数

2. 频次分析

采用 DATATABLE() 函数创建频次表,表达式如下:

```
频次表 = DATATABLE (
    "频次", STRING,
    "最小值", INTEGER,
    "最大值", INTEGER,
    {
    { "1-2次", 1, 2 },
    { "3-4次", 3, 4 },
    { "5-6次", 5, 6 }
    }
)
```

返回的值如图 10-29 所示。

在 Power BI 中,选择"主页"→"Excel 工作簿",打开"D:\
深入浅出 DAX\2 数据源\DEMO.xlsx",在导航器中选择订单
及日期表,单击"加载"按钮。创建度量值 M.订单次数,表达式
如下:

频次 ▼	最小值 ▼	最大值 ▼
1-2次	1	2
3-4次	3	4
5-6次	5	6

图 10-29 频次表

```
M.订单次数 =
 -- VAR A = MAX ( '日期'[日期] )
VAR B = SELECTEDVALUE ( '频次表'[最小值] )
VAR C = SELECTEDVALUE ( '频次表'[最大值] )
VAR D =
    SUMMARIZE (
        '订单',
        '订单'[订单来源],
        "订单数量",
                CALCULATE (
                    COUNT ( '订单'[订单来源] )
                    -- , FILTER ( ALL ( '日期' ), '日期'[日期] <= A )
        )
    )
VAR E =
    CALCULATE (
        COUNTROWS (
            FILTER ( D, [订单数量] >= B && [订单数量] <= C )
        )
    )
RETURN
    E
```

在可视化区域选择"表",将频次表中的频次及度量值
M.订单次数拖入"值"区域,返回的值如图 10-30 所示。

如需将'日期'[日期]添加为切片器,则只需将度量值 M.
订单次数中的注释符号(表达式中语句前面的--)取消。

频次	M.订单次数
1-2次	2
3-4次	5
5-6次	2

图 10-30 订单次数统计

10.4.2 ABC 分析

ABC 分析起源于 80/20 分析,在质量管理、库存管理等方面应用较为广泛。ABC 分析是一种分类管理技术,将对象划分为重要的 A 类、一般的 B 类及不重要的 C 类。

1. 动态 ABC 分析(一)

新建静态 ABC 表,表达式如下:

```
静态 ABC =
SUMMARIZECOLUMNS (
    '运单'[产品],
    '运单'[包装方式],
    "数量和", SUM ( '运单'[数量] )
)
```

在静态 ABC 表中,新建计算列累计值、累计百分比、ABC 分类,表达式如下:

```
累计值 =
VAR A = '静态 ABC'[数量和]
RETURN
    CALCULATE (
        SUM ( [数量和] ),
        FILTER (
            '静态 ABC',
            '静态 ABC'[数量和] >= A
        )
    )

累计百分比 = DIVIDE([累计值],SUM([数量和]))

ABC 分类 =
SWITCH (
    TRUE (),
    [累计百分比] <= 0.7, "A",
    [累计百分比] <= 0.9, "B",
    "C"
)
```

返回的值如图 10-31 所示。

创建度量值 M. 数量和、M. ABC 识别,表达式如下:

```
M.数量和 = SUM('静态 ABC'[数量和])

M.ABC 识别 =
```

```
SWITCH (
    TRUE (),
    SELECTEDVALUE ( '静态 ABC'[ABC 分类] ) = "A", "GREEN",
    SELECTEDVALUE ( '静态 ABC'[ABC 分类] ) = "B", "YELLOW",
    "RED"
)
```

产品	包装方式	数量和	累计值	累计百分比	ABC分类
蛋糕纸	箱装	4	149	96.75%	C
苹果醋	箱装	3	152	98.70%	C
钢化膜	散装	30	67	43.51%	A
油漆	桶装	37	37	24.03%	A
异型件	膜	20	112	72.73%	B
包装绳	扎	25	92	59.74%	A
保鲜剂	袋	2	154	100.00%	C
木材	捆	16	128	83.12%	B
钢材	捆	8	145	94.16%	C
老陈醋	袋	9	137	88.96%	B

图 10-31　在表中新增 3 列

在可视化区域,选择"折线和簇状柱形图",相关设置如图 10-32 所示。

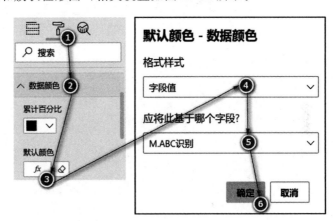

(a) 字段设置　　　　　　　　　　　　　(b) 格式设置

图 10-32　添加与设置视觉对象(1)

返回的值如图 10-33 所示。

2. 动态 ABC 分析(二)

在运单表中创建计算列列. 年,表达式如下:

```
运.年 = YEAR('运单'[发车时间])
```

在静态 ABC 表中,增加'运单'[运. 年]。表达式如下:

```
静态 ABC =
SUMMARIZECOLUMNS (
    '运单'[运.年],              //新增的列,方便后续的多维度动态分析
    '运单'[产品],
    '运单'[包装方式],
    "数量和", SUM ( '运单'[数量] )
)
```

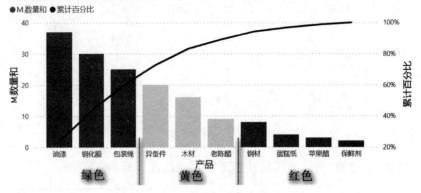

图 10-33　添加与设置视觉对象(2)

创建度量值 M. 累计百分比,表达式如下:

```
M.累计百分比 =
VAR A = [M.数量和]
VAR B =
    CALCULATE (
        [M.数量和],
        FILTER ( ALL ( '静态 ABC'[产品] ), [M.数量和] >= A )
    )
RETURN
    DIVIDE (
        B,
        CALCULATE ( [M.数量和], ALL ( '静态 ABC'[产品] ) )
    )
```

将图 10-32 的"折线和簇状柱形图"中的"行值"更换为度量值 M. 累计百分比。在可视化区域新增两个切片器,"字段"分别为静态 ABC 表中的运. 年、包装方式,相关设置及返回的值如图 10-34 所示。

选择切片器,返回的值如图 10-35 所示。

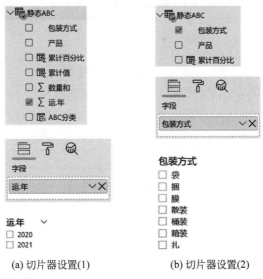

(a) 切片器设置(1)　　　　(b) 切片器设置(2)

图 10-34　添加与设置视觉对象(3)

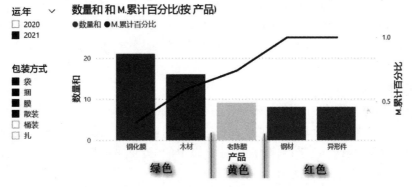

图 10-35　添加与设置视觉对象(4)

10.4.3　RFM 分析

RFM 模型是衡量客户价值和客户创造利益能力的重要工具和手段,RFM 是最近一次消费时间间隔(Recency)、消费频率(Frequency)、消费金额(Monetary)三个指标的首字母组合,其中,R 值具备望小特性,F 值和 M 值具备望大特性,即 R 值越小越好而 F 值和 M 值则越大越好。

1. 模型设计

在管理过程中,对 R、F、M 这 3 个因子进行高低二水平的全因子组合设计,则 2^k 全因子组合设计后可形成 8 种($2^3=8$)组合方案。若对其中的低水平用 1 表示、高水平用 2 表示,则组合设计后的 RFM 客户价值分析模型见表 10-1。

表 10-1　RFM 客户价值分析模型

客 户 价 值	R	F	M	RFM
重要价值客户	2	2	2	222
重要发展客户	2	1	2	212
重要唤回客户	1	2	2	122
重要挽留客户	1	1	2	112
一般价值客户	2	2	1	221
一般发展客户	2	1	1	211
一般唤回客户	1	2	1	121
一般挽留客户	1	1	1	111

R 值的高低水平的判定逻辑与计算顺序如下：

（1）用事实表中的最大日期与该客户的最近活跃日期相比较，获取日期的间隔天数。

（2）将所有客户的日期间隔天数进行求平均值，得到事实表中 R 值的整体平均值。

（3）以整体均值为依据，对各客户的间隔天数进行 1（低水平）和 2（高水平）代码化。

采用类似的方法对 F 值及 M 值代码化，然后将代码化的 R 值、F 值、M 值进行组合，最终形成类似 222、212 这样的 RFM 组合码，由此得到该客户的价值分类，其中，M 代码为 2 的为重要客户，否则为一般客户。RF 组合码为 22 的属价值客户，RF 组合码为 11 的属已流失客户。RF 组合码为 21 的客户需深耕以提高其消费频率；RF 组合码为 12 的客户属近期无交易需唤回以继续消费。

2. 数据准备

在 Power BI 中，通过"主页"→"Excel 工作簿"，将 DEMO. xlsx 中的订单、运单、RFM 表进行加载并在订单表与运单表中创建关联，主键是订单表的运单编号，外键是运单表的运单编号。由于模型中无客户字段，现暂以订单表中的"订单来源"字段比拟客户进行 RFM 分析，相关数据模型与表格如图 10-36 所示。

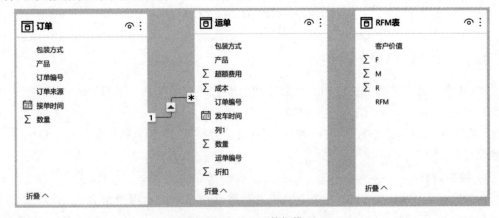

图 10-36　RFM 数据模型

3．计算 R 值

计算各客户最近活跃日的间隔天数，表达式如下：

```
M.R1 间隔天数 =
DATEDIFF (
    MAX ( '运单'[发车时间] ),
    MAXX (
        ALL ( '运单'[发车时间] ),
        '运单'[发车时间]
    ),
    DAY
)
```

计算 R 值的整体平均值，表达式如下：

```
M.R2 整体平均天数 =
AVERAGEX (
    ALLSELECTED ( '订单'[订单来源] ),
    [M.R1 间隔天数]
)
```

对 R 值的高低水平代码化，表达式如下：

```
M.R3R 值代码化 =
IFERROR(
    IF ([M.R1 间隔天数] < [M.R2 整体平均天数],2,1),
    BLANK()
)
```

4．计算 F 值

计算各客户最近活跃的频率数，表达式如下：

```
M.F1 频数 = DISTINCTCOUNT('运单'[订单编号])
```

计算 F 值的整体平均值，表达式如下：

```
M.F2 整体平均频数 =
AVERAGEX (
    ALLSELECTED ( '订单'[订单来源] ),
    [M.F1 频数]
)
```

对 F 值的高低水平代码化,表达式如下:

```
M.F3F 值代码化 =
IFERROR(
    IF ( [M.F1 频数] > [M.R2 整体平均天数],2,1),
    BLANK ()
)
```

5. 计算 M 值

计算各客户最近活跃的数量额,表达式如下:

```
M.M1 活跃额 = SUM('运单'[数量])
```

计算 M 值的整体平均值,表达式如下:

```
M.M2 整体均额 =
AVERAGEX (
    ALLSELECTED ( '订单'[订单来源] ),
    [M.M1 活跃额]
)
```

对 M 值的高低水平代码化,表达式如下:

```
M.M3M 值代码化 =
IFERROR(
    IF ( [M.M1 活跃额] > [M.M2 整体均额],2,1),
    BLANK ()
)
```

6. RFM 客户价值归类

对 RFM 客户价值进行归类,表达式如下:

```
M.RFM 价值归类 =
VAR A = [M.R3R 值代码化] & [M.F3F 值代码化] & [M.M3M 值代码化]
RETURN
    CALCULATE ( VALUES ( 'RFM 表'[客户价值] ), 'RFM 表'[RFM] = A )
```

7. RFM 客户价值分析

创建表,对 RFM 客户价值进行分析,表达式如下:

```
RFM 客户价值分析表 =
ADDCOLUMNS (
    SUMMARIZE ( '订单', '订单'[订单来源] ),
```

```
    "R 天", [M.R1 间隔天数],
    "F 数", [M.F1 频数],
    "M 量", [M.M1 活跃额],
    "RFM 值",
        [M.R3R 值代码化] & [M.F3F 值代码化] & [M.M3M 值代码化],
    "客户类型", [M.RFM 价值归类]
)
```

返回的值如图 10-37 所示。

订单来源	R天	F数	M量	RFM值	客户类型
无锡	103	1	2	211	一般发展客户
上海	41	3	9	211	一般发展客户
常州	103	1	4	211	一般发展客户
合肥	71	1	6	211	一般发展客户
武汉	41	1	6	211	一般发展客户
厦门	41	1	8	211	一般发展客户
珠海	0	1	9	211	一般发展客户
成都	530	1	2	111	一般挽留客户
北京	530	1	2	111	一般挽留客户
宁波	468	1	1	111	一般挽留客户
西安	437	1	4	111	一般挽留客户
重庆	71	2	11	212	重要发展客户
广州	71	2	11	212	重要发展客户
深圳	135	4	27	212	重要发展客户
南京	0	2	15	212	重要发展客户
苏州	135	3	17	212	重要发展客户
杭州	103	3	20	212	重要发展客户

图 10-37　RFM 客户价值分析

8. 可视化分析

创建度量值 M.RFM 订单来源，表达式如下：

```
M.RFM 订单来源 =
IF (
    HASONEVALUE ( 'RFM 客户价值分析表'[客户类型] ),
    CONCATENATEX (
        VALUES ( 'RFM 客户价值分析表'[订单来源] ),
        'RFM 客户价值分析表'[订单来源],
        "、"
    )
)
```

在 Power BI 可视化区域，单击矩阵图。将 RFM 客户价值分析表中的客户类型拖入"行"区域，勾选度量值 M.RFM 订单来源，相关设置及返回的值如图 10-38 所示。

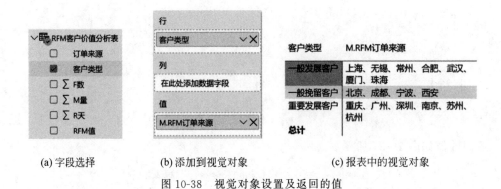

图 10-38　视觉对象设置及返回的值

10.5　本章回顾

本章主要对 Power BI 中的一些常用的高阶用法进行了简要举例，涉及的主要内容如下：

（1）参数表的应用。

（2）辅助表的应用，动态纵坐标、横坐标及度量值的切换应用。

（3）各类常见数据分析的应用，如区间分析、ABC 分析、RFM 分析。本章及第 6 章综合应用中的各类数据分析均是日常较为常见的 DAX 数据分析。

第五篇

案 例 篇

第 11 章

综 合 案 例

11.1 选项设置

打开 Power BI,单击"文件"→"选项和设置"→"选项",在"选项"弹窗中,取消"类型检测、关系"的默认勾选,单击"确定"按钮,如图 11-1 所示。

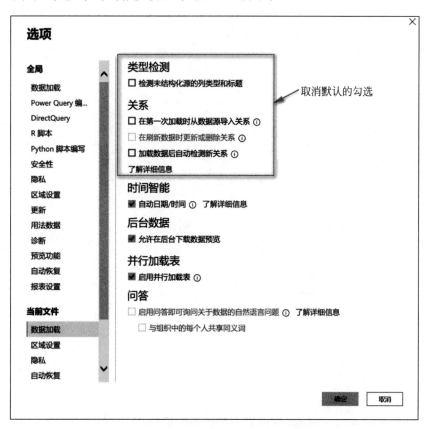

图 11-1 取消数据类型及关系的自动检测与导入

11.2　获取数据

本章综合案例讲解所用的数据源是第 7 章的 Freight.xlsx 工作簿和 M 语言所创建的日期表。在 Power BI 中，单击"主页"→"Excel 工作簿"，进入 Power Query 编辑器，完成 Freight.xlsx 中业务、客户、承运商、司机、车辆、地址、联系人等工作表的加载。同时，复制 7.1.1 节中 M 语言所创建的日期表。

业务表中接单日期及结算运费是本章主要分析的对象，需事先清洗接单日期表中的所有空行、结算运费中的过大与过小值（保留值介于 0.01～0.99 分位数）。在 Power Query 中没有类似 PRECENTILE 之类的函数，所以在 Excel BI 中，分位数的识别及行筛选工作经常放到 DAX 中完成。在 Power BI 中，该工作可以利用 Python Pandas 库的 quantile() 方法来完成。

在运行 Python 脚本时，为避免日期类数据全部返回 Miscrosoft.OleDb.Date，在运行 Python 脚本之前，需先将日期类数据转换为文本类数据，相关获取与清洗的完整代码如下：

```
//业务
let
源 = Excel.Workbook(
        File.Contents("D:\深入浅出 DAX\2 数据源\Freight.xlsx"), null, TRUE),
业务_Table = 源{[Item = "业务",Kind = "Table"]}[Data],
更改的类型 = Table.TransformColumnTypes(业务_Table,
    {
        {"客户下单时间", type text},
        {"接单日期", type text},
        {"发车日期", type text},
        {"结算运费", type number}
    }),
    #"运行 Python 脚本" =
        Python.Execute("# 'dataset' 保留此脚本的输入数据#(lf)
A = dataset['结算运费']
dataset = (
    dataset[(dataset['接单日期'].notnull())
&(dataset['结算运费'].between(A.quantile(0.01),A.quantile(0.99)))
    ]
)",
    [dataset = 更改的类型]){0}[Value],
更改的类型 1 = Table.TransformColumnTypes(#"运行 Python 脚本",
    {
        {"索引号", Int64.Type},
        {"接单日期", type date},
        {"结算运费", type number},
        {"客户下单时间", type date},
```

```
        {"发车日期", type date},
        {"承运运费", Int64.Type}
    })
in
更改的类型 1
```

11.3　数据建模

11.3.1　创建数据建模

Freight.xlsx 工作簿中包含的是一组依据相关业务规则所虚拟的干线运输数据,该组数据能一定程度地还原真实业务场景。

依据业务流程及维度建模规则,单击 Power BI 左上角的模型视图按钮,对获取的数据进行维度建模。创建的数据模型为星型模型,如图 11-2 所示。

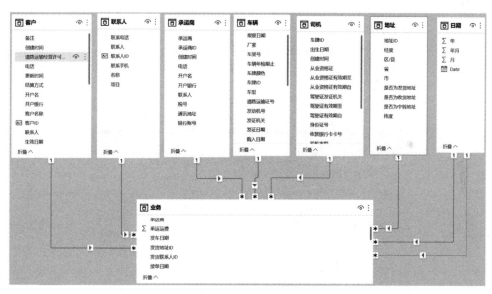

图 11-2　维度建模

选中图 11-2 中的日期表,右击,选择"标记为日期表"→"标记为日期表",如图 11-3 所示。

在"标记为日期表"弹窗中,选择日期表中的 Date 列,单击"确定"按钮,如图 11-4 所示。

11.3.2　创建表

选择"主页"→"输入数据",在"创建表"弹窗中,新建列名"度量",表名称"0 度量",单击"加载"按钮。用于存放与管理所有的度量值,如图 11-5 所示。

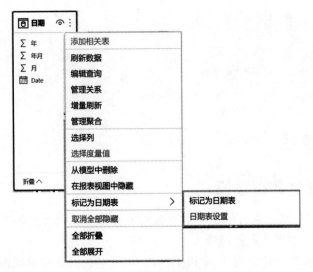

图 11-3　标记为日期表(1)

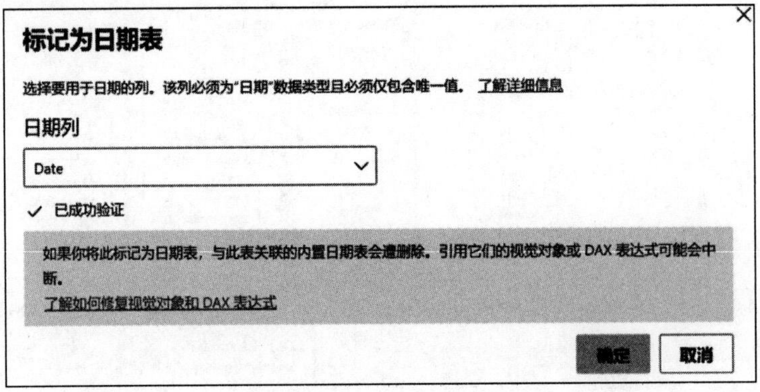

图 11-4　标记为日期表(2)

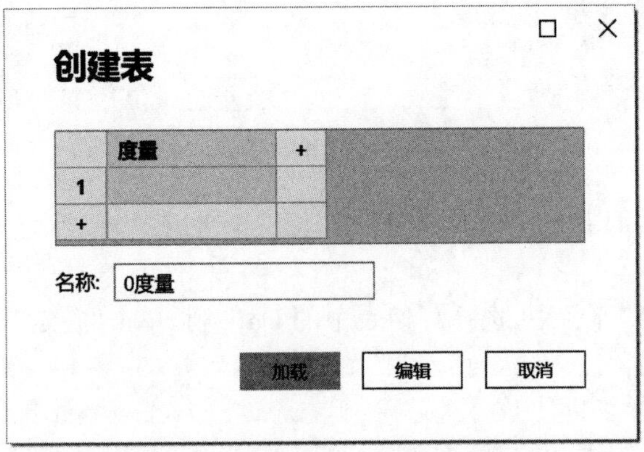

图 11-5　在 Power Query 中新增列

11.3.3　管理计算列

1. 在 Power Query 中新增"星期几、每周的某一日、季度"三列

单击 Power BI 左上角报表视图按钮,再单击右上角字段区域的日期表,右击,在弹出的菜单中选择"编辑查询"进入 Power Query 编辑器。选择"新增列"→"日期"→"天"→"星期几""每周的某一日",再选择"新增列"→"日期"→"季度"→"一年的某一季度",新增"星期几、季度"三列,最后单击"文件"→"关闭并应用",完成数据的加载,如图 11-6 所示。

图 11-6　在 Power Query 中新增列

在报表或数据视图中,单击日期表中的"星期几"。单击"按列排序"图标,在下拉菜单中选择"每周的某一日"作为排序依据,如图 11-7 所示。

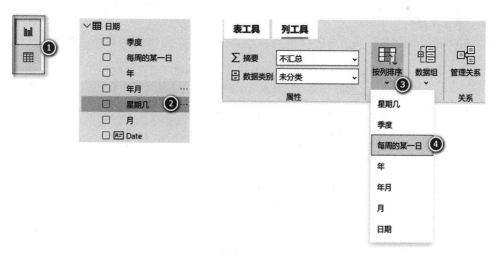

图 11-7　设置按列排序的依据

2. 更改列的数据类型

在报表视图中单击右上角字段区域的地址表,选择字段省,在功能区单击"格式"按钮,在数据类型的下拉菜单中选择"省/自治区/直辖市",完成数据类型的设置,然后依次将地址表中的字段"市、经度、纬度"数据类型依次标记为"市、经度、纬度",如图 11-8 所示。

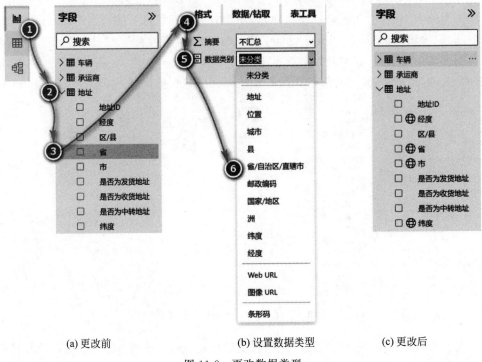

(a) 更改前　　　　　　(b) 设置数据类型　　　　　　(c) 更改后

图 11-8　更改数据类型

3. 新增计算列

在报表视图中单击右上角字段区域的业务表,右击,在弹出的菜单中选择"新建列",如图 11-9 所示。

图 11-9　新建列

业务表中的收发货地址 ID 是经过规范化命名的。其前 2～7 位数字是由经纬度构成的。创建计算列业.直线距离,获取收发货地址之间的距离(单位为千米)。在公式栏中完成以下表达式:

```
业.直线距离 =
VAR A =
    MID ( '业务'[发货地址 ID], 2, 3 )
VAR B =
    MID ( '业务'[发货地址 ID], 5, 2 )
VAR C =
    MID ( '业务'[收货地址 ID], 2, 3 )
VAR D =
    MID ( '业务'[收货地址 ID], 5, 2 )
RETURN
    INT (
        6371
            * SQRT (
                POWER ( COS ( B * PI () / 180 ) * ( C * PI () / 180 - A * PI () / 180 ), 2 )
                    + POWER ( ( D * PI () / 180 - B * PI () / 180 ), 2 )
            )
    )
```

继续右击,选择"新建列",新建计算列业.距离区间,表达式如下:

```
业.距离区间 =
VAR A = '业务'[业.直线距离] RETURN
SWITCH(
TRUE(),
    A <= 100, "100 以内",
    A <= 200, "101 - 200",
    A <= 500, "201 - 500",
    A <= 800, "501 - 800",
    A <= 1000, "801 - 1000",
    A <= 1500, "1001 - 1500",
    A <= 2000, "1501 - 2000",
    "2000 以上" )
```

11.3.4 管理度量值

在报表视图中单击右上角字段区域的 0 度量表,右击,在弹出的菜单中选择"新建度量值"。新建以下几个基础度量值,表达式如下:

```
M.运单数 = COUNTROWS('业务')
M.不重复订单数 = DISTINCTCOUNT('业务'[ASN 单号])
M.结算运费额 = SUM('业务'[结算运费])
```

```
M.司机运费额 = SUM('业务'[承运运费])
M.税前毛利率 = DIVIDE([M.运费结算额]-[M.司机运费额],[M.司机运费额])

M.结算平均运费 = AVERAGE('业务'[结算运费])
M.司机平均运费 = AVERAGE('业务'[承运运费])
```

创建完成每个度量值之后,立即格式化度量值的显示方式。

11.4　智能问答

虽然说所有的数据分析都以价值和目标为导向,但其实数据分析之初大家往往对刚获取的数据是相对陌生的,所以此时不适宜急忙去写各类的 DAX 表达式,特别是复杂的表达式。此时的最佳选择是换种方式对数据先行摸底,最佳的借力方式是 Power BI 问答功能。

单击可视化区域的问答图标。依据第 8 章所建议的问答方式,在问题栏依次输入"哪里的? 谁的? 什么时间的? 什么数据? 什么图表?"一类的问题,从而对业务数据有一个整体的了解,为后续进一步写复杂的 DAX 公式或满足其他进阶需求指明一个方向。

1. 什么数据

在问答栏,输入下面的这 4 个度量值,返回的答案如图 11-10 所示。

图 11-10　数据的问与答(1)

2. 哪里的

对不重复的订单数进行提问,了解发货的来源与分布,返回的答案如图 11-11 所示。

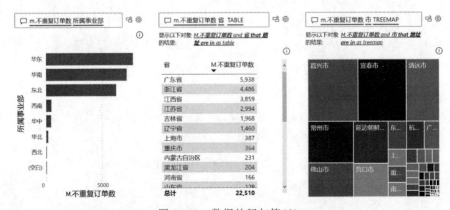

图 11-11　数据的问与答(2)

3. 谁的

借助供应链管理中的 SCOR 模型，了解供应链中主要的客户及承运商是谁，主要是哪些项目在运作，返回的答案如图 11-12 所示。

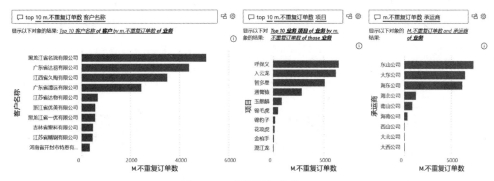

图 11-12 数据的问与答(3)

从结算运费的角度来提问，返回的答案如图 11-13 所示。

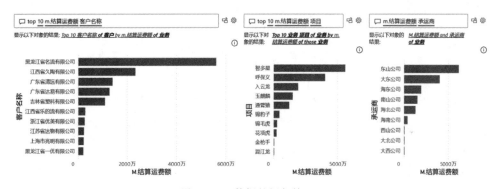

图 11-13 数据的问与答(4)

初步对比图 11-12 与图 11-13 可发现，订单数量与订费结算额呈正相关，结算金额会随着订单数量的增加而增加。其他可提问的方式不再一一举例。

4. 什么时侯的

在问题栏提问了解近几年来各季度的运单数及一周中各天的运单数情况，返回的答案如图 11-14 所示。

通过时序推移图，了解近几年来订单数量的整体走势，返回的答案如图 11-15 所示。

图 11-15 中推移图的整体波动过大，无法判断整体趋势。此时可创建滚动平均度量值来平滑推移图并继续观察。

单击 Power BI 右上角"0 度量"表或表中的任一字段，右击，在弹出的菜单中选择"新建度量值"。新建度量值 M. 近 30 天平均运单数，表达式如下：

```
M.近30天平均运单数 =
AVERAGEX(
    DATESINPERIOD('日期'[Date],FIRSTDATE('日期'[Date]),-30,DAY),
    [M.运单数]
)
```

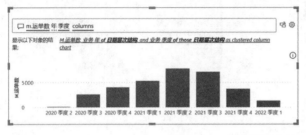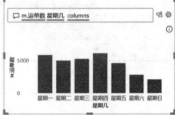

图 11-14 数据的问与答(5)

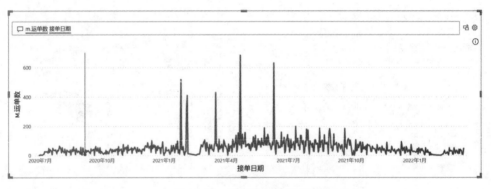

图 11-15 数据的问与答(6)

单击可视化对象分区图,将日期表的 Date 列拖入轴区域,将度量值 M.近30天平均运单数、M.运单数拖入值区域,返回的值如图 11-16 所示。

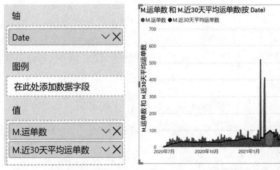

图 11-16 分区图显示每日订单数

11.5 可视化报表

在 Power BI 可视化报表设计过程中，应尽量做到使用常见的图表、使用同一色系的颜色、事先做发图表数据格式的设置、事先做好图表的合理排序。

11.5.1 创建可视化报表

创建度量值 M. 近 30 天平均结算额、M. 近 30 天平均司机运费额，表达式如下：

```
M.近 30 天平均结算额 =
AVERAGEX(
    DATESINPERIOD('日期'[Date],FIRSTDATE('日期'[Date]),-30,DAY),
    [M.结算运费额]
)

M.近 30 天平均司机运费额 =
AVERAGEX(
    DATESINPERIOD('日期'[Date],FIRSTDATE('日期'[Date]),-30,DAY),
    [M.司机运费额]
)
```

筛选智能问答过程中所获取的有用信息，完成第一张正式的可视化报表。确定当前报表页面所需分析的主题及呈现的目标，规划好页面布局及即将采用的可视化对象，采取由静态向动态交互逐步推进的原则，完成页面的设计。利用 Power BI 内置的切片器、多行卡片图、分区图、丝带图、簇状条形图、树形图、簇状柱形图可视化报表，完成后的报表如图 11-17 所示。

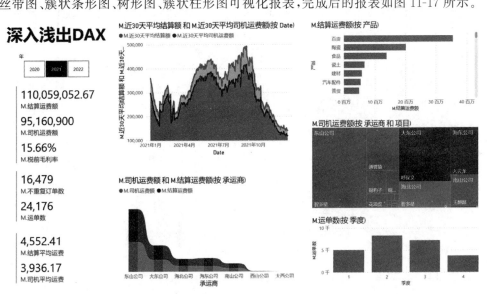

图 11-17　可视化报表

11.5.2 数据问题的探源

单击可视化区域的折线和簇状柱形图。将业务表中的业.距离区间拖入共享轴,将M.运单数拖入列值区域,将新创建的 M.结算平均运费拖入行区域,相关设置及返回的值如图 11-18 所示。

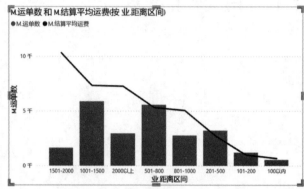

图 11-18　运输距离与平均运费(1)

图 11-18 中,距离 2000 以上的结算平均运费低于距离 1500~2000 的、距离 801~1000 的结算平均运费低于距离 500~800 的。此统计有违常理,需结合实际业务的运作场景进行进一步分析,同时需了解每千米的运输成本情况。例如从业务的运作场景来讲,某些运输距离长但运费低的情形,可能所运输的吨位与方数有关,由于相关数据中无吨位信息,故无从探究。从数据治理的角度来看,后续需将运输的吨位及方数数据补全。

创建表,将运输距离为 801~1000、2000 以上的数据进行单独分析。创建查询表,表达式如下:

```
选择观测的数据 =
SELECTCOLUMNS (
    FILTER ( '业务', '业务'[业.距离区间] IN {"801-1000","2000以上"}),
    "产品", '业务'[产品],
    "项目", '业务'[项目],
    "承运商", '业务'[承运商],
    "结算运费", '业务'[结算运费],
    "运输方式", '业务'[运输方式],
    "运输距离", '业务'[业.直线距离],
    "距离区间", '业务'[业.距离区间]
)
```

单击可视化区域的 Py(Python 视觉对象图标),将选择观测的数据表中的距离区间、结算运费拖入值区域。在 Python 脚本编辑器内输入以下代码:

```
import pandas as pd
import seaborn as sns
import matplotlib.pyplot as plt
plt.rcParams['font.sans - serif'] = ['SimHei']
fig,axes = plt.subplots(1,2)
sns.distplot(
    dataset[dataset.距离区间 == "801 - 1000"].结算运费,
    kde = False,
    color = 'b',
    ax = axes[0]
)
sns.distplot(
    dataset[dataset.距离区间 == "2000 以上"].结算运费,
    kde = False,
    color = 'r',
    ax = axes[1]
)
plt.show()
```

运行以上代码,查看数据的直方图分布,返回的值如图 11-19 所示。

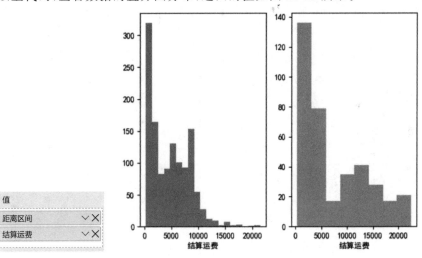

图 11-19　运输距离与平均运费(2)

从图 11-19 的分布情况来看,数据呈右偏态分布。距离 2000 以上但结算运费却在 5000 以内的订单数量占比明显过高,图 11-18 中的结算平均运费偏低原因已基本找到。

对距离区间 2000 以上、运费 5000 以内的数据进行深挖。创建度量值,表达式如下:

```
M.距离 2 千以上的运单总数  =
COUNTROWS (
    FILTER (
```

```
        ALL ( '业务' ),
        '业务'[业.距离区间] = "2000 以上"
    )
)

M.距离 2 千以上的运单数 =
CALCULATE (
    [M.运单数],
    '业务'[业.距离区间] = "2000 以上"
)

M.距离 2 千以上的运单占总比数 =
DIVIDE (
    [M.距离 2 千以上的运单数],
    [M.距离 2 千以上的运单总数]
)

M.距离 2 千以上但运费 5 千以下的运单数 =
CALCULATE (
    [M.运单数],
    '业务'[业.距离区间] = "2000 以上",
    '业务'[结算运费] <= 5000
)

M.组内运单占比 % =
DIVIDE (
    M.距离 2 千以上但运费 5 千以下的运单数],
    [M.距离 2 千以上的运单数]
)

M.距离 2 千以上但运费 5 千以下运单的结算平均运费 =
CALCULATE (
    [M.结算平均运费],
    '业务'[业.距离区间] = "2000 以上",
    '业务'[结算运费] < 5000
)
```

单击可视化区域的表，将业务表中的项目拖入值区域，勾选度量值，返回的值如图 11-20 所示。

项目	M.距离2千以上但运费5千以下的运单数	M.距离2千以上的运单占总比数	M.距离2千以上但运费5千以下的运单数	M.组内运单占比%	M.距离2千以上但运费5千以下运单的结算平均运费
智多星	2246	67.00%	2246	100.00%	3,539.04
入云龙	56	1.67%	56	100.00%	1,490.80
锦毛虎	19	0.57%	19	100.00%	1,735.73
呼保义	3	0.09%	3	100.00%	2,310.75
玉麒麟	2	0.06%	2	100.00%	1,250.00
通臂猿	1	0.03%	1	100.00%	1,360.00
总计	2327	69.42%	2327	100.00%	3,470.53

图 11-20　运输距离与平均运费(3)

在图 11-20 中,距离 2000(千米)以上的运单有 3352 票,但其中运费在 5000(元)以下的有 2327 票,占比 69.42%,其中智多星项目就有 2246 票。

11.5.3　可视化区域

新建度量值 M.平均每千米结算运费,继续从成本的角度进行分析,表达式如下:

```
M.每千米平均结算运费 =
AVERAGEX ( '业务', DIVIDE ( '业务'[结算运费], '业务'[业.直线距离] ) )

M.颜色标识 = IF([M.每千米平均结算运费]>10,"RED","LIGHTGREEN")
```

在可视化区域,单击簇状柱形图。将业务表中的项目拖入轴区域,将度量值 M.每千米平均结算运费拖入值区域,如图 11-21 所示。

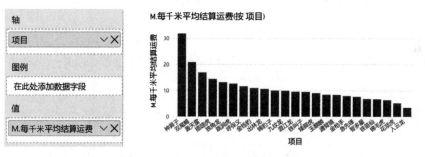

图 11-21　每千米平均运费分析(1)

单击可视化区域的设置视觉对象格式的按钮,选择"列"→"颜色"→fx 按钮。在默认颜色弹窗中,选择格式样式为字段值,应用的字段为度量值 M.颜色标识,单击"确定"按钮,如图 11-22 所示。

图 11-22　每千米平均运费分析(2)

图 11-21 中,所有每千米运费成本为 10 元以上的项目均被标识为红色,10 元及以下的项目被标识为浅绿色,如图 11-23 所示。

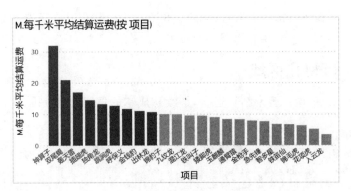

图 11-23　每千米平均运费分析(3)

客户能给到较高的结算价一般会增加一些特殊的要求(例如结算周期长、贵重品、异型件、多点装卸、倒运等),或者该项目的确属于利润较好的项目。

11.5.4　报表的在线发布

依据以上内容,完成第二张可视化报表,添加年、月切片器,完成后的报表如图 11-24 所示。

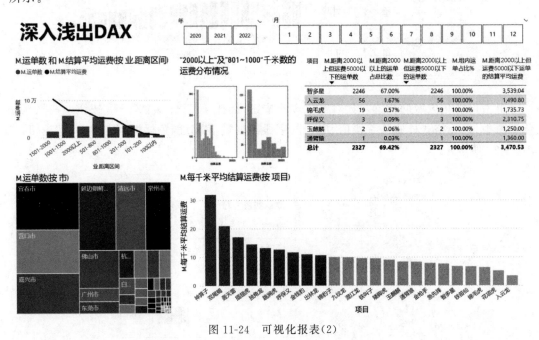

图 11-24　可视化报表(2)

选择"主页"→"发布"按钮。在"发布到 Power BI"处选择"深入浅出 DAX"工作区,单击"选择"按钮,如图 11-25 所示。

本章节不再演示 Power BI 后续相关操作,有兴趣的读者可自行深入学习。

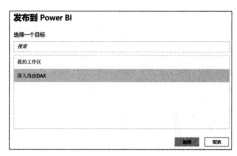

(a) 发布到Power BI(1)　　　　　　　　(b) 发布到Power BI(2)

图 11-25　发布到 Power BI

11.6　本章回顾

本章主要以案例的形式对本书内容进行一个简要的回顾,涉及的主要内容如下:

(1) Power BI 的选项设置、Power Query 数据获取、清洗与转换及数据清洗与转换过程中 Python 脚本的应用。

(2) 数据建模,新增查询表、计算列、度量值及计算列的数据类型设置,日期表的创建及时间智能函数的应用。

(3) Power BI 中智能问答的应用,数据探索分析及报表呈现(含数据可视化过程中 Python 脚本的结合应用)。

图 书 推 荐

书　名	作　者
鸿蒙应用程序开发	董昱
HarmonyOS 应用开发实战（JavaScript 版）	徐礼文
鸿蒙操作系统开发入门经典	徐礼文
鸿蒙操作系统应用开发实践	陈美汝、郑森文、武延军、吴敬征
HarmonyOS 移动应用开发	刘安战、余雨萍、李勇军 等
HarmonyOS App 开发从 0 到 1	张诏添、李凯杰
HarmonyOS 从入门到精通 40 例	戈帅
JavaScript 基础语法详解	张旭乾
华为方舟编译器之美——基于开源代码的架构分析与实现	史宁宁
鲲鹏架构入门与实战	张磊
华为 HCIA 路由与交换技术实战	江礼教
Android Runtime 源码解析	史宁宁
深度探索 Go 语言——对象模型与 runtime 的原理、特性及应用	封幼林
Flutter 组件精讲与实战	赵龙
Flutter 组件详解与实战	［加］王浩然（Bradley Wang）
Flutter 实战指南	李楠
Dart 语言实战——基于 Flutter 框架的程序开发（第 2 版）	亢少军
Dart 语言实战——基于 Angular 框架的 Web 开发	刘仕文
IntelliJ IDEA 软件开发与应用	乔国辉
Vue+Spring Boot 前后端分离开发实战	贾志杰
Vue.js 企业开发实战	千锋教育高教产品研发部
Python 从入门到全栈开发	钱超
Python 全栈开发——基础入门	夏正东
Python 全栈开发——高阶编程	夏正东
Python 游戏编程项目开发实战	李志远
Python 人工智能——原理、实践及应用	杨博雄 主编，于营、肖衡、潘玉霞、高华玲、梁志勇 副主编
Python 深度学习	王志立
Python 预测分析与机器学习	王沁晨
Python 异步编程实战——基于 AIO 的全栈开发技术	陈少佳
Python 数据分析实战——从 Excel 轻松入门 Pandas	曾贤志
Python 数据分析从 0 到 1	邓立文、俞心宇、牛瑶
Python Web 数据分析可视化——基于 Django 框架的开发实战	韩伟、赵盼
Python 玩转数学问题——轻松学习 NumPy、SciPy 和 matplotlib	张骞
Pandas 通关实战	黄福星
深入浅出 Power Query M 语言	黄福星
FFmpeg 入门详解——音视频原理及应用	梅会东
云原生开发实践	高尚衡

图 书 推 荐

书 名	作 者
虚拟化 KVM 极速入门	陈涛
虚拟化 KVM 进阶实践	陈涛
物联网——嵌入式开发实战	连志安
人工智能算法——原理、技巧及应用	韩龙、张娜、汝洪芳
跟我一起学机器学习	王成、黄晓辉
TensorFlow 计算机视觉原理与实战	欧阳鹏程、任浩然
分布式机器学习实战	陈敬雷
计算机视觉——基于 OpenCV 与 TensorFlow 的深度学习方法	余海林、翟中华
深度学习——理论、方法与 PyTorch 实践	翟中华、孟翔宇
深度学习原理与 PyTorch 实战	张伟振
ARKit 原生开发入门精粹——RealityKit + Swift + SwiftUI	汪祥春
HoloLens 2 开发入门精要——基于 Unity 和 MRTK	汪祥春
Altium Designer 20 PCB 设计实战(视频微课版)	白军杰
Cadence 高速 PCB 设计——基于手机高阶板的案例分析与实现	李卫国、张彬、林超文
Octave 程序设计	于红博
ANSYS 19.0 实例详解	李大勇、周宝
AutoCAD 2022 快速入门、进阶与精通	邵为龙
SolidWorks 2020 快速入门与深入实战	邵为龙
SolidWorks 2021 快速入门与深入实战	邵为龙
UG NX 1926 快速入门与深入实战	邵为龙
西门子 S7-200 SMART PLC 编程及应用(视频微课版)	徐宁、赵丽君
三菱 FX3U PLC 编程及应用(视频微课版)	吴文灵
全栈 UI 自动化测试实战	胡胜强、单镜石、李睿
FFmpeg 入门详解——音视频原理及应用	梅会东
pytest 框架与自动化测试应用	房荔枝、梁丽丽
软件测试与面试通识	于晶、张丹
智慧教育技术与应用	[澳]朱佳(Jia Zhu)
敏捷测试从零开始	陈霁、王富、武夏
智慧建造——物联网在建筑设计与管理中的实践	[美]晨光(Timothy Chou)著;段晨东、柯吉译
深入理解微电子电路设计——电子元器件原理及应用(原书第 5 版)	[美]理查德·C.耶格(Richard C.Jaeger),[美]特拉维斯·N.布莱洛克(Travis N.Blalock)著;宋廷强译
深入理解微电子电路设计——数字电子技术及应用(原书第 5 版)	[美]理查德·C.耶格(Richard C.Jaeger),[美]特拉维斯·N.布莱洛克(Travis N.Blalock)著;宋廷强译
深入理解微电子电路设计——模拟电子技术及应用(原书第 5 版)	[美]理查德·C.耶格(Richard C.Jaeger),[美]特拉维斯·N.布莱洛克(Travis N.Blalock)著;宋廷强译